Couvertures supérieure et inférieure
manquantes

BIBLIOTHÈQUE DES PROFESSIONS

INDUSTRIELLES, COMMERCIALES ET AGRICOLES

SÉRIE G

ARTS ET MÉTIERS

N° 32

TYPOGRAPHIE FIRMIN-DIDOT ET Cⁱᵉ. — MESNIL (EURE).

BIBLIOTHÈQUE DES PROFESSIONS
INDUSTRIELLES, COMMERCIALES ET AGRICOLES

MANUEL DE

L'HORLOGER

ET DU

MÉCANICIEN AMATEUR

GUIDE PRATIQUE

A L'USAGE
DES OUVRIERS RHABILLEURS ET REPASSEURS DE MONTRES ET DE PENDULES,
DES APPRENTIS HORLOGERS ET DES ÉLÈVES DES ÉCOLES D'HORLOGERIE,
DES AMATEURS DE MÉCANIQUE
ET DE TOUTES LES PERSONNES S'INTÉRESSANT A LA CHRONOMÉTRIE
ET DÉSIREUSES DE CONNAITRE
ET DE POUVOIR CONSTRUIRE ET RÉPARER ELLES-MÊMES
LES PRINCIPAUX MÉCANISMES D'HORLOGERIE ET DE PETITE MÉCANIQUE

PAR

H. DE GRAFFIGNY

Ouvrage illustré de 225 figures explicatives dessinées par l'auteur.

Arts
et Métiers

Série G
N° 32

PARIS

J. HETZEL ET Cⁱᴱ, ÉDITEURS

18, RUE JACOB, 18

Tous droits de traduction et de reproduction réservés.

1892

TYPOGRAPHIE FIRMIN-DIDOT ET Cⁱᵉ. — MESNIL (EURE).

BIBLIOTHÈQUE DES PROFESSIONS
INDUSTRIELLES, COMMERCIALES ET AGRICOLES

MANUEL DE

L'HORLOGER

ET DU

MÉCANICIEN AMATEUR

GUIDE PRATIQUE

A L'USAGE
DES OUVRIERS RHABILLEURS ET REPASSEURS DE MONTRES ET DE PENDULES,
DES APPRENTIS HORLOGERS ET DES ÉLÈVES DES ÉCOLES D'HORLOGERIE,
DES AMATEURS DE MÉCANIQUE
ET DE TOUTES LES PERSONNES S'INTÉRESSANT A LA CHRONOMÉTRIE
ET DÉSIREUSES DE CONNAITRE
ET DE POUVOIR CONSTRUIRE ET RÉPARER ELLES-MÊMES
LES PRINCIPAUX MÉCANISMES D'HORLOGERIE ET DE PETITE MÉCANIQUE

PAR

H. DE GRAFFIGNY

Ouvrage illustré de 225 figures explicatives dessinées par l'auteur.

Arts
et Métiers

Série G
N° 32

PARIS
J. HETZEL ET Cᴵᴱ, ÉDITEURS
18, RUE JACOB, 18

PRÉFACE.

L'horlogerie, cette branche délicate de la mécanique, est une profession exigeant de celui qui veut l'exercer, non seulement l'habileté pratique qu'un apprentissage peut donner, mais encore des connaissances théoriques et scientifiques complètes. N'est pas horloger qui veut, dirons-nous, et, pour exercer ce métier difficile avec succès, il faut, outre le goût de la mécanique, la *vocation*, le désir de travailler à fond les différents points qui constituent l'art de la chronométrie, et d'arriver, à force de patience, à connaître tous les secrets et toutes les ressources que cet art comporte. A moins que, pour une raison ou pour une autre, on ne se confine volontairement dans le métier plus modeste de *rhabilleur*, qui est au véritable horloger ce que le chauffeur de machines à vapeur est à l'ingénieur capable de calculer les pièces de ses moteurs.

Voici ce qu'un ancien horloger, dont les travaux sont bien connus en chronométrie, M. Modeste Anquetin, a écrit sur le *rhabilleur :*

a

« Vous avisez, dans l'encoignure d'une boutique de marchand de vins ou de charbonnier, une étroite échoppe derrière les vitres de laquelle sont suspendues, au moyen de tringles une vingtaine de montres. Vous entrez; un être pâle, fiévreux, une loupe enfoncée sous l'arcade sourcilière, se retourne, et vous lui tenez à peu près ce langage : « Ma montre est très bonne, elle va très bien, je ne m'en plains pas; seulement, comme elle s'arrête de temps en temps, je crois qu'elle est sale. Combien me prendrez-vous pour la nettoyer?

« — Cela vous coûtera six francs, répond l'industriel d'une voix hésitante et mal assurée.

« — Six francs! reprenez-vous. C'est trop cher pour un simple nettoyage; je vous en donnerai quatre, je trouve que cela est bien suffisant.

« Cet homme au front ridé, au visage hâve, balbutie, la voix émue : on dirait un coupable. Il n'a pas de prix, il est inconscient, besoigneux : il accepte les deux tiers du prix demandé, ce que nul autre commerçant, industriel ou ouvrier ne ferait, et il eût même accepté la moitié seulement, si vous aviez osé!... Qu'a donc fait cet homme pour subir de pareils affronts? Je vais le dire.

« Enfant, il était la paresse même : il a choisi ce métier parce qu'il s'est vu, dans l'avenir, assis, couvert, chauffé pour travailler. Il a fait un nul apprentissage. Son patron, peu verbeux, lui mit dans la main une brosse, puis un cabron à sa portée et ce fut tout. Il ne lui a donc rien appris; d'ailleurs l'étoffe manquait. Cet apprenti eût fait un coutelier passable, un cordonnier médiocre, un tailleur d'ordinaire, mais il est devenu un détestable horloger. Les montres qu'il a brossées s'arrêtent-elles? Son esprit bouleversé tourne autour du vrai défaut et poursuit un défaut imaginaire. La peau de ses mains transpire, elles deviennent moites, ses doigts tremblent, et les parties délicates d'un mécanisme s'effondrent sous ses mouvements incoordonnés. Il ne peut donc arriver à rien de bon, car celui qui casse et qui perd ne pourra jamais faire un bon horloger, et c'est un spectacle énervant, un désastre, une vraie calamité, que de voir ce malheureux agenouillé sur le plancher, piétinant dans les ordures qu'il a balayées, ahuri, démonté, cherchant sa roue de cylindre qui s'est échappée de ses précelles, son balancier qu'il a laissé rouler de son huit de chiffre. Il se tourne et se retourne par mouvements brusques, et, après avoir empoussiéré tous ses voisins, il retrouve les pièces cherchées sous son pied... écrasées ! Ainsi, le rhabilleur inhabile passe sa triste vie en transes et en émotions de toutes sortes : il est autant le bourreau que la victime de l'horlogerie; il est opprimé mais se sent coupable, et sa situation excite la compassion.

« Le repassage est une œuvre de minutie. Ce travail de l'horlogerie en petit est la plus grande preuve de l'effort possible de l'homme; mais c'est un effort à rebours; c'est un résultat dû à cette force d'inertie que l'homme peut employer contre sa propre force. Certes, ce résultat est admirable.

« En se mettant à l'établi, l'horloger-rhabilleur doit toujours pouvoir se dire, en parodiant Corneille :

Je suis maître de moi comme.... de mon travail.

« Vous l'entendez, jeunes gens ; si vous avez des muscles qui aient besoin de se détendre, des bras qui aient besoin de soulever, quittez l'atelier, faites-vous charrons, charpentiers, forgerons, c'est un métier plus salutaire et que J.-J. Rousseau conseille à tout homme qui veut rester bien équilibré. Mais si vous voulez réussir dans ce noble métier, que Charles-Quint maître du monde eût voulu connaître et que Pierre le Grand ne dédaigna pas d'étudier, asseyez-vous là, la tête peu élevée au dessus de l'établi ; soyez maître de votre haleine, de votre parole ; il ne faut pas, quand vous remonterez la montre, que la dorure et les pièces d'acier de cette montre soient humectées.

« Vous rouillez l'acier avec la sueur de vos mains! Mon ami, croyez-nous, cherchez une autre profession ; l'horlogerie n'est pas votre fait ; à moins d'efforts soutenus et d'un soin scrupuleux et persévérant, vous n'arriverez à rien de bon. Vous êtes, au contraire, parvenu à une certaine habileté? N'en abusez pas, demandez tout aux précautions, à la méthode, à la circonspection, — j'allais dire à la crainte de perdre et de casser, ou bien alors le travail du rhabilleur deviendra pour vous le pire des supplices, le rocher de Sisyphe, le métier impossible. »

Ainsi parle M. Anquetin du travail de l'horloger-rhabilleur qu'il a pratiqué pendant plus de cinquante ans et qu'il connaît bien. C'est pourquoi tout ouvrier sérieux et soucieux de son intérêt a tout avantage à gravir d'un degré l'échelle qui conduit à la véritable horlogerie, laquelle consiste dans la construction des appareils de mesure du temps et des mécanismes qui dépendent de l'art chronométrique. Pour cela, il faut augmenter la somme des connaissances théoriques déjà acquises, perfectionner son outillage et se tenir au courant des progrès continuels accomplis par l'art auquel on s'est consacré.

Voici d'ailleurs ce qu'une autre personne, non moins autorisée et non moins compétente en ces matières que M. Anquetin, nous voulons parler de M. Beillard, fondateur et directeur de l'École d'horlogerie d'Anet, a écrit au sujet de la situation qui est faite actuellement aux horlogers, ainsi que sur les conséquences que la liberté des métiers, décrétée en 1789, a eues au point de vue de l'art chronométrique et de l'apprentissage :

« Avant 89, il fallait, pour exercer une profession, satisfaire à des conditions qui, dans bien des cas, donnèrent lieu à de nombreux abus, abus qui ont été la première cause de la suppression des maîtrises et des compagnonnages, obligatoires avant cette époque. Mais ces entraves apportées à la liberté du travail avaient pour avantage indéniable de conserver et d'assurer à l'industrie des ouvriers possédant à fond leur métier, puisqu'ils ne pouvaient l'exercer qu'après avoir prouvé leur capacité par l'exécution d'un chef-d'œuvre. A cette époque, on pouvait sans crainte con-

fier la réparation de sa montre à celui qui s'intitulait
horloger, tandis qu'aujourd'hui, ce n'est pas sans raison que le possesseur d'une belle montre hésite avant
de la faire réparer, craignant de la confier à un homme
sans talent qui, au lieu de l'améliorer, pourrait bien,
au contraire, la lui détériorer.

« La liberté des métiers a été moins préjudiciable
aux professions dont le travail peut être apprécié par
le public. Ainsi l'horlogerie qui, sans contredit, est
un des arts les plus exigeants, les plus difficiles, est
peut-être, chose curieuse, un de ceux qui est le plus
pratiqué, je devrais dire *exploité* par des gens n'ayant
jamais fait aucune étude ou apprentissage préalable ,
tandis qu'il est plus rare de voir un cordonnier, un
tailleur exercer son métier sans l'avoir appris. Et
cependant, ces deux derniers métiers sont bien loin de
demander les mêmes connaissances et la même habileté qu'exige l'horlogerie! Mais si le cordonnier faisait de la cordonnerie comme bien des horlogers qui
n'ont jamais rien appris font des pendules et des
montres, ses clients ne tarderaient pas à le remercier,
car ils s'apercevraient immédiatement que ses souliers
n'ont ni forme, ni solidité, ni élégance, et il en serait
de même pour le tailleur ainsi que pour beaucoup
d'autres métiers.

« Dans l'horlogerie, malheureusement, cette dis-
tinction entre le bon et le mauvais travail est à peu
près impossible, et le public ne peut reconnaître l'horloger instruit et habile de celui qui ne l'est que de
nom. La montre confiée à un bon ouvrier rhabilleur est-

elle rendue en bon état et marchant convenablement.

« — Quoi d'étonnant! dit le client.

« Après deux jours de travail, l'ouvrier réclame-t-il vingt francs pour la réparation.

« — Oh ! le voleur !...

« Ne marche-t-elle pas, vu qu'elle est usée ou mauvaise.

« — Quel ignorant! dit encore le client.

Ainsi donc, quel que soit son talent, l'horloger manque de juges et il n'y a pas de connaisseurs pour apprécier son travail et son talent. Le client non compétent, et il n'est pas forcé de l'être, on en conviendra, ne peut s'apercevoir que celui à qui il a confié sa montre en a rivé les vis, brisé les rubis, tordu les ponts, supprimé l'arrêtage, soudé le balancier, etc. Et si la santé robuste du pauvre appareil résiste à tant de blessures et que l'instrument fidèle, tout mutilé et couvert de cicatrices marche, encore, non pas librement comme autrefois, mais d'une façon suffisante quoique misérable, pour dissimuler ses souffrances, son maître inconscient, non content d'accorder un salaire élevé au bourreau de sa compagne dévouée, félicitera le coupable par dessus le marché et le proclamera volontiers le premier horloger du monde.

« Voilà pourtant ce qui se passe tous les jours, aussi bien dans les grandes villes que dans les villages, aussi bien à Paris qu'en province. C'est le résultat qu'a eu pour l'horlogerie la liberté accordée à tous d'exercer tel ou tel métier.

« Comment s'étonnerait-on, par suite, devant de tels

faits, que les bons ouvriers en l'art chronométrique aient presque complètement disparu? « A quoi bon, « se disent-ils, sacrifier son temps, son intelligence à « acquérir la science et l'habileté, si le premier con- « cierge v un peut se dire horloger et exercer au même « titre que nous? »

« Les bons apprentissages n'étant plus exigés pour l'exercice d'un métier, il en résulte donc que les ouvriers réellement capables et les beaux ouvrages deviennent de plus en plus rares. Et ce qui est triste surtout, c'est de voir des individus ignorant jusqu'aux principes les plus élémentaires de leur métier, oser prendre cependant des apprentis, qu'ils considèrent plutôt comme des hommes de peine que comme des élèves, leur faisant faire tout ce qui est pénible et désagréable plutôt que de les instruire dans la profession que ces jeunes gens se sont décidés à suivre. Aussi, comment espérer avoir des ouvriers capables dans de telles conditions, surtout dans l'horlogerie où les conseils et la surveillance vigilante d'un maître éclairé ne suffisent pas toujours. Comment pourrait-on obtenir un bon ouvrier d'un enfant qui, pendant toute la durée de son apprentissage, n'a jamais vu exécuter un bel ouvrage, n'a jamais entendu prononcer un seul terme scientifique, et dont le maître lui-même ignore ce que c'est qu'un angle droit, un degré, une tangente; qui ne sait pas ce que l'on entend par force ou vitesse, qui ne se doute même pas de quoi se composent les métaux qu'il emploie tous les jours? Comment s'étonnerait-on, je le répète, que, devant une telle pénurie, les bons ouvriers disparaissent et que notre belle industrie chronométrique, autrefois si estimée et dont la réputation fut poussée si loin par tant de maîtres illustres, perde de plus en plus son caractère scientifique et artistique pour devenir un métier presque banal et exercé par de pauvres hères, semblables à ceux dont M. Anquetin nous a tracé plus haut le lamentable portrait?...

Ainsi parle M. Beillard, et son appréciation est partagée par toutes les personnes qui s'intéressent aux développements et aux progrès de la chronométrie française dont le renom ancien s'est bien affaibli, depuis que cet art a pu devenir la proie de marchands peu scrupuleux, et escomptant l'incompétence du public pour écouler des mécanismes inférieurs à ceux fabriqués à l'étranger.

Le remède cependant est simple, et, si les horlogers voulaient, la France reprendrait bientôt son ancienne place, dont elle n'eût jamais dû déchoir. C'est en créant des écoles d'apprentissage dirigées par des maîtres experts, en diffusant l'instruction parmi les ouvriers horlogers, et en soutenant les journaux professionnels qui font connaître, au fur et à mesure, ce qui se fait dans les pays étrangers, que l'on permettra aux horlogers français de perfectionner leur outillage et de lutter avec avantage contre la concurrence étrangère qui nous guette, prête à profiter de toutes nos fautes, de notre détestable et invétérée routine, et à nous enlever jusqu'à la possibilité de vendre même chez nous les produits de notre fabrication. Il est juste de noter, cependant, que quelques personnes se sont vouées au relèvement de notre industrie chronométrique; mais que peuvent faire dix hommes de bonne volonté en présence de dix mille indifférents? Citons parmi ces courageux rénovateurs MM. Benoist, fondateur et directeur de l'École nationale d'Horlogerie, Claudius Saunier, directeur depuis quarante ans de la *Revue Chronométrique*, seul journal professionnel d'horlogerie se publiant en France; Rodanet, directeur de l'École d'horlogerie de Paris, Redier, Garnier, Beillard, Anquetin, Diette, Lepaute, etc., à qui l'horlogerie doit de la reconnaissance à tant de titres divers.

En résumé, il faut que nos horlogers sortent de leur trop longue apathie, et qu'ils deviennent dignes de leurs aînés, s'ils ne veulent pas bientôt être noyés sous le flot envahissant de la concurrence étrangère. Ce résultat peut être rapidement obtenu à l'aide des écoles spéciales d'apprentissage, des journaux techniques et des traités d'enseignement scientifique. Il est vrai qu'il faut constater que, depuis quelques années, l'initiative individuelle s'est réveillée; des écoles professionnelles d'apprentissage dirigées par des savants et des professeurs dont les lumières sont à la hauteur de leur lourde tâche, ont formé une nouvelle génération d'ouvriers plus instruits, plus éclairés et d'une habileté assez grande, à leur sortie, pour pouvoir non seulement fabriquer eux-mêmes leur outillage, et nettoyer et repasser une montre, ce qui est encore plus le croit généralement, mais encore en fabriquer les pièces principales et en combiner l'ajustage.

Ces artistes, nous le répétons, doivent se tenir au courant des découvertes qui surgissent chaque jour dans tous les pays, de façon à pouvoir soutenir le choc de la concurrence étrangère; il est bon aussi qu'ils possèdent un vade-mecum qu'ils puissent consulter avec fruit chaque fois qu'ils se trouvent embarrassés ou que leur mémoire est en défaut. C'est ce vade-mecum que nous avons essayé de constituer en écrivant le présent ouvrage. Nous n'avons pas la prétention d'initier les horlogers à des choses inconnues ou à des méthodes de travail que la plupart connaissent depuis .... Notre ambition est plus modeste et nous .... ment leur procurer l'ensemble complet des éléments qui peuvent leur être les plus utiles dans l'exercice de leur délicate profession. Les amateurs de petite mécanique trouveront aussi dans ce volume des documents intéressants.

Après un premier chapitre retraçant l'histoire de la chronométrie depuis ses origines jusqu'à nos jours et une revue des sciences élémentaires indispensables à toutes les personnes s'occupant d'horlogerie et de mécanique de précision, nous entrons dans le vif de notre sujet, et, nous inspirant des travaux les plus récents et des conseils de nos plus célèbres horlogers modernes, nous rappelons la construction des pièces fondamentales des instruments horaires, les meilleurs procédés pour les fabriquer, les entretenir, les con-

server, et l'outillage nécessaire aux [illisible]
gées de ces travaux.

Dans une deuxième partie, plus spécialement écrite pour les amateurs de petits travaux, nous indiquons les moyens d'entretenir soi-même ses montres et ses pendules, de fabriquer de petits modèles de machines, avec un outillage restreint; nous donnons le vocabulaire des termes techniques employés en horlogerie et nous terminons par un recueil très complet de procédés et recettes de première utilité pour les horlogers et les mécaniciens.

Nous espérons donc que ce travail de recherches et de compilation pourra être consulté avec fruit par les élèves horlogers, les rhabilleurs, et tous les horlogers en général, aussi bien que par toutes les personnes s'intéressant à la chronométrie et à la mécanique de précision. Puisse le *Guide de l'Horloger*, constituer le vrai vade-mecum de cette profession si pénible et être bientôt dans les mains de tous les ouvriers laborieux aimant leur art malgré ses difficultés et ses innombrables déboires; c'est le souhait que nous formons en terminant cette entrée en matières un peu longue, mais que nous avons crue indispensable pour démontrer l'état actuel de l'horlogerie française, ce qui lui est nécessaire, et ce qu'elle doit éviter afin de revenir au rang qu'elle n'eût jamais dû perdre.

H. DE GRAFFIGNY.

Paris, 1892.

MANUEL

DE

L'HORLOGER

ET DU MÉCANICIEN AMATEUR.

CHAPITRE PREMIER.

DÉFINITIONS ET MESURE DU TEMPS.

Ce que l'on entend par le « temps ». — Définitions. — La chronométrie ou mesure du temps. — Division en jours, mois, années. —
Les sous-multiples du jour. — L'heure, la minute, la seconde. —
Les calendriers en usage actuellement dans les différents pays. —
Historique des premiers instruments de mesure du temps. — L'arbre, le gnomon, le cadran solaire, la clepsydre. — Invention des
horloges mécaniques, à poids et à ressorts. — Les montres et les
chronomètres. — L'horlogerie moderne. — Fabrication mécanique.

Le temps a été ainsi défini par notre grand géomètre
Laplace : « Le temps est pour nous l'impression que laisse
dans la mémoire une suite d'événements dont nous sommes
certains que l'existence a été successive. Le mouvement est
propre à lui servir de mesure, car un corps ne pouvant être

dans plusieurs lieux à la fois, il ne parvient d'un endroit à un autre qu'en passant successivement par tous les lieux intermédiaires. Si, à chaque point de la ligne qu'il décrit, il est animé de la même force, son mouvement est uniforme et les parties de cette ligne peuvent mesurer les temps employés à les parcourir. »

Delaunay dit dans son cours d'astronomie :

« Tout le monde a l'idée de ce que c'est que le temps. Lorsque deux faits s'accomplissent l'un après l'autre, on dit qu'il s'est écoulé entre les deux un certain intervalle de temps. Cet intervalle peut être plus ou moins long, et l'on conçoit que sa durée puisse être exprimée par un nombre tout aussi bien que la longueur d'une ligne, le poids d'un corps, etc. »

Le célèbre horloger Bréguet a dit aussi :

« L'idée de temps est une notion première, une conception de notre esprit qui ne peut s'analyser. Lorsque deux phénomènes s'accomplissent successivement, nous sommes affectés différemment que s'ils se sont accomplis simultanément : on dit qu'il s'est écoulé entre eux un certain temps. C'est un intervalle qui peut être mesuré par suite de la notion d'unité, d'égalité dans la durée que nous possédons et qui peut être définie ainsi qu'il suit : Deux intervalles de temps sont égaux lorsque deux corps identiques, placés dans des conditions identiques au commencement de chaque intervalle, soumis aux mêmes actions et aux mêmes influences de tout genre, auront parcouru le même espace. »

La chronométrie, qui n'est que la mesure des temps, détermine le nombre d'unités dont se compose un fait ou phénomène, et c'est la construction d'appareils de mesure fondée sur ces principes que le travail de l'horloger a pour but. Les observations astronomiques les plus simples ont servi de premiers fondements à la chronométrie.

La première mesure du temps a été donnée par la succession du jour et de la nuit. Ce fait naturel a frappé bien avant que l'on ait déterminé la longueur de l'année et remarqué le changement successif des saisons. Le temps a été divisé par jours et par mois lunaires longtemps avant d'être divisé en années, sans doute parce que les phases de la lune étant plus rapides attirent plus l'attention que les saisons.

Les étoiles servaient à subdiviser la nuit. Les Grecs observaient le lever et le coucher des constellations et le passage des étoiles de première grandeur par la région la plus élevée de leur course diurne.

En prenant comme unité de mesure notre heure usuelle, le jour sidéral se compose de 23 heures 56 minutes 4 secondes, ce qui est facile à vérifier en constatant chaque jour l'heure à laquelle une même étoile passe derrière un objet terrestre immobile, choisi comme point de repère. Le retard de l'arrivée de l'étoile à cet objet sera de 3 minutes 56 secondes le premier jour, de 7 minutes le second jour, et ainsi de suite.

Après l'heure de 60 minutes, mesure du temps, nous avons les multiples de l'heure : la semaine, le mois, l'année ; et les sous-multiples : les minutes et les secondes. Nous allons d'abord passer les premiers en revue pour nous occuper ensuite des autres.

L'usage de diviser le temps en semaines de sept jours est tellement ancien qu'on ne peut préciser l'époque à laquelle il remonte : les plus anciens peuples de l'Orient se servaient de cette division en la faisant dériver des phases de la lune. Quant aux noms des jours, inventés dans les premiers siècles de notre ère, ils sont restés les mêmes jusqu'à présent.

Il y a également très longtemps que l'on compte par mois, et que l'on distingue des mois de trois sortes :

1° Le mois *solaire* sur lequel se règle l'année ; il est de trente jours, pendant lesquels le soleil parcourt un signe du zodiaque ;

2° Le mois *lunaire*, qui est périodique ou synodique, selon qu'il comprend l'espace de temps que la lune emploie à revenir au même point du ciel, ou celui qui s'écoule depuis une nouvelle lune jusqu'à la suivante ;

3° Le mois *civil* ou *usuel*, qui est accommodé à l'usage de chaque peuple et déterminé par lui suivant ses besoins.

On compte aussi par années depuis bien moins de temps que par jours et par mois ; l'année solaire était trop longue et ne donnait pas lieu à des phénomènes assez marqués pour être aperçue et calculée immédiatement. L'année tropique, la seule dont on fasse encore usage de nos jours, se compose de 365 jours, 5 heures, 48 minutes, 47 secondes, ce qui fait que tous les quatre ans nous avons une année bissextile de 366 jours.

Les appareils de mesure du temps des anciens étaient trop peu exacts pour qu'il leur fût possible de compter des espaces de temps aussi courts que les minutes et les secondes ; c'est pourquoi ces divisions sont modernes. Les astronomes les ont empruntées à la division du cercle, lequel est partagé en 360 parties ou degrés, dont les subdivisions sont de soixante en soixante fois plus petites et que nous connaissons sous le nom de minutes, secondes et tierces. Ces dernières ne sont guère employées à cause de leur durée infinitésimale.

Calendriers. — Les calendriers les plus usités sont :

Le calendrier des Grecs, composé de douze mois alternatifs de 29 et 30 jours et basé sur les phases de la lune. L'année commençait vers le milieu de juillet, et pour l'accorder avec l'année solaire, on lui ajoutait tous les deux ans un mois supplémentaire de trente jours. On appelle encore aujourd'hui calendrier grec l'ancien calendrier julien dont se sert la Russie et qui est en retard de 12 jours sur le calendrier grégorien en usage dans toute l'Europe.

Le calendrier romain ou calendrier julien. — L'année romaine, suivant le calendrier julien, commençait le premier jour de mars, et ses douze mois étaient ainsi réglés :

1 Mars (dieu Mars),	7 September, septième,
2 Aprilis, Aphrodite (Vénus),	8 October, huitième,
3 Maïa, déesse Maïa,	8 November, neuvième,
4 Junius, déesse Junon,	10 December, dixième,
5 Quintilis, cinquième,	11 Januarius, dieu Janus,
6 Sextilis, sixième,	12 Februa, dieu des Morts.

Le calendrier grégorien, institué par le pape Grégoire VIII pour réparer le calendrier julien, qui allongeait l'année, et remettre les équinoxes à leurs places. On retrancha les dix jours d'erreur produits par l'addition chaque année des onze minutes de l'année julienne sur l'année astronomique, et il fut arrêté qu'on quatre cents ans on retrancherait trois bissextiles pour éviter pareille erreur de se reproduire.

C'est un édit daté de 1563 qui nous fait commencer l'année au 1er janvier au lieu du 1er mars comme chez les Romains, ce qui était bien plus logique qu'au milieu des frimas et de la neige de l'hiver. Sous Charlemagne on commençait l'année à Noël et la tradition des fêtes de Noël ou Christmas s'est conservée chez les Saxons où cette solennité est plus importante que le premier jour de l'an en France.

Le calendrier républicain a été mis en vigueur pendant la Convention. Nous donnons ici le tableau de sa concordance avec le calendrier grégorien.

CALENDRIER RÉPUBLICAIN.

Sa concordance avec le calendrier grégorien actuellement en usage.

MOIS RÉPUBLICAINS	AN II 1793-1794	AN III 1794-1795	AN IV 1795-1796	AN V 1796-1797	AN VI 1797-1798	AN VII 1798-1799	AN VIII 1799-1800	AN IX 1800-1801	AN X 1801-1802	AN XI 1802-1803	AN XII 1803-1804	AN XIII 1804-1805
Vendémiaire 1er	22 septembre	22	22	22	22	22	23	23	23	23	24	23
Brumaire 1er	22 octobre	22	23	22	22	22	23	23	23	23	24	23
Frimaire 1er	21 novembre	21	22	21	21	21	22	22	22	22	23	22
Nivôse 1er	21 décembre	21	22	21	21	21	22	22	22	22	23	22
Pluviôse 1er	20 janvier	20	21	20	20	20	21	21	21	21	21	21
Ventôse 1er	19 février	19	20	19	19	19	20	20	20	20	21	20
Germinal 1er	21 mars	21	21	21	21	21	22	22	22	22	22	22
Floréal 1er	20 avril	20	20	20	20	20	21	21	21	21	21	21
Prairial 1er	20 mai	20	20	20	20	20	21	21	21	21	21	21
Messidor 1er	19 juin	19	19	19	19	19	20	20	20	20	20	20
Thermidor 1er	19 juillet	19	19	19	19	19	20	20	20	20	21	20
Fructidor 1er	18 août	18	18	18	18	18	19	19	19	19	19	19
Jours complémentaires	17 septembre	17	17	17	17	17	18	18	18	18	18	18

Appareils de mesure. — Dès le commencement des temps historiques, les peuples disséminés sur la surface de la terre voulurent régler leurs travaux, leurs repas, en un mot toutes leurs actions, d'une manière facile et commode, et pour cela ils cherchèrent à diviser le jour et la nuit par un moyen quelconque. Après s'être rendu compte du lever et du coucher du soleil, ce qui forme le jour, ils prirent comme points de repère la hauteur du soleil au-dessus de l'horizon et son inclinaison plus ou moins grande vers l'Occident; aujourd'hui encore, le sauvage et même le paysan reconnaissent le moment du jour où ils se trouvent par l'inspection du ciel.

La nuit fut divisée de même en plusieurs parties distinctes par les peuples pasteurs, qui observaient que quand certaines étoiles se montraient d'un côté du ciel, d'autres disparaissaient en même temps à l'horizon opposé; plus tard de nouvelles observations astronomiques aidèrent à diviser exactement les parties de la nuit comme on avait divisé celles du jour en heures et en minutes.

Le premier appareil de mesure ou *gnomon* fut un palmier isolé. Il projetait son ombre sur le sol nu d'une façon gigantesque au commencement et à la fin du jour, il se raccourcissait au milieu indiquant ainsi l'heure de midi et la durée d'une journée. Cet arbre est par excellence le végéta du soleil, car non seulement il marque les jours et les heures, mais encore les saisons, par son ombre qui s'étend ou se retire à l'excès sur sa ligne, et le mois lunaire, par ses feuilles nouvelles.

Quand le palmier eut renseigné l'homme sur la manière de reconnaître le midi, et les saisons par la direction et la dimension de son ombre, il fut remplacé par des obélisques en pierre qui avaient l'avantage de donner une ombre plus régulière que les arbres et de se détériorer moins facilement.

Le *style*, dont Anaximandre de Milet est, dit-on, l'inventeur, est une baguette de métal disposée sur une table de marbre qui aida à faire la première horloge solaire marquant les heures, les équinoxes et les solstices. Cet instrument faisait l'admiration du peuple de Lacédémone. On croit généralement que les gnomons existaient avant Anaximandre de Milet, mais il semble certain que ce soit lui le premier qui leur ait donné la forme monumentale.

Nous possédons à Paris une sorte de méridien gnomon, d'ailleurs inexact, situé au jardin du Palais-Royal ; c'est un

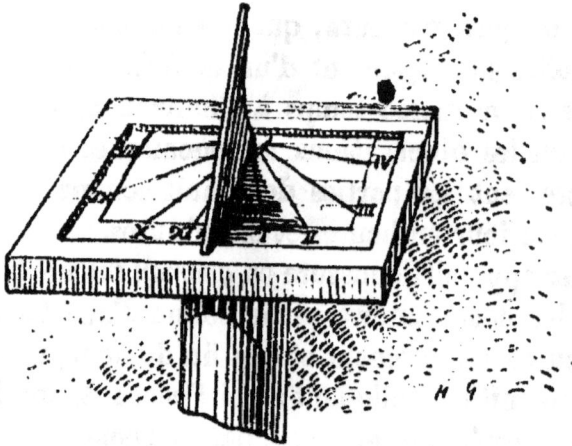

Fig. 1. — Cadran solaire horizontal.

canon qui se fait entendre tous les jours à midi et sur la détonation duquel les passants ont le tort de régler leur montre.

Une bonne montre ne doit s'accorder avec le temps vrai que quatre fois par an. Nous indiquons dans le tableau suivant la différence qui peut exister entre le soleil et un indicateur horaire bien réglé.

Différence entre l'heure civile et l'heure du soleil. Heure que doit marquer une bonne montre au moment du passage du soleil sur la méridienne.

1er janvier	midi	4 m.	15 juillet	midi	6 m.
15 janvier	—	10 m.	26 juillet	—	6 m.
1er février	—	14 m.	15 août	—	4 m.
11 février	—	14 m. ¹/₂	31 août	midi	juste
1er mars	—	12 m.	15 septembre	11 h. 55 m.
15 mars	—	9 m.	1er octobre	—	49 m.
1er avril	—	4 m.	15 octobre	—	46 m.
15 avril	—	juste	3 novembre	—	43 m.
1er mai	11 h.	57 m.	16 novembre	—	44 m.
15 mai	—	55 m.	1er décembre	—	46 m.
1er juin	—	57 m.	15 décembre	—	55 m.
15 juin	midi	juste	20 décembre	midi	juste
1er juillet	—	3 m.			

Les Chaldéens imaginèrent le cadran solaire et le transmirent aux Juifs à une période à peu près impossible à déterminer; cependant, en l'an 570 avant l'ère chrétienne, Rome ne possédait encore qu'un seul cadran solaire. Pendant toute l'antiquité et le moyen âge on ne fit que des méridiennes monumentales. En France, on ne commença à tracer des cadrans solaires qu'au commencement du règne de François Ier, d'après les conseils pratiques donnés par un savant nommé Élie Vinet.

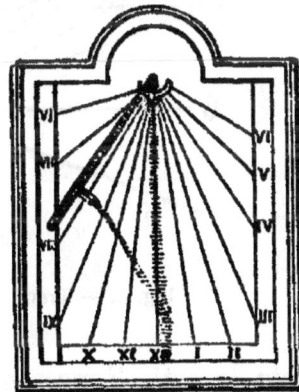

Fig. 2. — Cadran solaire vertical.

Tout cadran solaire (fig. 1 et 2) se compose de deux parties essentielles : une verge de fer ou style, insérée dans le plan du cadran et dont le sommet ou l'extrémité supérieure montre les heures par son ombre, et un

1.

plan, d'une orientation quelconque sur lequel sont tracées la méridienne et les différentes lignes des heures.

Le style porte quelquefois à son extrémité une plaque percée d'un trou par lequel passe un rayon de lumière dont l'indication est plus précise. Il est soutenu, suivant une inclinaison que détermine le calcul, par une petite tige appelée pied du style et qui est fixée sur le trajet de la ligne sous-stylaire, laquelle n'est pas différente d'ailleurs de la méridienne dans les cadrans horizontaux.

Voici brièvement les procédés mathématiques à employer pour établir les cadrans solaires horizontaux. On commence d'abord par tracer une méridienne SM (fig. 3) sur un plan parfaitement de niveau, puis on fixe un style sur l'un des

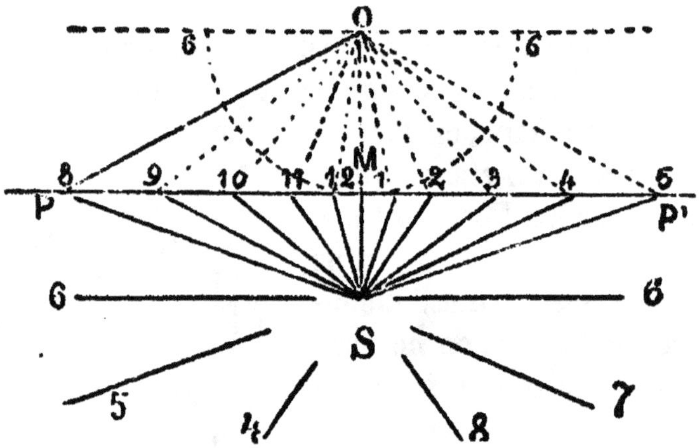

Fig. 3. — Tracé d'un cadran solaire horizontal.

points de cette ligne, en ayant soin de l'incliner suivant la direction de l'axe du monde, de telle sorte qu'il fasse avec la méridienne un angle égal à la latitude. Il ne reste plus qu'à tracer les lignes horaires. A cet effet, on prend, à partir du style S, sur la méridienne et dans la direction du Nord une longueur arbitraire SM que l'on prolonge d'une longueur MO égale à la perpendiculaire abaissée de M sur le style ; ensuite, du point M, on trace la ligne PP' perpendiculaire à la méridienne, et du point O, comme centre, on décrit un cercle avec OM pour rayon. Ce cercle étant divisé en 24 parties égales et les rayons étant prolongés jusqu'à la perpendiculaire PP', on n'aura plus qu'à joindre les points d'intersection avec le pied S du style pour avoir le tracé des lignes horaires. Pour bien comprendre cette construction, il faut remarquer que le cercle OM n'est autre qu'un cadran équatorial auxiliaire que l'on a rabattu de sa position primitive dans le plan de l'horizon en le faisant tourner autour de PP'.

Si maintenant on veut tracer un cadran solaire vertical, voici comment on devra s'y prendre (fig. 4). Étant donné

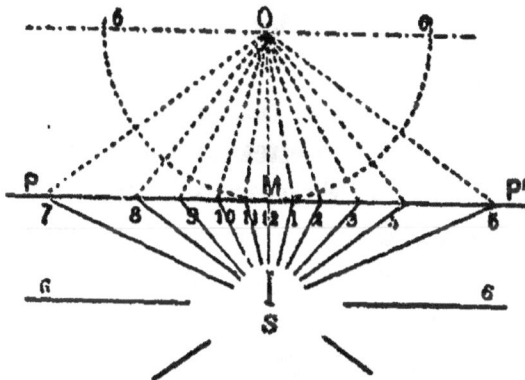

Fig. 4. — Tracé d'un cadran solaire vertical.

un mur perpendiculaire à la méridienne et faisant face au Sud, on commencera par y fixer un style de façon à ce qu'il soit dans le plan du méridien, et qu'il fasse avec l'horizon un angle égal à la latitude du lieu ; ensuite, on tracera la ligne de midi sur une verticale menée par le pied du style ; et l'on suivra la même marche que précédemment pour obtenir les lignes horaires. Toutefois, au lieu de prendre, comme tout à l'heure, OM égal à la perpendiculaire de M sur le style, c'est-à-dire au côté opposé à la latitude, dans le triangle dont MS est l'hypoténuse, on le prendra égal à l'autre côté OS qui est opposé au complément de la latitude. C'est alors sur le plan vertical qu'on rabat le cadran équatorial.

On dit qu'un cadran solaire est déclinant, lorsque la surface verticale sur laquelle on l'établit n'est pas exactement dirigée vers le Sud. On construit ce dernier par un rabattement convenable du cadran équatorial qui ramène aux constructions précédentes.

On voit d'après cela que toute horloge solaire donne les indications du temps vrai puisqu'elle est réglée par le soleil, mais ne peut être utile que quand il brille au ciel.

Les équinoxes influant sur la régularité du style à marquer l'heure vraie sur les cadrans solaires suivant leur éloignement, on a remédié à cet inconvénient et on est parvenu à faire marquer aux cadrans solaires le midi moyen qu'indiquent les chronomètres les mieux réglés.

La façon la plus usitée consiste à tracer sur le plan d'un cadran solaire fixe à plaque percée, une ligne courbe destinée à faire connaître chaque jour l'instant précis auquel il est midi moyen. Cette ligne courbe, que l'on nomme la méridienne du temps moyen, a la forme d'un 8 allongé, comme on peut le voir sur la figure 5.

Chaque jour, à l'instant du midi moyen, le rayon de soleil qui traverse la plaque percée du style vient tomber sur la courbe; en sorte qu'en observant le moment où ce rayon lumineux vient la traverser, on a le midi moyen tout aussi facilement qu'on a le midi vrai en observant le moment où il traverse la ligne horaire du midi.

Les horloges solaires sont bien délaissées depuis que l'horlogerie mécanique a fait des progrès si notables, surtout au point de vue de la précision ; elles ne sont plus guère qu'un objet de curiosité et presque personne ne perd plus son temps à tracer géométriquement leurs divisions horaires

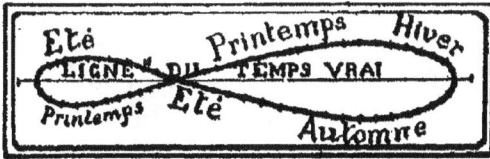

Fig. 5. — Méridienne du temps moyen.

selon la déclinaison du plan, la forme et la hauteur du gnomon, etc.

Il y a cependant une de leurs applications qui a encore du succès maintenant : les cadrans solaires de poche (fig. 6).

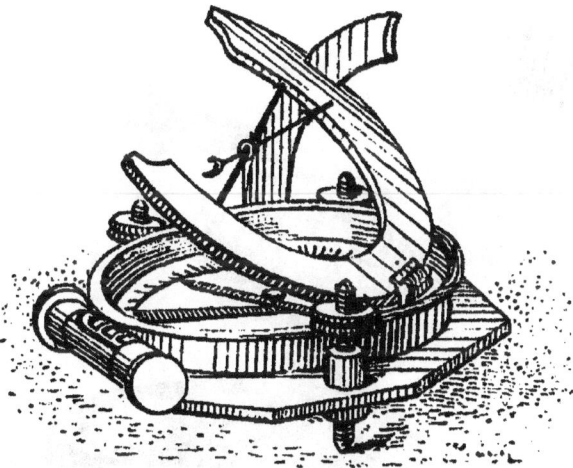

Fig. 6. — Cadran solaire de poche.

Dans ce genre d'appareils, le cadran, qui se compose d'un arc de cercle en cuivre soutenant la tige du style, et sur lequel sont marquées les divisions horaires, est monté à charnière sur le dessus d'une boussole convenablement divisée en degrés. Au moyen d'un petit niveau d'eau, on place l'ensemble dans une position parfaitement horizontale et, lorsqu'on veut avoir le temps vrai, il suffit d'incliner le cadran parallèlement à l'axe du monde, après s'être assuré toutefois, au moyen de la boussole, de la bonne direction de la méridienne. Ces préliminaires achevés, l'ombre de l'aiguille s'allonge sur les divisions du cercle horaire et indique le temps vrai et l'heure réelle. Ce cadran est équinoxial.

Voici encore d'autres dispositions d'horloges solaires en usage depuis quelques années seulement :

Tout le monde connaît l'indicateur construit par M. Fléchet et nommé *chronomètre solaire à temps moyen* (fig. 7) ;

Fig. 7. — Chronomètre solaire Fléchet.

cet indicateur est tombé dans le domaine public et un autre inventeur a imaginé un instrument plus parfait du même genre appelé *régulateur solaire*. Ce régulateur est disposé de la manière suivante :

Sur un pilier porté par une base circulaire, est monté un support à retour d'équerre, tournant selon un plan vertical et sur un centre de mouvement auquel aboutit le sommet d'un secteur gradué. Ce secteur donne la mesure des différentes inclinaisons que peut recevoir le support, au bas duquel est fixé le petit tambour muni d'un cadran et d'aiguilles. Cette inclinaison doit toujours répondre à la latitude du lieu, et le secteur, étant amené au point convenable, se fixe par une vis de pression. Le style et la plaque sur laquelle est fixée la ligne du midi sont solidaires.

La plaque pivote entre les deux retours d'équerre. Sur le prolongement du pivot inférieur, qui pénètre à l'intérieur du tambour, est ajusté un pignon qui, par l'intermédiaire d'une minuterie fait tourner les aiguilles du cadran.

Une boussole logée dans la base de l'appareil sert à l'orienter, en tenant compte de la déclinaison. Il est réglé quand le trou du style, la ligne du midi solaire tracée sur le champ de la plaque, et le midi des aiguilles du cadran, sont bien exactement dans un même plan vertical.

L'instrument étant réglé, il suffira d'incliner le style à droite ou à gauche, de façon à amener le point lumineux sur la ligne du midi, et comme les aiguilles suivront son mouvement, l'heure se lira sur le cadran.

Pour éviter les temps perdus, le style doit avoir été ramené d'abord en arrière et ensuite être toujours conduit dans le même sens.

On peut régler l'appareil quand on le transporte, à l'aide d'une bonne montre à secondes trotteuses, ayant été mise à l'heure d'un observatoire d'une bonne méridienne.

Ce qui fait le succès de ce petit dispositif, c'est qu'à l'encontre du cadran solaire toujours immuable, ce petit instrument peut changer de place facilement et indiquer l'heure comme peut le faire une bonne montre.

Gnomon à flotteur. — Cet appareil, imaginé par M. Hoa-rau Desruisseaux, a pour but de permettre le règlement de tout instrument horaire mécanique. Lorsque le flotteur est mis en place, comme l'indique la figure 8, il suffit d'observer deux fois dans un jour la ligne où tombe le point lumineux traversant le trou du gnomon. Si le point tombe bien sur le même cercle, mais dans une direction diamétralement opposée, lors de la seconde observation la montre donne des indications exactes (fig. 8).

Sablier. — Tout le monde connaît le sablier, aussi n'en ferons-nous pas ici la description; nous nous bornerons à dire qu'il est très ancien, antérieur à la clepsydre ou horloge à eau et qu'on en retrouve le dessin sur des sculptures égyptiennes datant de quinze cents ans avant Jésus-Christ.

Clepsydre. — Qu'est-ce qu'une clepsydre?

Imaginons qu'un réservoir contienne de l'eau et qu'un orifice supérieur permette d'évacuer le trop-plein. Si l'on place un tube très étroit à la partie inférieure afin que l'eau ne sorte que goutte à goutte, le niveau de l'eau étant toujours le même et l'écoulement régulier, il sortira du réservoir des quantités égales du liquide pendant des périodes de temps égales (fig. 9).

Pour mesurer un intervalle de temps quelconque au moyen de l'écoulement ainsi obtenu, il n'y a plus qu'à recueillir l'eau qui sort du réservoir pendant cet intervalle de temps et à en déterminer le volume. Mais on évite cet embarras par une disposition de l'appareil qui permet de lui faire donner des indications continues. Il suffit, en effet, que l'eau du réservoir tombe dans un vase de forme cylindrique ou prismatique, et s'y accumule de plus en plus. Le niveau de l'eau montera dans ce vase avec une vitesse uniforme et marquera le temps par la position qu'il occupera, position qui pourra d'ailleurs être aisément déterminée au

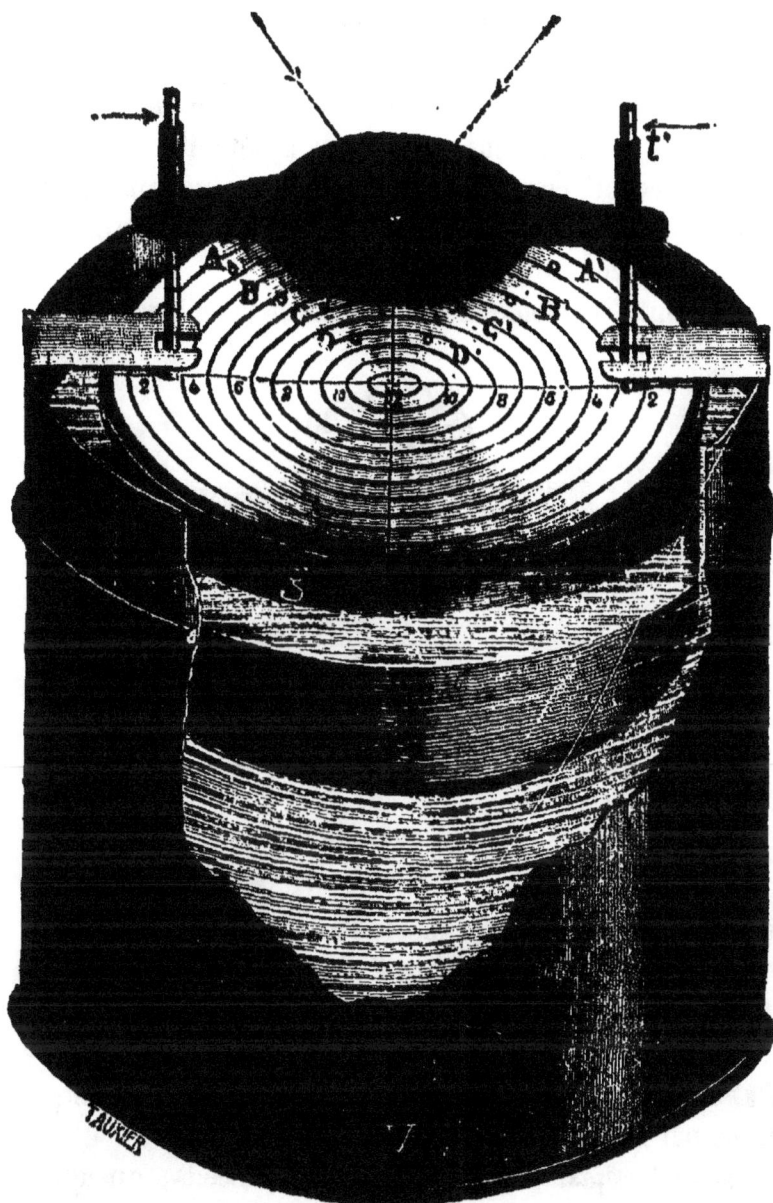

Fig. 8. — Gnomon à flotteur.

moyen d'une échelle graduée fixée au vase. Souvent, afin de rendre les indications plus visibles, et aussi pour donner plus d'élégance à l'appareil, on plaçait un flotteur dans le vase où se rend l'eau écoulée ; ce flotteur, formé d'un morceau de liège, portait un index qui se trouvait à côté d'une échelle graduée, et venait correspondre successivement aux diverses divisions de cette échelle, à mesure que le liquide le soulevait en s'accumulant dans le vase.

L'eau, dont l'écoulement sert à mesurer le temps, se rend

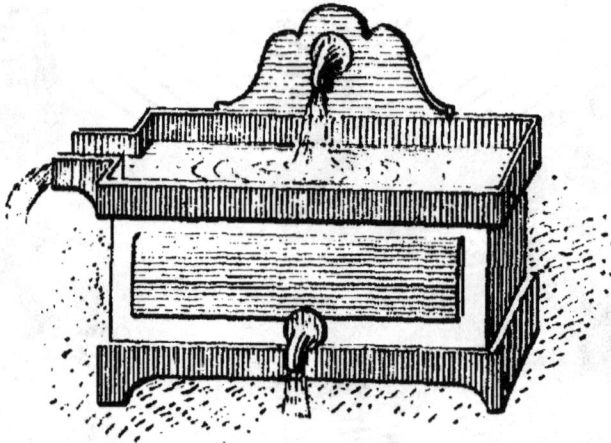

Fig. 9. — Clepsydre.

dans une capacité située dans le bas de l'appareil ; elle y fait monter progressivement un flotteur, qui supporte deux petites figures placées de chaque côté de la colonne supérieure ; une de ces figures porte une baguette dont l'extrémité aboutit à une échelle tracée sur la colonne, et indique le temps par ses divisions.

Horloges à poids. — A la clepsydre succéda, quelques siècles plus tard, l'horloge mécanique, mise en mouvement non plus par la pesanteur de l'eau comme dans la clepsydre, ou du sable, comme dans le sablier, mais par la descente d'un poids remonté à sa position première par la force humaine.

On ignore qui fut au juste l'inventeur de l'horloge mécanique ; cependant on attribue, en général, ce progrès au moine Gerbert qui vivait au dixième siècle et devint plus tard pape sous le nom de Sylvestre II ; mais, en réalité, ce n'est qu'une supposition et les documents précis n'existent pas sur ce sujet controversé.

Quoi qu'il en soit, la première horloge ne devint d'un usage assez étendu que trois siècles après que Gerbert en eut imaginé le premier modèle. Son mécanisme se composait d'un certain nombre de rouages dont le dernier, mobile, conduisait l'aiguille indicatrice, et qui tournaient par l'effort d'un poids plus ou moins lourd suspendu à une corde enroulée sur un treuil. *L'échappement* (fig. 10), permettant de régler le déroulement de cette corde et la descente du poids, ne fut connu et employé qu'au commencement du seizième siècle, et il n'est pas besoin de dire qu'il fut d'abord très rudimentaire et composé d'une simple palette montée sur un axe ver-

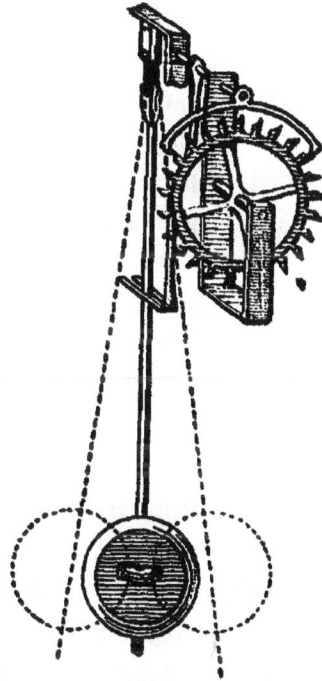

Fig. 10. — Mécanisme du pendule et de l'échappement.

tical et arrêtant le mouvement du rouage en s'engageant dans chaque dent l'une après l'autre.

L'échappement constituant la pièce la plus importante des appareils de mesure du temps, tous les horlogers se

sont efforcés d'améliorer sa construction, et depuis le seizième siècle, parmi les modèles les meilleurs qui aient été
construits, il faut citer l'échappement à ancre, inventé par
le docteur Hooke et perfectionné par Bréguet; l'échappement à cylindre dû à Graham; l'échappement double ou
duplex, de l'horloger français Le Roy, et l'échappement
libre à force constante, qui date du milieu de notre siècle.
Nous étudierons en détail, au chapitre des pièces constitu-
tives d'un mécanisme de mesure du temps, la construction
de ces organes délicats.

La pièce la plus importante d'une horloge, après l'é-
chappement, est le pendule régulateur qui détermine la
marche de ce système. Les lois régissant les mouvements
d'oscillation d'un pendule (masse pesante suspendue à l'extrémité d'un fil), ont été découvertes et formulées par Ga-
lilée et l'application à l'horlogerie en a été faite par Huyghens. Le balancier des horloges et le spiral des montres
ne sont que des pendules perfectionnés.

Dès le début, les appareils horaires mécaniques furent
pourvus de sonneries par leurs constructeurs, et leurs cadrans divisés en douze heures. Dans les belles horloges, de
nombreux automates actionnés par des poids, représen-
taient différentes scènes, telles que la Passion, ou des com-
bats. Citons, parmi ces merveilleuses constructions du
moyen âge, l'horloge de Strasbourg, due à Dasypodius et
réparée en 1834 par Schwilgué; l'horloge de Lyon, construite par Lippyus, l'horloge de Londres, et plusieurs
autres moins connues placées dans différentes cathédrales
de France.

De même qu'on ignore le nom de l'inventeur du poids
moteur, il serait bien difficile de dire qui imagina de substituer aux poids un ressort d'acier enroulé sur lui-même,
de façon à obtenir un indicateur horaire portatif, ce qui

ne pouvait se faire avec les poids. On connaît simplement l'époque vers laquelle apparut ce perfectionnement, qui rendit possible la construction des montres de poche.

Nous n'avons pas à expliquer ici en quoi consiste un ressort, les horlogers qui nous lisent les connaissent aussi bien que nous, et nous nous bornerons à retracer les progrès accomplis par la science chronométrique jusqu'à nos jours.

D'abord les horloges à ressorts furent spécialement consacrées à donner l'heure dans les appartements, puis, quand Huyghens eut imaginé de remplacer le pendule oscillant par le *spiral* et le *balancier*, on put songer à diminuer le volume de ces horloges de manière à l'amener à une réduction qui les rendît portatives. La montre fut enfin inventée, mais pour atteindre à la perfection qu'elle a acquise, il faut arriver à l'époque des grands horlogers, c'est-à-dire à la fin du dernier siècle. On sacrifia pendant longtemps le mécanisme aux exigences de la mode, mais, sous l'intelligente initiative de maîtres tels que Janvier, Berthoud, Sully, des progrès sérieux furent apportés à leur fabrication et les montres furent dotées d'une grande régularité de marche.

En suivant pas à pas le développement de l'horlogerie en France, on la voit se perfectionner de siècle en siècle; Voltaire, qui s'était retiré à Ferney, y encourageait la construction des montres et des horloges.

Ce fut sous Louis XIV que l'on commença à faire des montres plates (relativement aux précédentes). Lépine se distingua particulièrement dans ce genre de travail; mais cet habile horloger, s'il vivait encore aujourd'hui, serait effrayé en voyant nos montres microscopiques, et il dirait, non sans quelque raison : « De telles montres ne peuvent pas donner l'heure avec exactitude; ce sont des bijoux de fantaisie que la postérité ne connaîtra pas, car ils ne vivront pas l'espace d'un demi-siècle. »

Les Anglais ne sacrifient pas à la mode quand il s'agit d'un instrument propre à mesurer le temps. Ils ont su conserver à leurs montres de poche une épaisseur et une solidité qui sont d'un grand avantage.

Les montres à répétition datent de 1676. Les premières furent construites par le célèbre horloger Tompion sur les plans de Barlow. Elles avaient un bouton ou poussoir de chaque côté de la boîte : par l'un on faisait répéter l'heure et par l'autre les quarts.

La montre à répétition de Quare, autre horloger anglais, n'avait qu'un seul bouton, placé à côté du pendant ; elle fut trouvée préférable à celle de Tompion par le roi Jacques II et son conseil, et adoptée par suite de sa plus grande simplicité.

Dès les premiers temps où les pendules et les montres à répétition furent connues, divers horlogers anglais et français s'empressèrent d'imiter ces machines ; d'autres, plus habiles, en construisirent dans lesquelles ils firent des changements plus ou moins heureux ; mais tous conservèrent les pièces principales : ce sont toujours des limaçons et des râteaux qui déterminent le nombre d'heures et de quarts à frapper.

Depuis Louis XIV, la construction des appareils à répétition a fait de grands progrès, surtout au point de vue de la précision des pièces : on a pu suffisamment en diminuer les dimensions pour les réduire au volume d'une grosse montre de poche. En outre de la sonnerie, quelques-unes de ces montres possèdent différents cadrans où l'on peut voir le quantième et le jour de la semaine, l'âge de la lune, l'heure du lever et du coucher du soleil, etc. Mais il faut avouer que ces délicates machines sont, par suite de leur compli-

cation d'organes, sujettes à d'assez fréquents dérangements
qui exigent le secours répété de l'horloger.

Aujourd'hui le travail tend à s'exécuter de plus en plus
à la machine, et la plupart des pièces d'horlogerie sont seulement finies par la main de l'ouvrier. Ainsi, aux États-Unis,
il y a trente ans, on n'y fabriquait encore que de grossières
horloges en bois; aujourd'hui, on fabrique les montres à la
machine. La plus importante des manufactures de montres
est la *Waltham Watch Company*, qui occupe 900 ouvriers
et produit 425 mouvements de montres par jour. L'*Elgin*,
qui vient ensuite, produit quotidiennement 300 mouvements! Il n'est pas vrai que les Américains soient tribu-
taires de la Suisse pour plusieurs parties du mécanisme des
montres. Bien au contraire, ils fabriquent toutes les pièces
à la machine et règlent l'appareil presque sans le regarder.
Lorsqu'une montre est remise au régleur, le contremaître
délivre le spiral correspondant et la montre se trouve
réglée.

M. Favre-Perret, qui a visité dans tous ses détails l'usine
de Waltham, donne les renseignements suivants :

« Voici, dit-il, ce que j'ai vu : j'ai demandé au directeur
de la Waltham une montre de la cinquième qualité. On a
ouvert devant moi un grand coffre; j'ai pris au hasard une
montre et l'ai mise à ma chaîne.

« Le directeur m'ayant prié de lui laisser cette montre
deux ou trois jours pour qu'on pût vérifier sa marche :
« Au contraire, lui dis-je, je tiens à la conserver telle
« qu'elle est, pour avoir une idée exacte de votre fabrica-
« tion. » A Paris, je mis ma montre à l'heure sur un régulateur du boulevard et, le sixième jour, je constatai
qu'elle avait varié de 32 secondes. Et elle vaut 75 francs
(mouvement sans boîte).

« En arrivant au Locle, je fis voir cette montre à un de

nos premiers régleurs, qui me demanda l'autorisation de la démonter. Je voulus d'abord l'observer, et voici les résultats que je constatai :

« Pendue, variation diurne 1 seconde et demie. Variations dans diverses positions, de 4 à 8 secondes. Après l'avoir ainsi observée, je la remis au régleur, qui la démonta. Au bout de quelques jours, il revint et me dit textuellement :

« Je suis renversé, le résultat est incroyable ! On ne « trouverait pas une pareille montre dans cinquante mille « de notre fabrique. »

Comme cette appréciation, avec preuves à l'appui, de la perfection des produits d'horlogerie de fabrication américaine, vient d'un homme tout à fait compétent et non d'un amateur enthousiaste, elle peut se passer de commentaires.

La fabrication mécanique des montres tend d'ailleurs à se répandre, et à prendre une large extension. On parle déjà d'une usine allemande, où les rouages et les principales pièces composant une montre sont taillés à la machine, et l'on peut craindre que, d'ici peu, cette première manufacture européenne ne soit plus seule, et que la majeure partie des mécanismes d'horlogerie soit fabriquée, non manuellement, mais automatiquement, à l'aide de machines perfectionnées.

Chronomètres. — Les chronomètres ou horloges marines sont des appareils chronométriques absolument différents des montres ordinaires, et qui présentent l'incomparable avantage d'une haute précision qui leur permet de conserver l'heure exacte sans variations appréciables, quelles que soient les températures auxquelles elles se trouvent soumises. Ils peuvent donner, par suite, aux bâtiments en cours de navigation, la longitude exacte, ce qui est un point précieux pour les voyages au long cours. Le premier de ces mécanismes fut imaginé et construit par l'horloger anglais Harrison, qui obtint en 1763 les 500.000 francs de récompense promis par le Parlement à l'inventeur d'un moyen pratique de connaître les longitudes en mer.

Les chronomètres ont été perfectionnés par Ferdinand Berthoud et Pierre le Roy. Ils se composent ordinairement des organes suivants, destinés à leur donner les éléments de régularité de marche nécessaires :

1° Balancier compensateur ;

2° Spiral isochrone (ressort réglant) ;

3° Échappement libre à détente ;

4° Force motrice se distribuant avec régularité et entre des limites d'écart telles que l'isochronisme du spiral n'en puisse être affecté ;

5° Exécution des organes, mobiles, rouages, etc., assez parfaite pour assurer leur bon fonctionnement et l'intégrité de leur état présent pendant une certaine durée de temps.

Le balancier-compensateur est un volant, muni, à des parties choisies de sa circonférence, de *masses* de métaux inégalement dilatables et qui ont pour but de conserver audit volant une longueur toujours égale. Il a été imaginé par Harrison.

Tous les chronomètres battent la seconde. Le jour, ou la période de vingt-quatre heures qui s'étend d'un midi au midi suivant, est donc divisé en 86 400 parties. On juge quelle doit être la perfection d'un semblable instrument, qui, si les oscillations du balancier étaient altérées seulement d'un dixième, varierait de plus d'une minute à la fin de la journée, tandis que c'est à peine s'il varie d'une seconde en plusieurs mois ! Ces appareils sont de véritables merveilles ; cependant il est évident que les chronomètres qui ont le pendule comme régulateur, sont encore supérieurs à ceux en forme de montre, qui ont le spiral et le balancier de Huyghens.

De nos jours, MM. Callier, Dumas, Pierret, sont les constructeurs de chronomètres les plus renommés. La marine leur doit d'être munie d'appareils horaires aussi parfaits qu'il est possible à l'homme d'en créer, et qui font que les longitudes en mer ne sont plus un souci du navigateur, confiant avec juste raison dans les horloges marines perfectionnées qui, après six mois de voyage, lui donnent encore, presque sans erreur, l'heure du lieu de départ du navire.

Horlogerie électrique. — L'électricité, cette puissance d'un emploi si commode et si facile, peut être employée en chronométrie de trois façons bien différentes. Soit en distribuant à des cadrans récepteurs, reliés par des fils à un régulateur central, la force nécessaire à mouvoir les aiguilles, de minute en minute ; ou bien en remplaçant le poids ou le ressort moteur par une pile, en faisant une pendule électrique mobile, ou soit encore en se bornant à remettre à l'heure une fois par jour les différents cadrans dont les mouvements peuvent avoir varié de quelques minutes en vingt-quatre heures.

C'est en Angleterre qu'on a installé, vers 1840, le premier système de distribution en quelque sorte télégraphique de l'heure. Peu de temps après, en France, Bréguet disposait tout un réseau d'horloges électriques à Lyon et il obtenait un résultat satisfaisant en actionnant tous ces cadrans par le jeu d'une horloge mécanique de construction rigoureusement exacte.

Il existe de nombreux modèles de *pendules électriques*, c'est-à-dire dans lesquelles la force motrice du ressort ou des poids est remplacée par le courant d'une pile. Parmi les meilleurs échantillons de ce genre, on doit citer ceux dus à Hypp de Genève, à Jolly de Ligueil, Destouches et Reclus, qui donnent de bons résultats. Nous étudierons ces divers systèmes en détail au chapitre traitant de l'horlogerie électrique.

Pour ce qui concerne la remise à l'heure par l'électricité, les deux meilleurs dispositifs qui aient été proposés sont ceux des horlogers français Paul Garnier, Bréguet et Borrel, successeur de Wagner.

Voici en quelques mots le système de remise à l'heure imaginé par Bréguet :

Il existe, au point de départ du circuit, un régulateur qui n'établit le courant qu'une seule fois ou deux au plus en 24 heures, pendant 8 à 10 secondes seulement, afin de bien donner aux pièces mécaniques le temps de se mettre en jeu et de remplir leurs fonctions. Dans le circuit sont placées des pendules auxquelles on a ajouté un mécanisme, qui a pour organe principal un électro-aimant.

Au moyen du dispositif de M. Bréguet, on peut remettre instantanément à l'heure la plus mauvaise horloge possible, dont les variations seraient de huit à dix minutes par jour. L'effet électrique n'ayant lieu qu'une ou deux fois par jour et pendant un temps très court, on conçoit que le mécanisme ne doit jamais être dérangé par les causes atmosphériques, et que, d'ailleurs, si un accident arrivait ou si la pile venait à faire brusquement défaut, cela serait sans nul inconvénient, puisque l'horloge doit être assez bonne pour ne pas varier sensiblement d'un jour à l'autre. On peut donc donner avec ce système, ce qui est impossible avec le précédent, l'heure à toutes les distances sans craindre d'erreur.

Heure pneumatique. — M. Victor Popp a utilisé la canalisation d'air comprimé qui part de l'usine Saint-Fargeau à Paris, pour donner l'heure à plusieurs milliers de cadrans placés sur le trajet de cette conduite. C'est au moyen d'une horloge mécanique installée à l'usine que s'effectue le règlement des mouvements des cadrans au réseau. Ces cadrans (fig. 11) se composent de deux parties distinctes : un mouvement d'horlogerie conforme à celui des régulateurs à balancier, avec contrepoids, et un mouvement spécial pour l'ouverture et la fermeture d'un tiroir équilibré.

Ces deux mouvements distincts sont cependant liés entre eux, de telle sorte que le mécanisme du tiroir ne fonctionne qu'autant que celui d'horlogerie le lui permet, et ce mouvement de déclenchement a pour but d'envoyer, toutes les minutes, dans le réseau de canalisation et par l'intermédiaire du tiroir, le volume d'air nécessaire à la marche normale de toutes les pendules et horloges placées sur le parcours du réseau.

L'appareil est enfermé dans une boîte à tiroirs avec trois orifices, et mis en communication avec le réseau. Il est surmonté de trois robinets à trois voies, permettant de suppléer manuellement, le cas échéant, à la marche des horloges. Cette ingénieuse disposition permet ainsi, l'horloge régulatrice ne fonctionnant pas, pour une cause ou pour une autre, de remplacer sa détente automatique par la main de l'homme.

L'horloge normale directrice se remonte automatiquement. Les mouvements des horloges sont construits de la façon la plus simple et en même temps la plus ingénieuse. A chaque minute, la pression atmosphérique fait avancer la roue d'une dent, et l'aiguille, par conséquent, d'une minute. En outre, dans l'usine centrale, tous les appareils sont munis de touches électriques qui signaleraient immédiatement le point où le fonctionnement aurait cessé. Tout paraît donc ingénieusement combiné, et la pratique des horloges pneumatiques s'étend à toutes les villes importantes.

La distance pour la distribution n'est pas limitée, pas plus d'ailleurs que le nombre des récepteurs horaires, et même les fuites d'air dans les tuyaux ne pourraient aucunement altérer la marche des horloges, dont le mécanisme

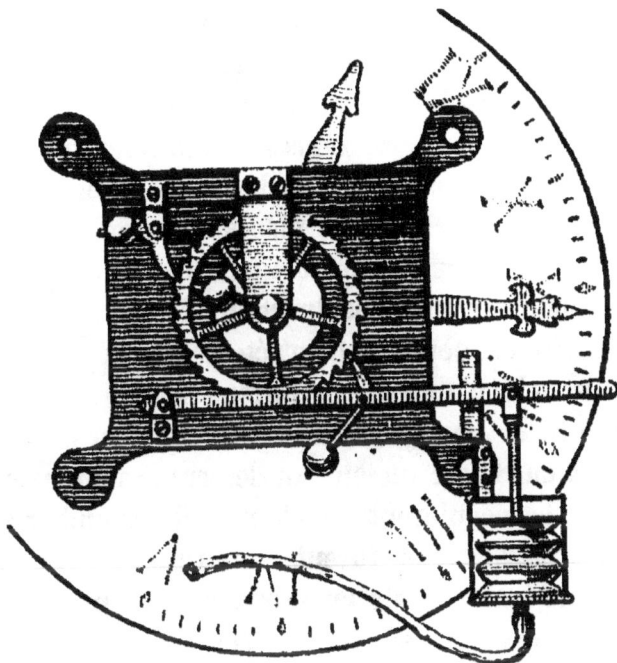

Fig. 11. — Mécanisme d'horloge pneumatique.

est, par suite de sa simplicité, peu sujet à dérangements et à réparations.

Tels sont les derniers travaux remarquables qui aient surgi dans le domaine de l'art chronométrique. Entre temps, on a édifié des horloges monstrueuses beaucoup plus parfaites que l'horloge de Strasbourg par exemple, et animées d'automates perfectionnés. Telles sont les horloges colossales de New-York, de Chicago, de Westminster,

2.

Berne, etc. On s'est aussi efforcé d'enfermer les mouvements dans des boîtes plus ou moins ornementées, et divers styles ont successivement passionné le public, surtout en ce qui concerne la forme des montres et des pendules d'appartements. L'époque actuelle n'est caractérisée par aucun style ; elle se borne à suivre les modèles qui lui ont été laissés par les grands horlogers du siècle dernier.

Jetons un dernier regard, en terminant ce chapitre, sur l'état présent de l'horlogerie en France.

Avant 1789, les horlogers étaient réunis en corporation, et des règlements sévères régissaient le fonctionnement de la communauté. Exécutées par des artistes tels que Julien le Roy, Berthoud, Sully, les pièces chronométriques françaises avaient acquis une réputation universelle qui éclipsait celle de tous les autres constructeurs étrangers. Mais lorsque la liberté du commerce eut été proclamée sans limites, des industriels éhontés s'établirent horlogers sans rien connaître à l'art qu'ils avaient la prétention d'exercer ; ils achetèrent en Suisse ou en Angleterre des mouvements à bas prix et les écoulèrent sous le nom des grands horlogers, dont les protestations furent impuissantes. Ne recevant plus que des instruments vulgaires pour un prix très élevé, l'étranger cessa de se fournir en France d'appareils horaires ; la vogue revint à l'Angleterre et à la Suisse, et comme, depuis cette époque, les fraudes n'ont fait que se multiplier sous toutes les formes imaginables, l'horlogerie française est tombée à un rang inférieur parmi les productions industrielles. On ne peut plus guère aujourd'hui avoir confiance dans les revendeurs horlogers, qui du reste, comme le fait remarquer si justement, un horloger dans la vraie acception du mot, M. Anquetin, ne se connaissent aucunement en l'art qu'ils prétendent exercer.

Ils vendent des pendules en marbre, en bronze ou en al-

bâtre, des montres à cadrans enrichis de pierres microscopiques, des *demi-chronomètres!* et même des chronomètres
tout entiers, d'un aspect magnifique, mais dont le mouvement est souvent des plus médiocres. Il y a des gens qui
ont pour industrie de fabriquer des imitations de pendules
anciennes qu'ils vendent à l'Hôtel des commissaires-
priseurs comme provenant d'une vente mobilière. Or, le
mouvement de ces pseudo-horloges est seulement une apparence ; souvent il n'y a pas d'échappement, ou bien les
rouages n'engrènent pas entre eux, de telle sorte qu'il est
totalement impossible de faire rien marcher. On ne saurait
trop s'élever contre ces spéculations qui font le plus grand
tort à l'horlogerie.

En France nous avons tous les éléments, toutes les ar-
deurs pour faire beau, pour faire grand ; notre étoile peut
pâlir un instant, mais pour se réveiller plus brillante.

Ne nous oublions pas dans une trompeuse sécurité, ne
nous fions plus à notre ancienne renommée de premiers
horlogers du monde ; l'étranger guette, prêt à profiter de
toutes nos fautes, de notre routine, et à nous enlever la
possibilité de pouvoir vendre, même chez nous, les produits
de notre fabrication. Nous crions donc alerte aux constructeurs et aux artistes français : il est grand temps de sortir de
l'apathie et de l'indifférence, si l'on ne veut pas assister à
l'effondrement complet d'une de nos plus précieuses industries nationales.

CHAPITRE II.

ÉLÉMENTS DES SCIENCES NÉCESSAIRES AUX HORLOGERS.

ARITHMÉTIQUE : Principaux calculs que l'horloger doit savoir faire.
— Règles diverses. — Racines carrées et cubiques. — Proportions.
— *Géométrie* : La ligne. — Les combinaisons. — Les triangles,
les quadrilatères, les polygones, mesure des surfaces. — Le cercle.
— Ses combinaisons, ses propriétés. — Les courbes ouvertes et
fermées. — Volumes. — Le cube, la pyramide, le cylindre, la
sphère. — Leur mesure. — *Dessin :* Les outils du dessinateur. —
Règle, équerres, compas. — Tracé des perpendiculaires, des parallèles, des cercles et des courbes. — *Mécanique :* Théorèmes
principaux de mécanique. — Parallélogramme des forces. — Centre
de gravité. — Leviers, engrenages, transmissions, bielles, etc. —
Physique : Définitions. — Pesanteur, calorique, hydrostatique.
— La lumière et le son. — Le magnétisme et l'électricité. — *Chimie :* Définitions. — Acides, sels, bases. — Équivalents. — Métaux et métalloïdes. — Mélanges et combinaisons. — *Astronomie :*
Notions fondamentales. — Le système solaire. — Notre situation dans
l'espace. — Planètes, satellites, étoiles. — Connaissance du temps.

Point n'est besoin d'affirmer ici que l'horloger doit
posséder aujourd'hui une teinture, sinon une connaissance
approfondie, des sciences que nous venons d'énumérer
dans le sommaire de ce chapitre. Nous sommes à une époque
où il faut absolument produire beaucoup et à bon marché,
si l'on veut seulement gagner le pain quotidien ; il est de
toute nécessité d'être plus instruit qu'on ne l'était, il y a
cinquante ans, car l'instruction est largement répandue. Il

faut donc, pour ces raisons, connaître infiniment plus de choses, et c'est pourquoi nous passerons ici en revue les éléments des sciences nécessaires à la pratique de la profession d'horloger.

I. ARITHMÉTIQUE. Il est à supposer que nos lecteurs connaissent au moins les quatre règles fondamentales de l'arithmétique : addition, soustraction, multiplication et division ; nous ne nous en occuperons donc pas, et passerons également sur les calculs de fractions que l'on apprend dans toutes les écoles primaires, et sur les divisions du système métrique en usage en France, comme en Belgique, en Suisse et en Italie. Rappelons seulement que les unités en usage sont le *mètre*, pour les longueurs, le mètre carré, pour les surfaces, le litre et le mètre cube pour les volumes, le gramme pour les poids et le franc pour les monnaies.

Signes. Le signe $+$ veut dire *plus;* le signe $-$ moins ; $\times$ multiplié par ; divisé par s'exprime par :, *égale* est désigné par le signe $=$. Quatre points signifient *comme* (::).

Puissances. La puissance d'un nombre est le produit de ce nombre multiplié une certaine quantité de fois par lui-même. Ainsi 25 est la *deuxième puissance* du chiffre 5 ou son carré ($5 \times 5 = 25$) ; 64 est la *troisième puissance* de 4 ($4 \times 4 \times 4 = 64$). C'est le cube. On indique qu'un chiffre doit être élevé à une certaine puissance en mettant un petit chiffre, appelé exposant à côté et un peu au-dessus du nombre. Ainsi $5^5 = 5 \times 5 \times 5 \times 5 \times 5$. On donne le nom de *racine* à un nombre qui, multiplié un certain nombre de fois par lui-même, a produit une quantité donnée. Ainsi, dans l'exemple cité plus haut, 5 est la *racine* de 25, 4, la racine de 64. On indique qu'une racine doit être extraite d'un nombre en le plaçant sous la barre horizontale d'une espèce de V ($\sqrt{}$) appelée le *radical*.

Le *degré* de la *racine* est indiqué par un petit chiffre placé dans l'ouverture des deux jambages du V. Ainsi, la racine carrée de 5 s'écrira : $\sqrt[2]{25} = 5$ et la racine cubique de 4 : $\sqrt[3]{64} = 4$. Mais le plus souvent, on se borne à exprimer le radical sans l'indice.

Racine carrée. Pour extraire la racine carrée d'un nombre, on divise ce nombre en tranches de deux chiffres en partant de la droite, puis on cherche le plus grand carré contenu dans la tranche de gauche, qui peut n'avoir qu'un seul chiffre, à l'aide du tableau suivant :

Racines	1,	2,	8,	4,	5,	6,	7,	8,	9.
Carrés	1,	4,	9,	16,	25,	36,	49,	64,	81.

On fait le carré de cette première racine ; on le soustrait de la première tranche, et l'on descend à côté du reste, s'il y en a un, la seconde tranche, dont on sépare le dernier chiffre par un point, puis en procédant de même pour les autres tranches, on finit par obtenir la *racine*. Toutefois, quand le carré n'est pas parfait, il y a un reste ; on peut alors tirer des décimales, en ajoutant autant de fois deux zéros qu'on veut de chiffres décimaux à la racine.

Racine cubique. Pour extraire la racine cubique d'un nombre, on le divise en tranches de 3 chiffres à partir de la droite ; on extrait la racine du plus grand cube contenu dans la dernière tranche de gauche en se servant du petit tableau suivant :

Racines	1,	2,	8,	4,	5,	6,	7,	8,	9.
Cubes	1,	8,	27,	64,	125,	216,	343,	512,	729.

et l'on inscrit à la racine le chiffre trouvé. On le cube et on soustrait ce cube de la dernière tranche de gauche. On descend la tranche suivante (dont on sépare les deux

derniers chiffres de droite par un point) à côté du reste s'il
y en a un, et on épuise successivement de la même façon
toutes les tranches du nombre dont on veut extraire la
racine. Pour les chiffres décimaux, on complète par des
zéros pour avoir des tranches de 3 chiffres.

Proportions. Les proportions ou *rapports* résultent de la
comparaison de deux quantités différentes. Une proportion
arithmétique s'écrit comme suit : 6 : 2 :: 10 : 6. Ce qui se
lit 6 *est à* 2 *comme* 10 *est à* 6.

Une règle fondamentale des proportions dit que le produit des extrêmes est égal au produit des moyens. C'est
ce qui est démontré par l'exposition suivante : 3×80
$= 6 \times 40$. Il en résulte que, dès qu'on connaît trois des
termes d'une proportion, on peut toujours déterminer le
quatrième ou la valeur inconnue, que l'on représente ordinairement par la lettre x. Ainsi 12 : 3 :: 16 : x. 48 étant
le produit des moyens, ce produit, divisé par 12 (l'extrême
connu) donne 4 pour la valeur de x.

Géométrie. — La géométrie a pour but la mesure des
corps. Celle-ci est déterminée par trois dimensions : longueur, largeur, hauteur (ou épaisseur, ou profondeur).
L'étendue en longueur est donnée par la ligne ; quand cette
étendue est considérée sous deux dimensions, c'est une
surface, et un solide ou volume sous les trois dimensions.
La ligne est constituée par la rencontre de deux plans se
coupant. Quand elle a la même direction que la surface de
l'eau, on dit qu'elle est *horizontale ;* quand elle suit la direction d'un fil à plomb, elle est *verticale ;* quand elle a une
inclinaison quelconque variant entre ces deux positions,
elle constitue une *oblique.* (Voyez la pl. I.)

Angles. — Lorsque deux lignes droites se coupent,
elles forment des *angles.* Quand elles ne se rencontrent pas,
même prolongées indéfiniment, on les désigne sous le nom

de *parallèles*. Les trois angles formés par la rencontre de deux lignes droites s'appellent angles *obtus, aigu* ou *droit*, suivant l'inclinaison des lignes. On mesure les angles avec un instrument appelé *rapporteur*, qui consiste en un demi-cercle en corne ou en mica, divisé en 180 parties. On applique le centre du rapporteur sur le *sommet* de l'angle, c'est-à-dire au point où les lignes se coupent, et on fait coïncider son diamètre avec l'une des lignes. Un angle dont l'ouverture n'atteint pas 90 degrés mesuré au rapporteur est aigu ; s'il mesure plus de 90 degrés, il est obtus, enfin, s'il marque juste 90 degrés, il est droit.

Deux lignes qui se coupent à angle droit sont *perpendiculaires* l'une par rapport à l'autre.

Triangle. — Le triangle est une surface fermée, à trois côtés, et par conséquent ayant trois angles. S'il a un *angle droit*, on le nomme *triangle rectangle ;* s'il a deux côtés égaux, on le dit *isocèle ;* il est *équilatéral* si ses trois côtés sont égaux. La *base* d'un triangle est constituée par l'un de ses côtés ; le *sommet* est l'angle opposé, et la *hauteur* est la *perpendiculaire* à la base, partant du sommet.

Les triangles se mesurent, pour la valeur de leurs angles, avec le rapporteur comme nous l'avons vu pour les angles. On calcule leur surface en multipliant la base par la moitié de la hauteur.

Surfaces. — Les surfaces autres que le triangle, sont les *quadrilatères* (surfaces à 4 côtés) et les *polygones* dont le nombre de côtés est plus élevé. Les principaux quadrilatères sont le *carré*, dont les quatre côtés sont égaux et les quatre angles droits ; le *parallélogramme*, dont les côtés sont de grandeur inégale et les angles quelconques, mais parallèles deux à deux ; le *rectangle* qui est un parallélogramme dont les quatre angles sont droits ; le *trapèze et trapézoïde*, dont deux seulement des côtés sont égaux, et le *losange*.

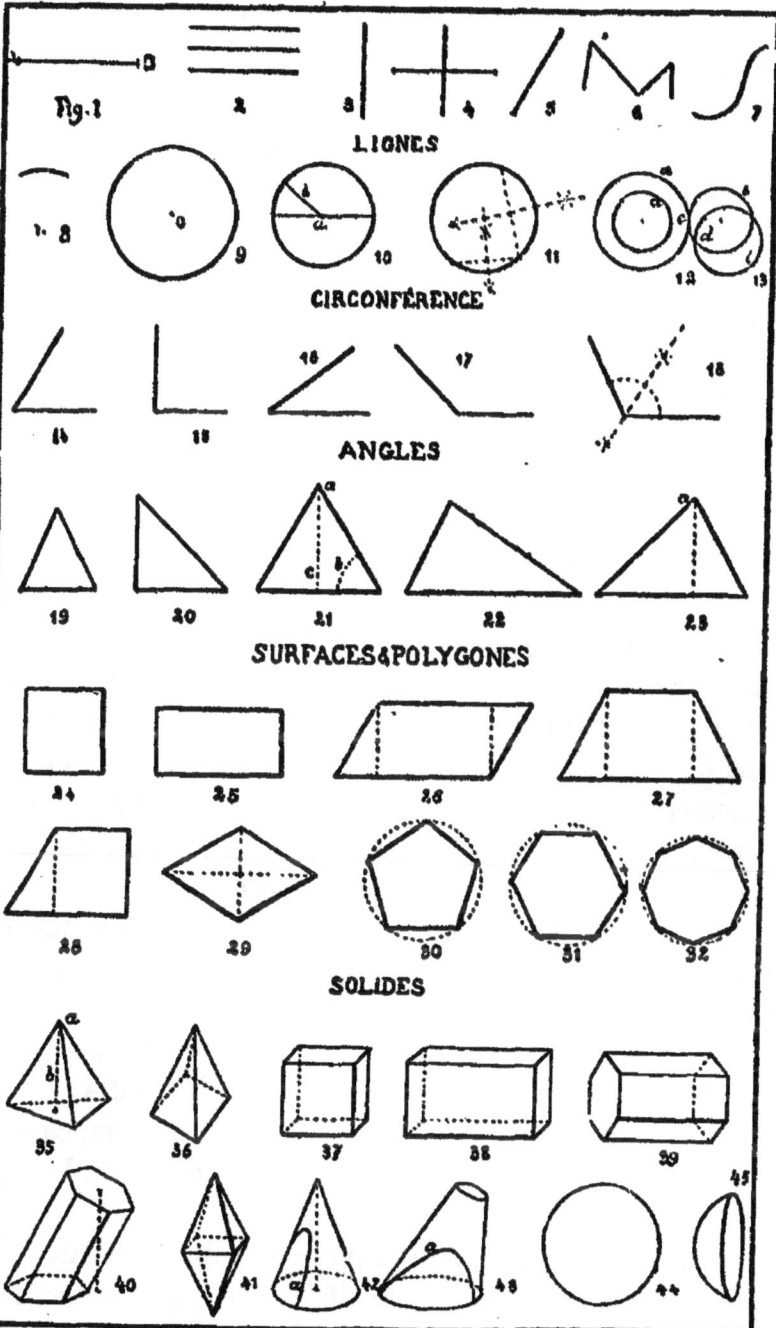

LIGNES

CIRCONFÉRENCE

ANGLES

SURFACES & POLYGONES

SOLIDES

1. Ligne droite, — 2 parallèles, — 3 verticale, — 4 perpendiculaires, — 5 oblique, — 6 brisée, — 7 courbe; — 8 arc de cercle, — 9 circonférence : o centre, — 10 cercle : a diamètre, a b rayon, — 11 moyen de trouver le centre, — 12 aa cercles concentriques, bb excentriques, — 13 c circonférences tangentes, d sécantes; — 14 angle, — 15 droit, — 16 aigu, — 17 obtus, — 18 ouverture et bissectrice; — 19 triangle, — 20 rectangle, — 21 équilatéral, a sommet, c base, b ouverture, — 22 triangle isocèle, — 23 scalène, a hauteur, — 24 carré, — 25 parallélogramme, — rectangle, — 27 trapèze, — 28 trapézoïde, — 29 losange, — 30 pentagone, — 31 hexagone, — 32 octogone; — 35 pyramide triangulaire, — 36 quadrangulaire; — 37 cube, — 38 parallélépipède; — 39 prisme hexagonal droit, — 40 prisme oblique; — 41 octaèdre; — 41 cône droit : section parabolique, — 43 cône tronqué oblique : a section hyperbolique; — 44 sphère, — calotte.

On obtient la surface d'un carré en **multipliant sa base**
par sa hauteur, le parallélogramme et le **rectangle se calcu-**
lent de même. Pour les trapèzes on fait **la somme du quadri-**
latère et on ajoute les triangles, calculés à part.

Polygones. — Les polygones sont des surfaces bornées
par un nombre quelconque de côtés. On reconnaît le nombre de ces côtés par les désignations suivantes :

Pentagone.....	5 côtés	Ennéagone....	9 côtés
Hexagone......	6 —	Décagone......	10 —
Heptagone.....	7 —	Endécagone...	11 —
Octogone.......	8 —	Dodécagone...	12 —

Pour mesurer la surface d'un polygone, on les réduit en
triangles que l'on calcule comme nous l'avons dit et que
l'on additionne ensuite.

En mesures décimales du système métrique, la ligne,
qui n'a qu'une dimension, s'évalue en mètres, dont les multiples, de dix en dix fois plus grands, sont le décamètre,
l'hectomètre et le kilomètre, et les sous-multiples, dix
fois plus petits : le décimètre, le centimètre, et le millimètre. Les surfaces ont pour unité le mètre carré, avec les
mêmes multiples et les mêmes sous-multiples, et les volumes
ont pour unité le mètre cube.

Cercle. — Le cercle est une surface courbe, dont le
périmètre, appelé *circonférence*, a tous ses points à une distance constante d'un point intérieur appelé *centre*. Une
ligne partant du centre et aboutissant à la circonférence est
le *rayon;* si cette ligne est prolongée jusqu'à l'autre bord,
c'est *un diamètre.*

Quand une ligne droite coupe en deux points une circonférence, on l'appelle *sécante;* si elle ne fait que toucher la
courbe en un seul point, on la nomme *tangente.*

Deux circonférences ayant le même centre **sont concen**

triques : quand les deux centres ne coïncident pas, elles sont *excentriques*.

Toute ligne allant d'un bord à l'autre de la circonférence sans passer par le centre est une *corde;* on désigne sous le nom de *flèche* une perpendiculaire élevée sur la corde. La partie de la circonférence incluse entre les deux extrémités de la corde constitue un *arc de cercle*.

La surface du cercle s'obtient en multipliant le rayon par le rapport du diamètre à la circonférence, c'est-à-dire par 3,1416. Ce rapport est ordinairement exprimé par la lettre grecque π.

Courbes. — Il existe d'autres courbes fermées (ou *surfaces curvilignes*) que le cercle. Les principales sont l'*ellipse*, l'*ovale* et l'*ove*. L'*ellipse* est un cercle dont les deux axes inégaux et dont tous les points sont situés à une distance égale de deux points situés sur le *grand axe* et appelés *foyers*. L'*ovale* est une variété d'ellipse dont nous verrons plus loin le tracé, et l'*ove* est une ellipse irrégulière.

Parmi les courbes dites ouvertes, on distingue la *parabole* et l'*hyperbole* qui n'ont qu'un seul foyer et dont les branches s'écartent l'une de l'autre sans jamais se rejoindre, puis l'*anse de panier* et le *cintre*, employées surtout en architecture.

Volumes. — Tandis que les surfaces n'envisagent les objets que sous deux dimensions : longueur et largeur, les volumes embrassent les trois dimensions des corps : longueur, hauteur ou largeur et épaisseur. Tandis que, pour les surfaces, les unités sont de 100 en 100 fois plus grandes ou plus petites, elles croissent, par suite, de 1000 en 1000 pour les solides. Les volumes sont considérés sous le nom de *polyèdres*, définis corps formés de faces planes, d'angles et de polygones enfermant un espace. Quand il y a six faces parallèles deux à deux et formées de parallélogrammes, le

corps est appelé *parallélépipède;* on le dit *rectangle* quand
tous les angles sont droits; c'est un *cube* quand toutes les
faces sont des carrés égaux. Quand les faces sont des *triangles*, on le connaît sous le nom de *tétraèdre;* à huit faces,
c'est un *octaèdre,* à douze un *dodécaèdre,* à vingt-quatre un
duodouécaèdre.

Une *pyramide* est un solide formé de faces triangulaires;
tous les *sommets* des triangles sont réunis en un même
point et toutes les bases sont assemblées sur les contours
d'un polygone régulier qui constitue la *base* de la pyramide.
La *hauteur* est une verticale partant du sommet et aboutissant sur la base.

Le *prisme* est composé de faces parallélogrammatiques
assemblées sur deux bases polygonales égales et opposées
parallèlement : il est droit ou oblique, suivant que les
parallélogrammes sont ou non rectangles.

Le *cône* est un solide produit par la révolution d'un
triangle rectangle autour d'un des côtés de son angle droit.
Sa base est circulaire ou elliptique, suivant que la perpendiculaire abaissée du sommet du cône passe ou non par le
centre de la base, et alors le cône est droit ou oblique.
Quand on enlève la partie supérieure d'un cône par une
section parallèle à la base, ce qui reste s'appelle un *tronc de
cône.* Lorsque on entaille un cône parallèlement à la géné-
ratrice on obtient une courbe qui est *la parabole;* quand
c'est au contraire parallèlement à la révolution, c'est une
hyperbole.

Le *cylindre* est un volume de révolution produit par la
rotation d'un parallélogramme rectangle autour d'un de
ses côtés. Il est donc terminé par deux cercles parallèles,
et il peut être droit ou oblique comme la pyramide, le
prisme et le cône.

Un *ellipsoïde* est engendré par la rotation d'une ellipse

autour de son grand axe. La sphère est un ellipsoïde dont tous les axes sont égaux ; les sections que l'on peut y opérer reproduisent des ellipses. De même pour l'*ovoïde*.

La *sphère* est un corps produit par la révolution d'un cercle sur lui-même et dont tous les points extérieurs sont également distants d'un point intérieur ou centre. Quelle que soit l'obliquité des sections que l'on pratique sur une sphère, on obtient toujours des cercles.

Le volume des solides s'obtient par la multiplication de leurs trois dimensions. Pour le cône, il faut multiplier par la moitié de la hauteur (dans un cône tronqué, retrancher le volume de la partie enlevée). La solidité de la sphère s'obtient en multipliant un de ses grands cercles par les $\frac{1}{3}$ du rayon, ou sa surface par $\pi \frac{R}{3}$. Le volume du cylindre est connu en multipliant la surface de sa base par sa hauteur.

DESSIN. — Les outils du dessinateur sont : *la règle, le té,* les *équerres* et les différents *compas,* suivant que l'on veut s'en servir pour prendre des mesures, tracer au crayon ou à l'encre de Chine. (Voy. la planche IV.)

Le premier point, pour le dessinateur, est de savoir tracer une perpendiculaire, ce qui s'obtient, soit en traçant, avec une ouverture de compas quelconque quatre arcs de cercle, avec les extrémités de la ligne pour centres, et en faisant passer une seconde ligne par l'intersection des arcs de cercle, soit mécaniquement à l'aide du té et d'une équerre ou de deux équerres. Comme renseignement pratique, nous dirons qu'il faut avoir soin de tracer des lignes très fines avec un crayon un peu dur et bien pointu, et surtout d'opérer avec une scrupuleuse justesse en suivant exactement le rebord de la règle ou de l'équerre.

Quand on sait tracer des perpendiculaires et des parallèles à l'aide de la règle et des équerres, on peut prendre le compas et reproduire les lignes courbes, comme le cercle, les circonférences concentriques ou excentriques et les ellipses.

Pour obtenir une ellipse bien juste (fig. 57), on commence par déterminer la longueur du grand axe AB puis du petit axe CD, ensuite, de l'extrémité du petit axe comme centre, avec une ouverture de compas égale à la longueur du demi-grand axe, on trace deux arcs de cercle venant couper ce grand axe en deux points *ff'* qui sont les *foyers* de l'ellipse. On fixe deux pointes fines à ces foyers et on y attache un bout de fil qui, tendu pourra atteindre l'extrémité des axes. On tend le fil avec la pointe du crayon tenu bien verticalement et on trace mathématiquement la courbe sur le papier, de la même façon que les jardiniers procèdent sur le terrain avec trois piquets en guise de pointes et de crayon. C'est la méthode la plus sûre et la plus rapide de tracer une ellipse régulière et absolument mathématique.

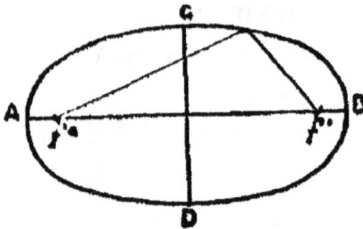

Fig. 57.   Ellipse.

Pour l'ovale, on procède comme suit : on trace (fig. 58) les deux axes perpendiculaires et on limite leur grandeur à l'aide du compas à pointes sèches. Puis du point O comme centre avec une ouverture de compas égale à la demi-grandeur du petit axe, on trace une demi-circonférence et un arc de cercle qui coupe le grand axe en C. On réunit par deux lignes droites les points A et B au point C et avec une ouverture de compas de la grandeur du petit axe, avec

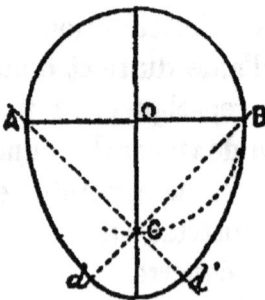

Fig. 58. — Ovale.

les points A et B comme centres, on décrit des arcs de cercle. Ensuite, du point C comme centre, on trace un arc de cercle qui vient rejoindre ceux-ci aux points *d d*, et la courbe se trouve terminée.

On procède à peu près de même pour l'ove. Soit A B le grand axe et C D le petit axe (fig. 59). On trace une circonférence avec le demi-petit axe pour rayon. Puis, aux points où cette circonférence coupe le grand axe, on trace deux nouvelles circonférences et on joint leurs centres aux extrémités du petit axe. Avec les points C et D comme centres, on réunit par des arcs de cercle les circonférences extrêmes l'une à l'autre et la figure se trouve terminée.

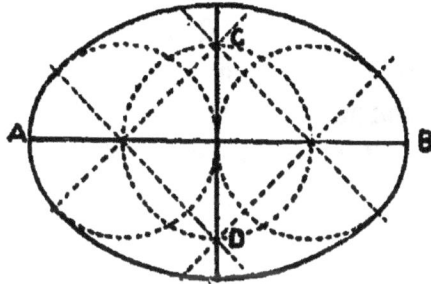

Fig. 59. — Ove.

L'anse de panier est une courbe surbaissée semblable à la voûte d'un pont; comme nous ne croyons pas que son tracé, pas plus que celui des autres courbes employées en architecture et en menuiserie, intéresserait les horlogers à qui nous nous adressons, nous ne le décrirons pas ici.

Que l'on considère le dessin linéaire le plus compliqué; on n'y trouvera que les lignes droites ou courbes que nous venons de passer en revue, et dont la combinaison constitue le dessin complet, lequel peut s'obtenir avec les seuls outils que nous avons mentionnés. A condition que ceux-ci soient bien justes, — les bons outils font les bons ouvriers, — on arrivera, avec un peu d'habitude, à tracer les pièces les plus difficiles des mécanismes d'horlogerie, ce qui est indispensable à tout ouvrier sérieux.

Le dessin peut s'exécuter d'après nature, ou d'après un plan sur papier; dans les deux cas, s'il s'agit de pièces à reproduire, et dont il est nécessaire d'avoir un modèle exact et coté, on procède différemment. Dans le premier cas, on fait un croquis aussi approché que possible de l'appareil; on mesure toutes les grandeurs avec l'instrument appelé double-décimètre pour les surfaces planes, pied à coulisse pour les cylindres, ou compas d'épaisseur pour les petits diamètres, et on reporte toutes ces dimensions sur le croquis, qui, dès lors, peut servir de plan comme dans le second cas.

Si le dessin doit être de grandeur d'exécution, on prend toutes les mesures indiquées, sur le double-décimètre; si, au contraire, il doit être réduit suivant une échelle convenue, on trace cette échelle de convention au bas de sa feuille et on prend dessus toutes les grandeurs indiquées par les cotes du croquis ou du plan. Enfin, on peut se servir, pour aller plus vite, du modèle de compas dit *de réduction* qui donne immédiatement la réduction demandée.

Le dessin peut être fait sur papier blanc fort et bien collé, (le Canson et le Whatman, sont les meilleurs). Le tracé y est opéré du premier coup au crayon un peu dur pour obtenir une marque légère et un trait fin et précis. Chaque pièce séparée d'un mécanisme doit être dessinée à part, et les cotes indiquées quand le dessin n'est pas de grandeur d'exécution. Une fois le tracé achevé au crayon, on le passe à l'encre de Chine à l'aide d'un bon tire-ligne, monté sur une hampe pour les lignes droites ou sur la branche démontable d'un compas pour les courbes. On peut préparer soi-même son encre de Chine à l'aide des bâtons d'encre solide bien connus, mais il est préférable d'employer l'encre de Chine liquide que l'on fabrique depuis quelques années et qui se trouve chez tous les marchands d'ustensiles de dessin. C'est une économie réelle de temps que l'on fait en se servant de cette encre, qui vaut bien les anciens bâtons de noir de fumée qu'il fallait tourner pendant une heure avant d'obtenir un liquide assez noir pour servir au dessin.

Le passage à l'encre terminé, on enlève le crayon et on nettoie le papier en le frottant avec un peu de mie de pain sèche ou une gomme de caoutchouc.

MÉCANIQUE. — La mécanique a pour objet l'étude du mouvement et de ses causes. On appelle *forces*, toutes les causes de mouvement, quelles qu'en soient la nature et l'origine. C'est une branche des sciences mathématiques qui dérive de la géométrie, et dont les applications sont innombrables. Il n'est donc pas permis à ceux qui s'occupent de fabrication de machines, quelles qu'elles soient, d'ignorer les théorèmes fondamentaux de cette science, et nous rappellerons ici les principales lois qui la régissent.

La Mécanique dite *rationnelle*, pour la distinguer de la *mécanique céleste* et de la *mécanique appliquée* ou *industrielle*, qui sont des applications de la science pure, soit au mouvement des astres, soit au fonctionnement des machines, la mécanique rationnelle, disons-nous, se subdivise ordinairement en deux parties. Dans l'une, la *cinématique*, on étudie tout d'abord le mouvement en soi, à un point de vue purement abstrait et géométrique, sans se préoccuper des forces qui le produisent. L'autre partie de la mécanique rationnelle comprend l'étude des forces qu'on considère successivement à l'état d'équilibre ou *statique*, puis à l'état d'action ou *dynamique*.

Nous avons dit qu'on appelle force toute cause capable de produire le mouvement et de le modifier; nous ignorons quelle en est l'essence même, mais nous en constatons les effets. Cette notion de force implique trois éléments qui la caractérisent, à savoir : le point d'application de la force, sa direction et son intensité.

3.

On dit que deux forces sont *égales*, quand, appliquées en sens contraire à un même point matériel, elles se font équilibre. On dit qu'une force est *double*, *triple* d'une autre, lorsqu'elle fait équilibre à deux, trois forces égales à celle-ci, et appliquées simultanément en sens contraire au même point matériel.

L'état d'équilibre fournit le moyen de *comparer* l'intensité d'une force à l'intensité d'une autre force, prise comme unité, c'est-à-dire de *mesurer* les forces. L'unité ordinairement adoptée, d'après le système métrique, est le *kilogramme. Théoriquement*, c'est la force avec laquelle une masse d'eau pure, à la température de 4°, du volume de 1 litre, est sollicitée par la pesanteur. *Pratiquement*, c'est la force avec laquelle la pesanteur sollicite une masse en platine, construite de manière à réaliser le kilogramme théorique, et conservée aux Archives sous le nom de *kilogramme-étalon*.

La comparaison des forces avec l'unité se fait au moyen d'instruments spéciaux appelés *dynamomètres*. Ils se composent tous essentiellement d'un ressort, dont l'élasticité peut faire équilibre à des forces variables. En appliquant successivement au ressort des poids connus, et en notant les flexions correspondantes, on graduera l'instrument en kilogrammes. Une force inconnue quelconque appliquée ensuite au ressort et produisant *la même flexion* qu'un poids de n kilogrammes vaudra elle-même, par définition, n kilogrammes.

Nous décrirons quelques dynamomètres usuels dans le chapitre des instruments de mesure.

Si la force conserve toujours la même intensité de n kilogrammes, on dit que c'est une *force constante;* si son intensité augmente ou diminue avec le temps, on dit que c'est une *force variable en grandeur;* si elle change de direction en même temps que d'intensité, on dit qu'elle est *variable en grandeur et en direction.*

Théorème. — Lorsque plusieurs forces concourent en un même point matériel et qu'elles ne se font pas équilibre, il existe toujours une force unique ou résultante, par laquelle on peut les remplacer.

I. Cas de deux forces ou parallélogramme des forces.

Soient d'abord deux forces concourantes, B et C (fig. 60), et O leur point d'application. Ces deux droites qui se coupent déterminent un plan que nous considérerons comme étant celui de la figure. On en déduit les principes de ce qui constitue la règle dite du parallélogramme des forces, qui déter-
mine la résultante de deux forces,
comme la règle du parallélogramme
des vitesses détermine la vitesse résultante de deux mouvements. Ainsi,
la résultante de deux forces concourantes est représentée en direction et
en intensité par la diagonale du parallélogramme construit sur ces
forces; par conséquent, dans le cas
qui nous occupe, la résultante R des
forces B C est dirigée, suivant la diagonale O D et contient l'unité de

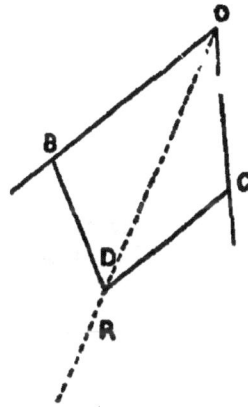

Fig. 60.
Parallélogramme
des forces.

force autant de fois que cette diagonale contient elle-même l'unité linéaire qui a été portée sur O B et O C pour représenter les forces B C.

II. Cas de plusieurs forces. — Polygone des forces. — La règle précédente est susceptible d'un autre énoncé, comme dans le cas des mouvements. On voit en effet que la diagonale du parallélogramme construit sur les deux forces est la *somme géométrique* des deux lignes qui représentent ces

forces. On peut donc dire aussi que *la résultante de deux forces est représentée en grandeur et en direction par la somme géométrique des lignes qui représentent ces forces.*

Sous cette forme l'énoncé est général et s'applique au cas d'un nombre quelconque des forces. En effet, soient (fig. 61) les forces F, F', F'', F''', sollicitant le point matériel O et représentées, en grandeur et en direction, par les droites OA, OB, OC, OD, non situées dans un même plan : si l'on applique la règle du parallélogramme aux deux premières forces, on obtient une résultante partielle OB₁ ; si l'on compose OB₁ avec la force suivante, on obtient la deuxième résultante partielle OC₁ ; enfin, en composant OC₁ avec la dernière force OD, on a OR, qui est évidemment la résultante totale. Or la droite OR est, par définition, la somme géométrique des droites OA, OB, OC, OD : on l'eût donc obtenue directement en appliquant la règle de la somme géométrique.

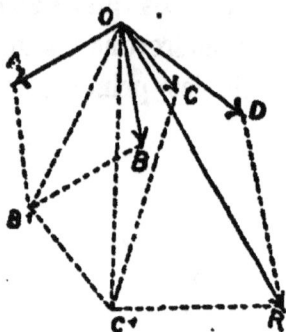

Fig. 61.
Polygone des forces.

On voit aussi que la ligne OR n'est pas autre chose que *le dernier côté d'un polygone construit en menant par le point O, à la suite les unes des autres, des lignes parallèles et égales aux forces concourantes.* C'est pourquoi l'on appelle aussi *règle du polygone des forces* cette règle de composition.

Levier. — Le levier est le principe élémentaire de toutes les machines; c'est de lui, sous différentes formes, qu'elles se composent toutes, et c'est à lui que toutes peuvent se réduire en dernière analyse. Considéré dans sa plus grande simplicité, le levier n'est autre chose qu'une verge rigide ou barre en fer, en bois, en cuivre, ou de toute autre matière analogue, au moyen de laquelle une puissance ou moteur quelconque, en s'aidant d'un point d'appui, peut vaincre ou soutenir une résistance. Mais, pour se rendre compte exactement des effets qu'on en peut obtenir, il convient de regarder le levier comme une ligne droite inflexible et sans poids ; de sorte que, quelque courbure qu'il ait, on ne d. : jamais avoir égard qu'à la longueur de la ligne droite, : ., par abstraction, mesurerait la distance de ses deux extrémités ; et, quant au poids, dont on ne peut pas dépouiller la matière qui forme le levier, on doit le considérer comme faisant partie de la puissance d'une part et de la résistance de l'autre, et cela suivant le rapport de distance de ces forces au point d'appui. De là résulte qu'il y a dans le levier mis en action trois choses à considérer, savoir : la puissance ou moteur, le point d'appui et la résistance. Ces trois choses peuvent avoir entre elles trois rapports généraux différents, et ce sont ces trois rapports qui ont donné lieu à distinguer trois sortes de leviers, que l'on désigne par *levier du premier genre, levier du second genre* et *levier du troisième genre.* On appelle *levier du premier genre* (fig. 63) celui dans lequel le point d'appui est placé entre la puissance et la résistance : telle est, par exemple, une balance ordinaire ; *levier du second genre,* celui dans lequel la résistance se trouve placée entre le point d'appui et la puissance, comme dans une brouette ; et enfin, *levier du troisième genre,* celui où la puissance est placée entre le point d'appui et la résistance, ce qui a lieu dans le système que forme un homme qui porte un poids dans chaque main. On distingue les différentes espèces de chacun de ces genres, par les différents rapports de la distance, de la puissance et de la résistance au point d'appui. Ainsi, dans un levier, si le point d'appui est au milieu, la puissance à une extrémité et la résistance à l'autre, on dit que c'est un *levier du premier genre à bras égaux;* si, au contraire, le point d'appui est deux fois plus éloigné de la puissance que de la résistance, c'est un *levier à bras inégaux,* dont le bras de la puissance est à celui de la résistance comme 2 est à 1, ou dans le rapport de 2 à 1; et si le point d'appui se trouve à une distance trois fois plus grande de la puissance que de la résistance, la différence du rapport augmente dans le rapport de 3 à 1, et ainsi de suite. Dans le levier du second

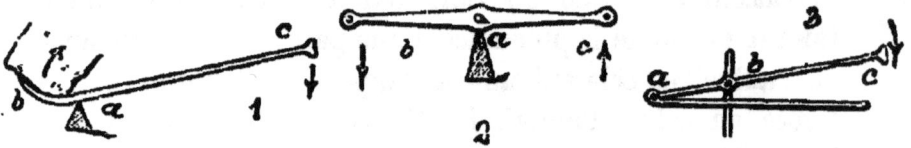

Fig. 62, 63, 64. — Leviers des deux premiers genres, *aaa* point d'appui, *bbb* résistance, *ccc* puissance.

genre, comme le point d'appui est toujours à une extrémité du levier et la puissance à l'autre, les bras, par lesquels la puissance et la résistance agissent, ne peuvent toujours qu'être inégaux, et la différence de leur rapport doit être d'autant plus grande que la résistance se trouve placée plus près du point d'appui. On conçoit facilement que ce genre de levier est le plus favorable à l'action de la puissance ou du moteur; car dans toutes les suppositions possibles, le bras du levier par lequel la puissance agit est toujours plus grand que celui de la résistance, de toute la différence de leur distance réciproque au point d'appui. Dans le levier du troisième genre, le rapport des bras du levier de la puissance et de la résistance peut autant varier que dans le levier du second genre; mais si dans celui-ci la différence du rapport, quelque petite qu'elle soit, est toujours en faveur de la puissance, dans celui-là, au contraire, cette même différence se trouve toujours à l'avantage de la

résistance ; aussi, le levier du troisième genre est-il de tous
le plus défavorable à l'action de la puissance ou du moteur. La puissance et la résistance ne peuvent agir d'une
manière sensible l'une sur l'autre qu'en exécutant un mouvement; or, dans ce mouvement, il y a toujours deux choses
à considérer, savoir : la force en elle-même, c'est-à-dire son
degré, et la vitesse avec laquelle elle parcourt un espace
déterminé. La position la plus avantageuse d'une force qui
agit par le moyen d'un levier, est que sa direction soit perpendiculaire au bras du levier par lequel elle agit ; ainsi,
en supposant un levier parallèle à l'horizon, si la puissance
agit dans la direction verticale, elle produit le plus grand
effort qu'il soit possible de produire; elle produirait un
effort moindre si elle agissait suivant des directions obli-
ques, c'est-à-dire que la force restant la même, son action
serait moindre. Mais si, lorsqu'une des forces devient oblique au bras du levier, l'autre le devient également, de manière que leurs directions demeurent parallèles, gardant
alors le même rapport entre elles, elles produisent le même
résultat. Les géomètres, généralisant cette propriété du levier, disent que *les différents efforts d'une force appliquée à*
l'extrémité d'un bras de levier, dans diverses directions, sont
entre eux, quant au résultat, comme les sinus des angles que
font ces directions avec le bras du levier. La force du levier
ou, pour mieux dire, la force qu'il prête à une puissance ou
résistance quelconque, a pour fondement cette vérité de
fait, qu'on nomme principe ou théorème, savoir, que
l'espace ou l'arc décrit par chaque point du levier, et par
conséquent la vitesse de chaque point, est comme la distance de ce point au point d'appui ; d'où il suit que l'action
de la puissance et de la résistance augmente à proportion
de leur distance au point d'appui ; en conséquence, une puissance pourra soutenir un poids (résistance) lorsque la dis-

tance au point d'appui sera à la distance du poids à ce même
point comme le poids est à la puissance. La force et l'action
du levier peuvent se réduire aux propositions suivantes : 1° si
la puissance, appliquée à un levier de quelque espèce que ce
soit, soutient un poids, la puissance doit être au poids en
raison réciproque de leur distance de l'appui ; 2° un poids
étant donné, ainsi que la distance de ce poids et de la
puissance au point d'appui, il sera facile de déterminer la
puissance qui soutiendra ce poids, en formant une proportion dont trois termes sont connus, savoir : le poids et la
distance de ce poids et de la puissance au point d'appui.
Par la même raison, le poids et la puissance, ainsi que la
distance du poids au point d'appui étant connus, il serait
facile de déterminer la longueur du levier qu'il faudrait à
la puissance pour pouvoir soutenir le poids ou l'élever;
3° si une puissance appliquée à un levier quelconque enlève
un poids, l'espace parcouru par la puissance dans ce mouvement est à celui que le poids parcourt en même temps,
comme le poids est à la puissance qui serait capable de le
soutenir; d'où il suit que le gain que l'on fait du côté de la
force est toujours accompagné d'une perte du côté du
temps, et réciproquement ; et plus la puissance est petite,
plus il faut qu'elle parcoure un grand espace pour en faire
parcourir un fort petit au poids. Ce qui s'exprime ainsi :
Ce qu'on gagne en force, on le perd en vitesse, et réciproque-
ment. Dans le levier du premier genre, la puissance peut
être ou plus grande ou plus petite, ou égale, par rapport
au poids ou à la résistance ; dans le levier du second genre,
la puissance est toujours plus petite que le poids ; et dans
le levier du troisième genre, elle est toujours plus grande,
et ainsi cette espèce de levier, bien loin d'aider la puissance,
quant à sa force absolue, ne fait, au contraire, que lui
nuire.

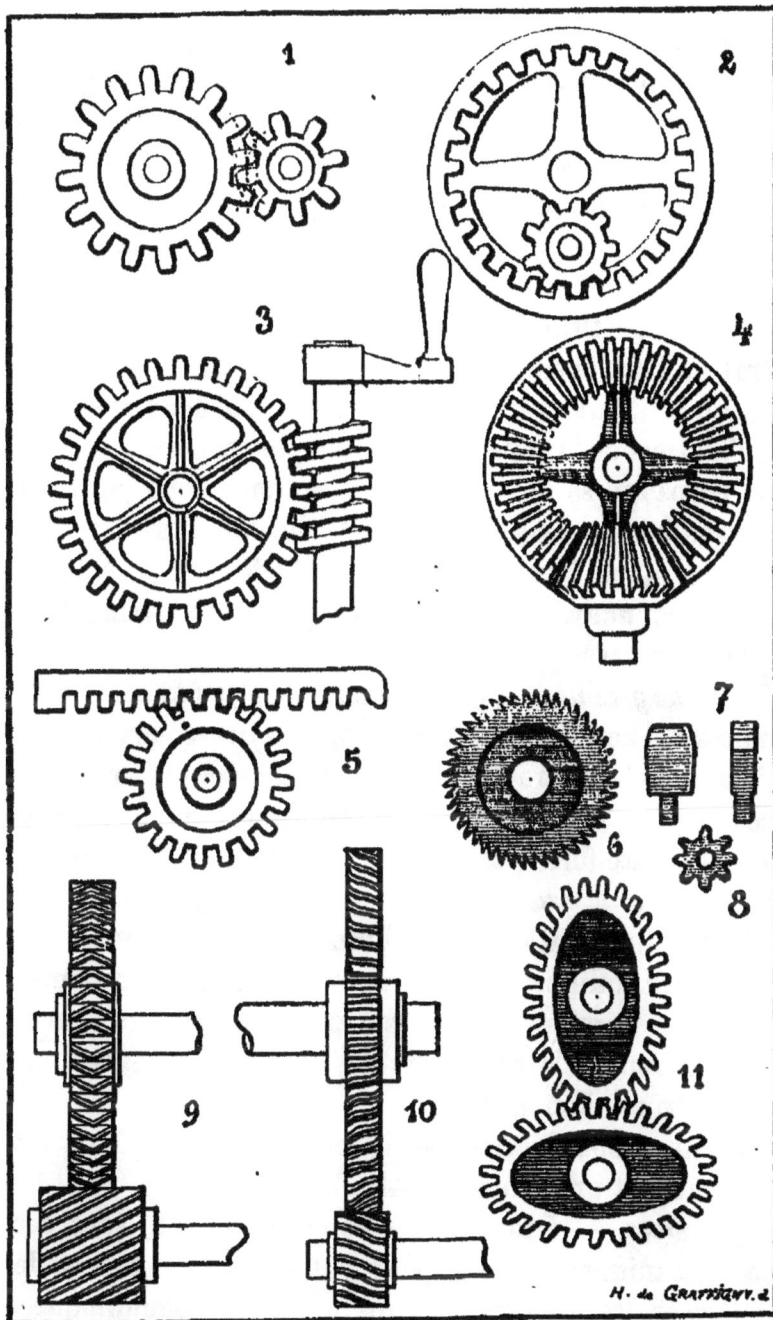

1. Engrenage droit et pignon — 2 Engrenages concentriques — 3 Vis sans fin, — 4 Engrenage d'angle, vu de face, — 5 Crémaillère, — 6 Rochet, — 7 Alluchons, — 8 Petit pignon de 8 dents, — 9 Engrenage à chevrons, — 10 Engrenage hélicoïdal, — 11 Engrenage elliptique.

Frottement. — Lorsque, à l'aide d'une machine, deux forces se font équilibre, il semble qu'il suffirait d'augmenter un peu l'une d'elles pour la rendre prépondérante et déterminer le mouvement; mais il n'en est pas ainsi. Les surfaces des corps, quelque polies qu'elles soient, ont des aspérités, qui, engagées les unes dans les autres, exigent une force pour soulever les corps et les dégager. Cet effort constitue le *frottement,* lequel est souvent considérable. Pour le surmonter, il faut accroître la puissance d'une quantité qui varie avec l'état des surfaces et s'élève jusqu'au tiers de la pression et même plus encore.

Le corps qui se meut dans l'air ou dans l'eau perd peu à peu son mouvement; la résistance du fluide est donc encore un obstacle à vaincre, qui exige l'addition perpétuelle d'une force nouvelle, si l'on veut que le mouvement du corps se conserve.

Centre de gravité. — Toutes les molécules des corps sont soumises à l'action d'une force appelée *pesanteur,* qui les sollicite vers le centre de la terre. En composant toutes ces forces deux à deux, on obtient la résultante, qui est le *poids* du corps. Cette force passe par un point de la masse qu'on appelle *centre de gravité.* Si l'on place un appui fixe en ce point, quelque position qu'on donne au corps, il y restera suspendu en équilibre; et si l'appui est situé sur un autre point de la verticale menée par ce centre, le corps sera encore en repos; la résultante des forces de la pesanteur est détruite par l'appui fixe.

Il résulte donc de cela que le mouvement perpétuel est une chimère et une utopie irréalisable.

Engrenages. — Les engrenages (Voy. Pl. II) sont des pièces mécaniques qui ont pour but de transmettre et de transformer les mouvements qui leur sont communiqués. Les principales variétés sont les engrenages droits, c'est-à-dire tournant dans le même plan, les engrenages d'angle, placés à angle droit et dans des plans perpendiculaires l'un par rapport à l'autre, et les engrenages hélicoïdaux et à dents inclinées. Quand deux roues d'engrenages ont des diamètres différents, la plus petite des deux est appelée pignon.

On fait les engrenages en métal : fonte, fer, cuivre, acier, etc., et dans certains mécanismes, comme ceux des moulins par exemple, les dents sont en bois, et amovibles, de manière à pouvoir être enlevées quand elles sont usées : on les connaît sous le nom d'*alluchons*. Nous verrons plus loin comment on fabrique les rouages spéciaux à l'horlogerie.

Les vitesses des engrenages sont en rapport avec leur diamètre, et on peut savoir de suite le nombre de dents que chacun d'eux comporte. Par conséquent, un pignon de 1 centimètre de diamètre fera 8 tours pour un de l'engrenage de commande, si celui-ci a 8 centimètres de diamètre. Connaissant ce rapport, on peut établir tous les engrenages dont on peut avoir besoin, en observant que la largeur des dents et l'intervalle qui les sépare l'une de l'au-

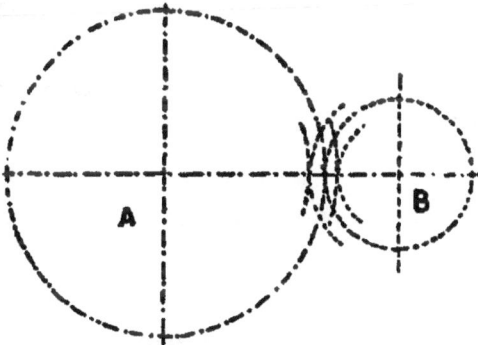

Fig. 76. — Tracé des engrenages droits.

tre doivent être les mêmes pour les deux roues en contact.

On trace donc, à la grandeur d'exécution (fig. 76) (ou à l'échelle sur le papier), les deux cercles tangents A et B des engrenages que l'on veut exécuter, puis on les divise en un nombre de dents tel qu'il soit pair et divisible l'un par l'autre. Ainsi, dans le cas de l'engrenage cité plus haut, le pignon peut avoir 6 dents et la grande roue 48, ou 8 et 64, 12 ou et 96. Cela dépend du diamètre et de l'épaisseur donnée à chaque dent.

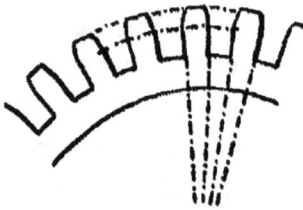

Fig. 77. — Tracé des dents d'engrenages.

On détermine ensuite les circonférences établissant le creux et la hauteur des dents et, à l'aide de l'équerre, on trace les côtés de chaque dent, en suivant des rayons partant du centre (fig. 77). Puis, avec le compas, et avec une ouverture d'une dent et demie, on décrit la courbe du haut de la dent, qui a pour but de faciliter le glissement et le dégagement de celle-ci.

Pour les *engrenages d'angle,* assimilés à deux cônes inégaux roulant l'un sur l'autre, les rapports sont les mêmes que dans les engrenages droits (fig. 78). On les trace comme suit : après avoir déterminé les grandeurs du pignon et de la roue, ainsi que le nombre de dents, on divise l'engrenage et on le dessine comme s'il était plan, puis on trace le pignon en menant des lignes droites du centre O à toutes les divisions obtenues. Ensuite on ajoute les épaisseurs et on fait la projection qui donne l'aspect représenté par la figure 78. Le pignon et la roue, dessinés chacun à part, sont exécutés séparément,

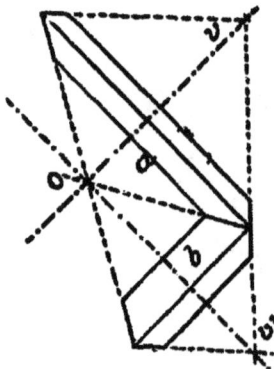

Fig. 78. — Tracé des engrenages d'angle.

et leur ajustage est facile, si l'on a suivi nos indications.

Les *crémaillères* sont des pignons droits dont les dents sont appropriées à celles des engrenages avec lesquels elles sont en rapport : elles ont pour but de transformer un mouvement circulaire continu en mouvement rectiligne alternatif.

Les *vis sans fin* sont destinées à transmettre, dans une direction qui ne peut être donnée par les engrenages d'angle, le mouvement d'une roue à dents tracées suivant le profil de la vis.

Les *hélicoïdes*, les *ellipsoïdes* et autres formes d'engrenages moins connues n'ont leur emploi que dans quelques cas particuliers assez rares ; nous ne nous en occuperons donc pas ici. (Voy. la pl. II.)

Bielles. — Les bielles ont un rôle à peu près analogue à celui des engrenages et elles servent à communiquer le mouvement d'une pièce à une autre, soit dans le même sens, soit en le transformant, ce qui s'obtient en les munissant d'une articulation ou d'un excentrique. Ce mouvement peut être rectiligne ou circulaire suivant la disposition de la bielle.

Les *cames* sont des sortes d'excentriques qui ont pour but de soulever une pièce mobile autour d'un axe et à la laisser ensuite retomber. Les cames sont d'un emploi fréquent dans les mécanismes d'horlogerie, et les sonneries en sont toutes pourvues.

Ressorts antagonistes. — On donne le nom de force antagoniste à une force qu'on oppose à une autre, soit pour l'équilibrer, soit pour réagir après que cette autre force a cessé d'exister. Dans ce dernier cas, la force antagoniste doit être plus faible que l'autre, et le problème que l'on cherche à résoudre, surtout dans l'application de cette force aux appareils électriques, est de la rendre la plus faible possible, afin de moins diminuer la force qui est effective. D'autres fois cependant on cherche à obtenir l'effet inverse et même à augmenter successivement la force antagoniste, afin de la faire réagir comme force motrice. Dans ce cas, la force variable dont on dispose est employée avec le concours de certains mécanismes comme moyen d'amplification, soit pour bander successivement un fort ressort qui constitue alors la force antagoniste, soit pour élever un poids à une hauteur de plus en plus élevée, soit pour comprimer un gaz qui réagit alors en raison de sa force élastique, etc., etc. Quand c'est un ressort qui réagit comme force antagoniste, il prend le nom de *ressort antagoniste.* Il joue un rôle très important dans les appareils électriques, car c'est par son action que l'armature des électro-aimants se trouve sans cesse rappelée à sa position d'attente, au moment où ces électro-aimants cessent d'être actifs, et dès lors il devient possible de faire exécuter à cette armature un mouvement de va-et-vient qui peut être utilisé, comme cela, d'ailleurs, a été fait dans les télégraphes, les sonneries et moteurs électriques.

Il existe encore d'autres pièces mécaniques d'un usage fréquent en horlogerie, comme le *rochet*, l'*encliquetage*, etc. Nous en parlerons à leur place, et, pour ne pas faire double emploi et nous attarder ici, nous passerons maintenant à l'examen des notions de physique et de chimie qu'il est utile de posséder, et que tous les horlogers doivent connaître.

PHYSIQUE. — La physique est une science qui a pour objet l'étude des phénomènes naturels, c'est-à-dire des modifications purement accidentelles et passagères qui, se produisant dans les corps sans en altérer la constitution intime, apparaissent comme les manifestations de causes générales et permanentes. La ligne de démarcation qui la sépare de la chimie est peu apparente, et ces deux sciences se touchent en bien des points ; cependant, tandis que la chimie pousse ses investigations sur la constitution intime des corps jusqu'aux dernières limites, la physique se borne à constater les changements qui surviennent dans ces matières sous telle ou telle influence.

Les principales recherches de la Physique se portent sur l'air, la pesanteur, la chaleur, le son, la lumière, l'hydrostatique, le magnétisme et l'électricité. Nous allons passer en revue ce qui, parmi ces multiples sujets d'étude, peut plus spécialement intéresser nos lecteurs.

Air. — L'air est un fluide dont le poids a été démontré par le baromètre et par la machine pneumatique. C'est un mélange de deux gaz (azote 79 parties en volume et 20 parties d'oxygène). Le poids d'une colonne d'air de 1 centimètre carré de base est de 1 kilogramme 33 grammes. C'est ce poids ou cette pression qui force le mercure du baromètre à s'élever de 76 centimètres dans un tube, et l'eau à 10^m,33. Cette colonne d'eau ou de mercure fait équilibre à la colonne d'air. En retirant l'air d'un récipient quelconque, pesé d'avance, et en le pesant une seconde fois, on constate une diminution de poids due à la disparition de l'air du flacon. C'est ainsi qu'on a pesé l'air. C'est par suite de la différence de poids entre l'air et le gaz hydrogène, qu'est dû le phénomène de l'ascension des ballons aérostatiques, et c'est par la compressibilité et l'élasticité de cet air qu'on en peut obtenir des effets moteurs (machines à air comprimé ou dilaté, tubes pneumatiques, etc.).

Pesanteur. — La pesanteur est une conséquence de la *gravitation universelle* qui fait que tous les atomes constitutifs des corps s'attirent en raison directe de leur masse et suivant le carré de la distance ; c'est en un mot, pour tout ce qui gravite à la surface de la terre, l'attraction du centre, et l'intensité de cette force est due au mouvement de rota-

tion de notre planète et à sa distance du soleil. L'existence
de la pesanteur est scientifiquement démontrée par les expériences sur la chute des corps et les mouvements du pendule.

Hydrostatique et hydrodynamique. — Ce sont les parties
de la physique qui ont pour objet, la première, les conditions
d'équilibre des liquides et les pressions qu'ils exercent, par
suite de leur poids, soit dans l'intérieur de leur propre masse,
soit sur les parois des vases qui les contiennent; la deuxième
s'applique à l'art de conduire et d'élever les eaux, et, en
général, à tous les mouvements des liquides. Les principes
les plus importants de ces sciences sont les suivants :

Principe de Pascal, ou d'égalité de pression. — Si l'on
exerce une pression quelconque à la surface d'un liquide
en équilibre, cette pression se transmet intégralement dans
tous les sens à toute portion plane de paroi égale à la surface pressée. La *presse hydraulique*, qui sert à comprimer
avec une grande puissance une quantité d'objets dont il
faut diminuer le volume ou extraire un liquide quelconque,
est basée sur ce principe. L'eau étant incompressible transmet toutes les pressions qu'on lui fait subir, et en agissant
sur un piston d'un centimètre carré de section, on peut
mettre en mouvement un piston de surface mille fois plus
grande, et augmenter ainsi considérablement la pression.

Principe d'Archimède. — Tout corps plongé dans un liquide perd une partie de son poids égale au poids de l'eau
qu'il déplace. Cela est vrai aussi pour les gaz, et c'est de ce
principe que partent les instruments destinés à mesurer le
poids des liquides, et appelés *aréomètres.*

La connaissance des lois régissant les mouvements des
liquides, ou hydrodynamique, a permis de créer les pompes
aspirantes et foulantes, le bélier, le siphon, la pipette, et
une quantité d'autres appareils qui emploient la puissance

de l'eau, soumise aux effets de la pesanteur et du poids de l'air.

Chaleur. — La sensation que l'on désigne par le mot *chaleur*, est produite par les vibrations d'un fluide invisible et impondérable qui pénètre tous les corps, l'*éther;* l'effet produit se nomme *calorique.* Le corps qui a le plus de calorique en distribue, par rayonnement ou par contact, à ceux qui en ont moins, ce fluide tendant à se répandre partout d'une façon régulière et uniforme. Le froid n'est que l'état relatif dans lequel il existe le moins de ce calorique. L'analyse a démontré que toutes les substances existant dans la nature sont composées de particules extrêmement petites et indivisibles appelées *atomes,* et réunies en agglomérations infiniment réduites aussi nommées *molécules,* séparées les unes des autres par des vides, des espaces remplis d'éther et retenues par la force de l'attraction universelle. Le calorique transmis par l'éther sépare les molécules et les écarte les unes des autres. Ainsi, quand on chauffe un métal, un liquide ou un gaz, ces corps augmentent de volume : c'est ce que l'on désigne sous le nom de *dilatation.* Quand la chaleur cesse et que le refroidissement arrive, les molécules se rapprochent; on dit qu'elles se contractent, qu'elles se condensent. Sur les corps solides, cet effet est peu sensible, mais il le devient davantage sur les liquides, et encore beaucoup plus sur l'air et les gaz.

Dans les solides, les molécules sont très rapprochées et l'attraction puissante; mais qu'une dose de calorique soit assez forte pour écarter les molécules au delà d'une certaine limite, et l'attraction, que l'éloignement affaiblit, se trouve réduite à l'état d'équilibre avec la force répulsive du calorique. Les molécules des corps sont libres et peuvent se mouvoir isolément, presque sans effort; on dit alors que le corps est *liquide.* Dans cet état, le calorique engagé n'est plus sensible à nos organes; son action est employée à écarter les molécules et à les maintenir à distance; on le nomme *calorique latent;* de plus, le *liquide est incompressible,* c'est-à-dire qu'on ne peut le réduire à un moindre volume, à moins d'exercer une action énorme propre à en exprimer le calorique.

Lorsque de nouvelle chaleur est introduite dans le liquide, il se dilate et s'échauffe comme le ferait le solide; mais dès que la quantité de calorique a écarté suffisamment les molécules pour vaincre la pression que l'air exerce à la surface, le liquide change encore d'état. Il prend la forme aérienne; c'est une sorte de gaz qu'on appelle *vapeur*, et qui dissimule une nouvelle portion de calorique employée à la conserver dans cet état; le liquide est à l'état d'*ébullition*, c'est-à-dire qu'il *bout*, lorsque la chaleur est assez élevée pour vaincre la pression de l'air. Quand cette vapeur redevient goutte de liquide, elle abandonne ce calorique surabondant qui est alors sensible.

Ainsi tous les corps de la nature peuvent exister dans trois états sous l'influence du calorique, savoir : *solide, liquide* et *gazeux.* Les gaz diffèrent des vapeurs parce que le calorique leur est tellement adhérent qu'il n'y a qu'une puissance énorme qui soit capable de les réduire à devenir liquides, tandis que le simple refroidissement suffit aux vapeurs pour les ramener à cet état. Du reste, les vapeurs d'eau sont, comme les gaz, légères, invisibles, etc. Les nuages sont des vapeurs d'eau à l'*état vésiculaire*, c'est-à-dire condensées en gouttelettes dans les hauteurs de l'air; le brouillard est un nuage épais qui rase la terre; la pluie est le résultat de la vapeur d'eau contenue dans l'air, que quelques causes, telles que le refroidissement, ramènent en masse à l'état liquide.

Lorsqu'on expose de la neige ou de la glace à l'action de

la chaleur, elle fond et devient eau. Tant qu'il reste de la glace à fondre, la masse est aussi froide qu'avant de fondre; mais si l'on persiste à la soumettre à l'action du feu, elle achève de se liquéfier; et si la chaleur continue d'entrer dans l'eau, celle-ci s'échauffe peu à peu, devient brûlante, et bientôt des bulles de vapeur viennent en bouillonnant crever à la surface, pour se disséminer dans l'air; la force expansive communiquée par la chaleur est devenue assez puissante pour vaincre la pression atmosphérique.

Le mercure est liquide à l'état ordinaire; mais en le refroidissant beaucoup, on le congèle, on le rend solide; et en le chauffant, au contraire, on le fait bouillir et on le résout en vapeur.

Tous les corps ne jouissent pas de la propriété de pouvoir exister sous les trois états. Tantôt nous ne possédons pas le pouvoir d'y amasser assez de calorique pour les liquéfier, ou bien pour les réduire en vapeur, les *volatiliser* comme on le dit ordinairement : ainsi l'or, l'argent, le cuivre, le fer même, peuvent être fondus, coulés dans des moules; mais on ne peut les réduire en vapeur faute d'un foyer assez puissant pour cela. Tantôt, au contraire, la substance, sous l'action du calorique, change de nature et forme un corps nouveau. Tels sont le charbon, la pierre à chaux et une quantité d'autres matières. Mais nous pensons en avoir dit assez pour nous faire comprendre.

Lumière et son. — La lumière a donné naissance à l'optique et le son à l'acoustique. Ces deux phénomènes ont la même origine, comme la pesanteur et l'électricité : ce sont des modes différents de mouvement qui impressionnent différemment les organes de nos sens créés pour les apprécier. La lumière fait vibrer l'éther des trillions de fois par seconde, et le son des milliers de fois seulement; de là, la différence.

L'impression des couleurs sur la rétine de l'œil résulte de l'absorption qui est faite de tel ou tel rayon du spectre, à l'exclusion des autres, par l'objet considéré. On sait que la réunion des sept couleurs fondamentales (violet, indigo, bleu, vert, jaune, orangé, rouge) constitue la lumière blanche. Par conséquent, en décomposant la lumière blanche à l'aide d'un prisme ou autrement, on obtient ces sept couleurs.

La source de lumière et de chaleur la plus intense que nous connaissions est celle du Soleil : l'étude de cette lumière, ou, pour mieux dire, des rayons qui la composent, forme la base de la *spectroscopie*, ou analyse spectrale qui a permis de reconnaître la constitution des astres et la composition exacte de substances terrestres inconnues.

La lumière parcourt 300.400 kilomètres par seconde, dans l'air ou dans le vide. Cette vitesse a été mesurée à plusieurs reprises par différents physiciens, notamment par Foucault et par M. Cornu.

L'optique comprend tout ce qui a trait à la lumière, et ses principales applications sont la photographie, les lunettes et télescopes pour l'astronomie, les microscopes, les appareils de projections, les miroirs et la polarisation que nous ne pouvons qu'énumérer ici.

L'*acoustique* ou étude du son comprend les instruments de musique en tous genres et leurs dérivés. Le son est l'agitation, la vibration de l'air atmosphérique, ce qui se démontre en plaçant dans le vide une clochette ou un timbre électrique que l'on fait tinter et qui ne résonne pas. Le son s'entend, au contraire, aussitôt qu'on laisse rentrer l'air extérieur. Pas d'air, pas de son.

Le son se propage dans l'air avec une vitesse moyenne de 340 mètres par seconde. Sa rapidité est beaucoup augmentée dans les liquides et les solides ; elle est diminuée, au contraire dans certains gaz, ainsi qu'il résulte du petit tableau suivant :

Eau à 8° cent.	1.435	mètres.
Bois	3.810	—
Métaux......	de 2.000 à 4.000	—
Hydrogène.	1.269	—
Oxygène.............	317	—
Acide carbonique	261	—
Fonte...............	3.600	—

La vitesse pour tous les sons, graves ou aigus, est sensiblement la même.

On a mesuré le nombre de vibrations correspondant à chaque son, et il a été constaté que le son le plus grave correspondait à 16 vibrations doubles par seconde et le plus aigu à 36.850. Les sons d'un bon emploi en musique sont compris entre 40 et 4.000 vibrations doubles, dans une étendue de 7 octaves (Helmholtz). Le diapason normal exécute 870 vibrations.

Magnétisme et électricité. — Le magnétisme, comme la pesanteur, est une force particulière à la terre et qui est rapportée à l'existence de courants électriques faibles circulant parallèlement à l'équateur. On a reconnu ensuite que la force des aimants était due à l'influence du magnétisme terrestre et on a pu fabriquer des aimants artificiels doués d'une remarquable puissance magnétique.

Une aiguille aimantée ayant la propriété de se mettre en croix avec les courants terrestres, on a utilisé cette propriété pour créer les boussoles, qui indiquent, par suite, le pôle nord.

Les travaux des physiciens Œrsted, Ampère et Arago sur les aimants ont permis de créer l'*électromagnétisme*, basé sur l'influence des courants électriques sur les aimants et réciproquement. Ayant remarqué qu'en faisant tourner devant

les pôles d'un fort aimant en fer à cheval une bobine recouverte de fil de cuivre, on développait un courant dans
ce fil, on a pu imaginer des machines produisant de grandes
quantités d'électricité par la simple influence des aimants
naturels ou artificiels. C'est ce qu'on appelle des machines
magnéto-électriques. Depuis on s'est aperçu que le magnétisme naturel n'était pas indispensable pour provoquer le développement du courant et on a pu supprimer les aimants,
le magnétisme du fer des machines étant suffisant pour les
amorcer. Toutes les machines dites *dynamo-électriques* actuellement employées dans l'industrie sont construites
d'après cette remarque.

L'essence de l'électricité nous est encore inconnue, et on
ne l'explique que par des hypothèses qu'il appartient à l'a-
venir seul de justifier ou de condamner.

Quoi qu'il en soit, cette science encore dans l'enfance a
déjà donné les plus brillants résultats. Rappelons seulement
ici qu'on la produit par différents moyens, dont les principaux sont la *chimie*, le *magnétisme* et la *chaleur*.

Ayant remarqué que le contact de deux métaux dissem-
blables produisait de l'électricité, Volta construisit la première *pile* fournissant un courant appréciable ; cette pile a
été depuis notablement perfectionnée et on en possède actuellement qui développent de grandes quantités de fluide.
Citons la *pile à acide chromique* ou *au bichromate*, la plus
énergique de toutes, la *pile à sulfate de cuivre*, très constante,
la *pile Leclanché*, de grande durée, et tutti quanti. Les accumulateurs ne sont autre chose que des *piles réversibles*,
c'est-à-dire pouvant recevoir un courant, l'emmagasiner et
le rendre ensuite sous forme d'électricité.

Quand on a besoin de grandes quantités de fluide, comme
il serait trop coûteux de le produire par les piles chimiques, on fait appel aux machines dynamo-électriques que

l'on met en mouvement à l'aide de moteurs quelconques.

La puissance d'un appareil électrique s'évalue en *volts* et en *ampères*. Le vocabulaire placé à la fin de ce volume renseignera le lecteur sur la valeur de ces termes. Cette puissance se mesure avec des instruments appelés, par suite, *voltmètres* et *ampèremètres*.

Nous ne ferons que rappeler ici les innombrables applications de l'électricité aux mille besoins de la vie : l'éclairage public et particulier, la force motrice, les télégraphes et les téléphones, les avertisseurs, la galvanoplastie et tout ce qui en dérive. Des traités complets ont été publiés sur cette matière et nous y renverrons le lecteur (1).

CHIMIE. — Ainsi que nous l'avons dit en étudiant la physique, la chimie a pour but l'examen des corps dans leur structure intime, leurs propriétés complexes et les rapports qu'ils ont entre eux. Presque tous les corps que l'on connaît dans la nature sont composés de substances différentes associées, ou, comme l'on dit, *combinées* ensemble, de manière à présenter l'apparence d'une matière nouvelle. On ne connaît que soixante-quatre corps *simples*, qui sont ceux que l'on n'a pu parvenir à décomposer par aucun moyen physique, mécanique ou chimique. Tous les autres sont des *combinaisons* ou des *mélanges* de corps différents.

J'insiste sur ces mots, car il y a une grande différence entre un mélange, dans lequel les parties constituantes conservent leurs propriétés, et une combinaison, où l'union de ces parties est tellement intime qu'elles acquièrent des qualités nouvelles et tout à fait différentes. On peut d'ailleurs, dans un mélange, reconnaître les éléments à l'aide du microscope, ou les séparer à l'aide de dissolvants ap-

(1) Voyez notamment notre ouvrage l'*Ingénieur Électricien*, publié dans cette collection.

propriés ; dans une combinaison, on n'observe plus qu'un corps homogène dans toutes ses parties. Ainsi l'eau est une combinaison; l'air atmosphérique n'est qu'un mélange. Voici sur cette feuille de papier du soufre en poudre, je le mêle avec du cuivre également réduit en poudre; on distingue les fragments des deux corps en présence : c'est un mélange. Si, maintenant, je chauffe ce mélange, j'obtiens une substance noirâtre, parfaitement homogène dans toutes ses parties, qu'aucun dissolvant ne peut décomposer : c'est une combinaison. J'ai maintenant un corps nouveau, du sulfure de cuivre, formé par l'alliance intime du soufre et du métal.

Au moment où furent établis les principes de la nomenclature des corps composés, on attribuait à l'oxygène, ce gaz atmosphérique dont j'ai parlé tout à l'heure, une importance à part, et on mit de côté toutes les substances ne contenant pas d'oxygène.

La méthode que nous allons expliquer, a été suivie pour désigner les acides et les bases suivant la quantité d'oxygène qui s'y trouve alliée. On termine le mot par *ique* quand il n'existe qu'un acide. Lorsqu'il y en a deux, ce mot est fini par *eux* et cette désinence est donnée à l'acide le moins oxygéné. Par exemple, il y a l'acide azot*eux* et l'acide azot*ique;* l'acide sulfur*eux* et l'acide sulfur*ique.* S'il y a un corps moins oxygéné que l'acide en *eux*, on fait précéder le mot du préfixe *hypo* qui signifie *sous :* acide *hypo*sulfureux, et s'il se trouve un acide plus oxygéné encore que celui en *ique,* on se sert du préfixe *per :* acide *per*sulfurique, *perio*dique. Pour les bases, on les désigne, suivant qu'elles contiennent plus ou moins d'oxygène, par le nom de l'oxyde précédé d'un préfixe. Ainsi, l'on a, par exemple, pour les acides, suivant leur degré d'oxygénation, comme dans les composés du chlore :

Acide hypochloreux (le moins oxygéné).
— chloreux
— hypochlorique
— chlorique
— perchlorique

et nous avons pour les bases :

Protoxyde (le moins oxygéné)
Sous-oxyde
Sesquioxyde
Bioxyde

Pour les sels, qui résultent de la combinaison d'un acide avec une base, on termine le mot par *ate* si c'est un acide en *ique*, et par *ite*, si c'est un acide en *eux*. Ainsi l'on dira *sulfates, azotates*, des composés formés par l'union de l'acide sulfurique ou azotique avec une base, et des *sulfites, azotites*, des combinaisons de l'acide sulfureux ou azoteux. Enfin ces règles générales s'étendent aux substances acides contenant de l'hydrogène au lieu d'oxygène, comme par exemple l'acide *sulfhydrique* et l'acide *chlorhydrique*.

Métalloïdes et métaux. — Les corps simples, sont divisés en deux groupes : les métalloïdes, au nombre de 15 et les métaux, au nombre de 49. Le tableau ci-dessous donne la nomenclature de ces corps avec le symbole qui sert à les désigner en chimie.

MÉTALLOIDES.

Oxygène O	Fluor Fl	Azotate Az	Silicium Si
Soufre S	Chlore Cl	Phosphore Ph	Bore Bo
Sélénium Se	Brome Br	Arsenic As	Hydrogène H
Tellure Te	Iode Io	Carbone C	

MÉTAUX.

Potassium K	Manganèse Ma	Ruthénium Ru	Étain Sn
Sodium Na	Aluminium Al	Fer Fe	Antimoine Sb
Lithium Li	Glucinium Gl	Nickel Ni	Niobium Nb

Thallium Tl	Zirconium Zi	Cobalt Co	Cuivre Cu
Cæsium Cs	Yttrium Yt	Chrome Cr	Plomb Pl
Rubidium Rb	Thorium Tu	Zinc Zn	Bismuth Bi
Calcium Ca	Cérium Ce	Gallium Ga	Mercure Hg
Strontium St	Lanthane La	Vanadium Va	Palladium Pa
Baryum Ba	Didyme Di	Cadmium Ca	Rhodium Ro
Magnésium Mg	Erbium Er	Indium In	Argent Ag
Uranium Ur	Molybdène Mo	Tantale Ta	Platine Pl
Tungstène Tu!	Osmium Os	Titane Ti	Iridium Ir
			Or Au

L'oxygène, dont nous avons déjà parlé comme formant la cinquième partie de l'air atmosphérique, se trouvant en contact perpétuel avec un grand nombre de substances, se combine avec presque toutes. Quand ce gaz n'entre qu'en petite quantité dans la combinaison, il forme ce qu'on appelle un *oxyde;* ainsi la rouille qui couvre le fer est un *oxyde de fer*, ou une combinaison du fer et de l'oxygène formée sous l'influence de l'humidité de l'air. Il y a de même des oxydes de cuivre, de plomb, de zinc, etc., formés soit naturellement, soit par l'art chimique.

Décaper un métal dont la surface est ternie par l'oxydation, c'est enlever l'oxyde pour mettre le métal à nu.

Si la dose d'oxygène est plus considérable, elle donne au corps qui la reçoit en combinaison une saveur qu'on appelle *acide*. Ces substances changent en rouge les couleurs bleues végétales. Le vinaigre est du vin combiné avec l'oxygène. Les fruits rouges contiennent des acides particuliers; le charbon qui brûle se combine avec l'oxygène, en donnant naissance à un gaz acide, appelé par cette raison *carbonique;* le soufre, en brûlant, dégage une vapeur acide, piquante à l'odorat et qu'on a nommée acide sulfureux, etc.

En général, les acides se combinent avec les oxydes ou *bases* et forment des corps appelés *sels*. Mais dans toutes les actions de ce genre les doses qui entrent en combinaison sont déterminées. S'il y a trop de l'un des corps pour former

le composé, l'excès reste libre ou simplement mêlé à celui-
ci. Les chimistes ont même des tables qui leur indiquent,
en nombres, les poids des substances à mettre en contact
pour que tout se combine sans excès d'un côté ni de l'autre.
Si l'acide domine, le sel est acide ; si l'oxyde, qu'on appelle
base, est en excès, le sel est un *sous-sel* ou sel avec excès de
base ; enfin, quand les doses sont exactes, le sel est *neutre*,
on dit qu'il y a saturation.

La potasse, la soude, la baryte, etc., ont reçu le nom
d'alcalis ; ce sont des oxydes de substances métalliques par-
ticulières, qui ont la propriété de verdir le sirop de violette,
et de ramener au bleu les couleurs rougies par les acides.

Comme nous devons nous borner à donner, dans ce chapitre, des indications élémentaires sur les différentes sciences que doit posséder l'horloger, nous ne nous appesantirons
pas davantage sur la chimie pour ne pas allonger outre
mesure ce chapitre déjà très étendu. On trouvera des renseignements pratiques détaillés sur les métaux, et les prin
cipales substances employées dans l'art chronométrique au
chapitre des *Recettes et procédés* placé à la fin du volume,
avant le vocabulaire des termes techniques et scientifiques
que nous sommes obligé d'employer à tout instant. Nous y
renverrons donc le lecteur.

ASTRONOMIE. — Nous terminerons par un rapide exposé
du système du monde qu'il est indispensable, surtout à
l'horloger, de connaître, car c'est de la science du ciel et
du mouvement des astres *que découle directement* la chronométrie.

La Terre qui nous porte est une masse sphérique dont
les dimensions ont été calculées, et qui gravite dans l'espace
autour du Soleil, au système duquel elle appartient. Elle
mesure 3.184 lieues de diamètre, soit 40.000 kilomètres
de tour. Elle est éloignée de 148 millions de kilomètres

du Soleil, autour duquel elle tourne en 365 jours un quart.

En même temps que la Terre, sept autres planètes circulent autour du Soleil, échelonnées à différentes distances de cet astre. Ce sont : Mercure éloigné de 14 millions de lieues, Vénus de 24 millions, Mars 55, Jupiter 200, Saturne 355, Uranus 700, et Neptune 1 milliard 100 millions de lieues. Tous ces mondes sont soutenus comme la Terre par l'attraction du Soleil, placé au centre du système planétaire.

Ce système est isolé dans l'infini, à travers lequel il se meut tout entier et suivant une direction qui a été reconnue. Les autres astres, que nous apercevons dans le firmament et que l'on a appelés *étoiles*, sont des soleils, centres de systèmes planétaires semblables au nôtre, situés dans toutes les directions et à d'incalculables distances les uns des autres et de nous-mêmes. La science moderne est parvenue à établir que l'univers visible est composé d'une agglomération incommensurable de systèmes planétaires analogues au système solaire, mais à différentes périodes de leur existence, et circulant dans l'espace infini.

Revenons-en à la Terre.

Notre planète est animée, avons-nous dit, d'un mouvement de translation autour du Soleil qui lui fait franchir 29 kilomètres par seconde le long d'une orbite de 230 millions de lieues de parcours. En même temps, elle pivote sur son axe en vingt-quatre heures avec une rapidité telle qu'un point de l'équateur se déplace avec une vitesse de 450 mètres par seconde. D'autres mouvements, au nombre de huit, lui sont communiqués par des influences étrangères et causent la différence des saisons, le déplacement apparent du pôle et le changement de date des équinoxes.

De son mouvement de translation, on a fait l'année, comme nous l'avons dit dans notre premier chapitre : la rotation diurne a créé les jours et les nuits, que l'on a divisés en heures et minutes. La semaine et les mois ont été indiqués par les aspects différents présentés par notre satellite la Lune à différentes époques de son parcours. Ainsi ont été établies les mesures fondamentales du temps. On voit donc bien que la chronométrie est essentiellement la fille de l'astronomie d'où elle dérive.

On peut en conséquencese faire une idée, avec les quelques données que nous venons de transcrire, de la constitution générale de l'univers, suivant les indications de la science, reconnaître la vraie situation de la Terre dans l'espace, — grain de sable tourbillonnant dans l'infini et soumis aux influences de toutes les forces cosmiques en mouvement, — et juger exactement ce qu'est notre monde, si petit quand on le compare aux autres planètes, au Soleil ou aux étoiles lointaines.

CHAPITRE III.

LES ORGANES DES INSTRUMENTS CHRONOMÉTRIQUES.

Les trois pièces fondamentales. — Moteur, régulateur, échappement. — *Moteurs*, connaissances nécessaires. — Les poids, les ressorts, l'électricité. — Avantages réciproques, conditions à observer. — *Régulateurs*. — Le pendule de Huyghens et ses perfectionnements. — Suspensions diverses, à couteau, etc. — Pendules compensateurs. — Les grils. — Régulateurs des montres et des chronomètres. — Loi de concours pour la fourniture des chronomètres à la marine. — Le spiral des montres, le balancier, la raquette, etc. — *Échappements*. — Divers systèmes, à ancre, à cylindre, taille et rapport des rouages. — Les engrenages. — Appareils divers dérivant de la chronométrie : micromètres, montures de lunettes astronomiques. — Compteurs. — Régulateurs électriques. — Enregistreurs météorologiques, etc., etc.

L'ensemble du mécanisme d'une horloge, d'une pendule ou d'une montre est constitué par trois pièces fondamentales, qui sont le *moteur*, le *régulateur* et *l'échappement*, associés et réunis par des engrenages de grandeur variable.

Parmi les moteurs, les poids suspendus à une corde enroulée sur un treuil tournant à mesure que la masse descend et que le cordage se déroule, les poids produisent une force relativement assez grande et suffisante pour actionner tous les rouages et faire tourner les aiguilles indicatrices devant le cadran. Seulement, ce moteur étant inapplicable aux instruments mobiles, on a réservé son emploi pour les horloges fixes et de grandes dimensions et, dans tous les autres cas, on se sert des ressorts d'acier qui emmagasinent une certaine puissance dans leurs spires, lorsqu'on les enroule sur eux-mêmes.

Les ressorts (fig. 79), dont l'horlogerie moderne fait une très grande consommation, sont vendus par douzaines et par grosses chez tous les marchands d'outillage et proviennent d'usines où ils sont fabriqués par immenses quantités. Ce sont de simples lames d'acier, longues et minces, convenablement trempées et revenues, et qui ont été travaillées de manière à pouvoir s'enrouler d'elles-mêmes en spirale, c'est-à-dire *trempées en paquet* et recuites sous cette forme. Ce ne sont pas des moteurs à proprement parler, mais bien des accumulateurs de force qui restituent, en agissant sur les rouages, l'effort développé

Fig. 79.
Coupe d'un barillet (Ressort moteur).

par l'horloger pour resserrer les spires et *bander le ressort.* Cet accumulateur a été appliqué à de nombreux appareils autres que les horloges, notamment aux tourne-broches, aux machines à coudre et à beaucoup d'autres systèmes qu'il serait trop long d'énumérer. Cependant le rendement en est faible : on a observé, en effet, qu'un kilogramme de ressorts d'acier pouvait emmagasiner au plus un travail de 20 kilogrammètres, ce qui démontre l'absurdité des inventeurs voulant appliquer les ressorts à la mise en marche d'appareils assez lourds. Il est facile de calculer que, pour développer la force d'un cheval-vapeur pendant une heure, il faudrait disposer de ressorts d'un poids total de 14.400 kilog. (La force d'un cheval-vapeur correspond à la puissance nécessaire pour élever, par chaque seconde, un poids de 75 kilogrammes à un mètre de haut, c'est-à-dire, pendant une heure, à 270.000 kilogrammètres). On conçoit immédiatement, par ces chiffres, que les ressorts ne peuvent être réservés qu'au seul usage des pièces d'horlogerie qui ont besoin de très peu de force pour fonctionner. On a remarqué, en effet, qu'une montre ne dépensait pas plus de 0,000,000.028 kilogrammètre par seconde, si bien qu'une machine produisant un cheval-vapeur pourrait entretenir le mouvement de 270 millions de montres, ce qui peut bien être considéré comme la dernière expression de la division du travail mécanique.

Quoi qu'il en soit, et pour en revenir à ce qui nous occupe, le ressort, tout en étant le moteur le plus employé en horlogerie, n'est pas le seul en usage. On l'a remplacé dans les systèmes modernes de distribution de l'heure, par des forces plus considérables et plus régulières dans leur action, notamment par l'électricité et par l'air comprimé.

Autrefois tous les indicateurs horaires à ressorts étaient pourvus de la *fusée*, que Ferdinand Berthoud n'a pas craint d'appeler une des plus belles inventions de l'esprit humain, et dont le but était de remédier aux variations de puissance du moteur. Mais, depuis une cinquantaine d'années, ce dispositif encombrant a disparu de toutes les pendules ou montres : on fait les ressorts plus épais à leur partie intérieure que dans celle des spires qui doivent se dérouler les premières, de manière à obtenir une force motrice constamment égale ; la *fusée* est à peu près oubliée et nous ne la décrirons pas, même au point de vue historique.

Le ressort moteur des pendules et des montres se présente toujours enfermé dans une boîte cylindrique dont la surface extérieure est hérissée de dents pour constituer un engrenage. Cette boîte cylindrique s'appelle le *barillet* (fig. 79).

Nous en arrivons au *régulateur*, pièce essentielle de tous les garde-temps, qui se compose, dans les horloges ordinaires, d'une lentille pesante ou *pendule oscillant* suspendu à l'extrémité inférieure d'une tige métallique, et, dans les montres et autres appareils portatifs, d'un ressort ou *spiral*, agissant sur une masse assez lourde appelée balancier.

Le pendule oscillant, dont le but est de mettre en contact, à intervalles rigoureusement égaux, les deux pièces composant l'échappement, a l'inconvénient d'être sensible aux variations de la température extérieure par suite de la nature métallique de la tige, qui se raccourcit ou s'allonge suivant que le froid ou la chaleur se font sentir. Il faut donc régler constamment le point d'attache de la lentille pesante, ce qui s'obtient en la remontant ou en la descendant le long de la tige de soutien, à l'aide d'une vis micrométrique. Enfin on est parvenu à corriger automatiquement ces variations par l'invention des pendules compensateurs et des grils.

Les allongements des baguettes métalliques, d'après leur coefficient de dilatation, sont, par degré, dans les métaux usuels :

Acier trempé 1/87 000
Cuivre jaune 1/53 300
Zinc 4/34 000

On voit donc qu'en composant la tige d'un pendule de métaux inégalement dilatables, comme l'acier et le zinc, par exemple, on peut obtenir un régulateur invariable, les deux métaux s'allongeant en sens inverse et maintenant toujours rigoureusement la longueur du pendule.

On se sert quelquefois du cuivre jaune dans ces constructions, mais cet alliage étant insuffisant dans une association simple avec l'acier, on multiplie le nombre des tringles et le *compensateur* prend la forme d'un cadre.

De cette façon, les tiges de cuivre étant en nombre double ou triple de celui des tringles d'acier, la compensation est assurée, — après quelques tâtonnements toutefois pour assurer le poids et la grandeur de la lentille.

Pendule à gril. — Le pendule compensateur à gril est dû à un horloger français du siècle dernier, Pierre Le Roy. Dans ce système, la lentille pesante, au lieu d'être soutenue par une tige unique, est maintenue par une série de châssis emboîtés l'un dans l'autre et dont les branches verticales sont alternativement des verges d'acier et de laiton.

Étant donnée la manière dont les tiges verticales sont liées entre elles par des traverses horizontales, l'allongement des verges d'acier ne peut s'effectuer que de haut en bas, et, au contraire, celui des verges de laiton de bas en haut. Par conséquent, pour que la longueur du pendule reste constante, il faut et il suffit que l'allongement des lames de cuivre relève constamment la lentille juste de la même quantité dont l'allongement des tiges d'acier tend à l'abaisser.

En résumé, la loi de compensation des pendules peut s'énoncer comme suit : *Les longueurs totales de l'acier et du cuivre doivent être en raison inverse des coefficients de dilatation de ces métaux.* Cette compensation doit avoir lieu à toutes les températures.

La formule suivante permet de déterminer les longueurs absolues des tiges employées pour la compensation :

(1) $\qquad$ $L = a + a''' + (a' - o) + (a'' - o'')$, d'où

(2) $\qquad$ $L = a + (a + a' + a'' + a''') - (o + o'') = l - l'$

En résolvant ces équations on trouve :

(3)
$$\frac{l - L}{1 - \dfrac{k}{k'}} \quad \text{et } l' = \frac{L}{\dfrac{k'}{k - 1}}$$

Ces formules font voir que k et l sont plus grands que L; c'est pourquoi on est forcé, pour le pendule à seconde, de faire usage de plusieurs châssis d'acier et de laiton.

Le célèbre horloger anglais, Graham, fut le premier qui proposa un système de compensation pour les pendules. Son invention (fig. 80) consistait à se servir d'une tige solide et d'un tube de verre contenant du mercure pour former la lentille. Si l'allongement de la tige produit par l'élévation de température tend à abaisser le centre d'oscillation, la dilatation plus considérable du mercure le force à se relever. Ce système est aussi simple qu'ingénieux et il a donné de bons résultats.

Compensateur Martin. — On arrive encore à compenser l'allongement de la tige des pendules au moyen de *lames compensatrices*. On nomme ainsi deux lames de cuivre et de fer ou d'argent et de zinc soudées ensemble et fixées à la tige du pendule (fig. 82). La lame de cuivre, qui est la plus dilatable, est au-dessous de la lame de fer. Quand la température s'abaisse, la tige du pendule se raccourcit et la lentille se relève; mais alors les la-

Fig. 80.
Système de pendule
compensateur
à mercure de Graham.

mes compensatrices se recourbent (fig. 81), ce qui est dû
à ce que le cuivre se contracte plus que le fer. De la sorte,
deux petites masses métalliques sphériques placées à l'extrémité des lames s'abaissent, et, si elles ont un volume et
un poids convenables, il s'établit une compensation entre les
points qui se rapprochent du centre de suspension et ceux
qui s'en écartent, ce qui fait que le centre d'oscillation
n'est pas déplacé. Si la température s'élève, la lentille des-

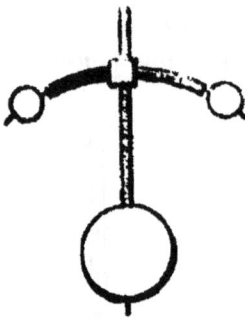 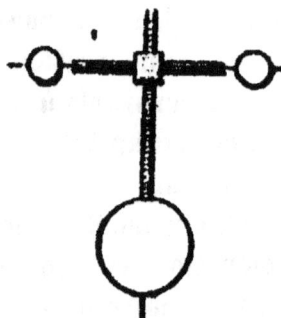 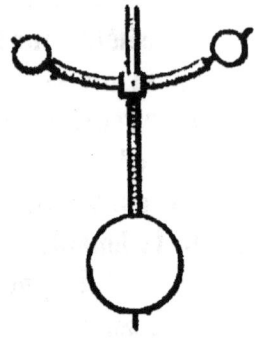

Fig. 81.　　　　　Fig. 82.　　　　　Fig. 83.
Aux températures basses.　　En équilibre.　　Aux températures élevées.

cend mais les sphères remontent (fig. 83), et il y a encore
compensation.

Tel est le principe du compensateur Martin que représente notre figure 84, et qui possède des lames compensatrices en fer et argent avec un système de boules en or avec
vis de pression pour régler la compensation par tâtonnements et déplacements successifs jusqu'à ce qu'on soit arrivé à un résultat irréprochable.

Le régulateur des montres est un petit ressort dont les
oscillations sont ralenties et rendues isochrones par l'effet
d'un volant de poids calculé et que ce ressort doit mouvoir. Les ouvriers horlogers à qui nous nous adressons

n'ayant presque jamais l'occasion de construire un spiral avec son balancier, car ces pièces sont fabriquées à bas' prix par des usines spéciales auxquelles il est plus économique d'acheter ces pièces toutes faites, nous n'insisterons

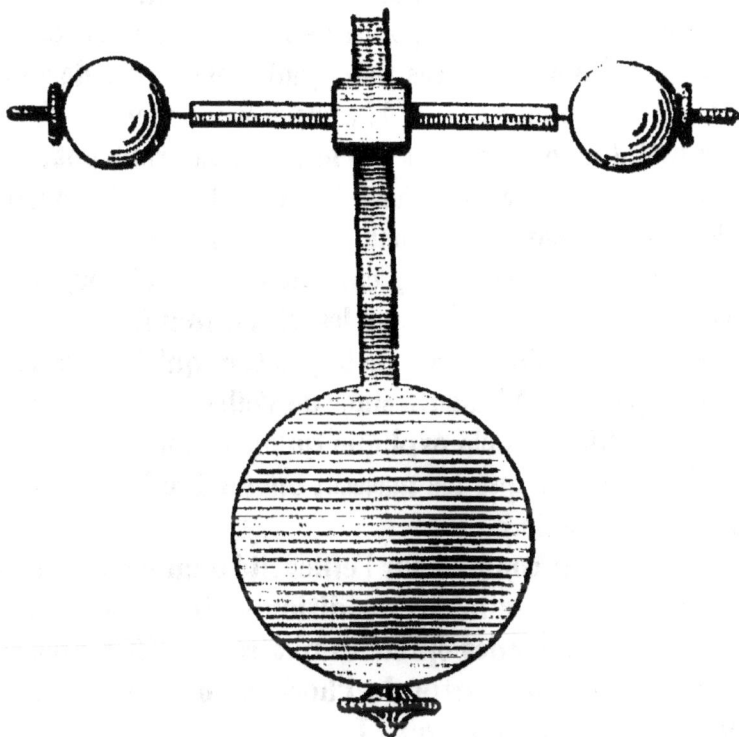

Fig. 84. — Compensateur Martin.

pas et dirons de préférence quelques mots du *régulateur-compensateur*, qui constitue la pièce la plus difficile et dont la justesse doit être rigoureuse, des chronomètres de marine.

Ce régulateur doit être doué d'une marche constamment égale et isochrone, quelles que soient les températures auxquelles le chronomètre est soumis. Dans ce but, on garnit la circonférence extérieure du volant ou *balancier* de deux petites masses pesantes portées par des ressorts montés à

5.

l'intérieur du balancier auxquels ils sont fixés par des vis.
(Voy. fig. 10, Pl. III, page 87). Ces ressorts ne font que
reposer sur les pointes des vis disposées en un point où l'arc
métallique ne fait que très peu de mouvements. Pour savoir quelle est leur utilité, on n'a qu'à imaginer l'effet
produit au cas où la température viendrait à s'écarter de la
normale fixée à 15 degrés centigrades au-dessus de zéro.

Dans le premier cas, si la température vient à s'élever,
l'arc métallique aura fait un mouvement rentrant, et les
pointes des vis auront poussé les ressorts vers le centre du
balancier, et, par conséquent, les masses dont ils sont por-
teurs. Si la température, continuant à s'élever, atteint
40 degrés, il en résultera que les vis agiront à leur tour sur
les ressorts et qu'en raison de la position qu'elles occupent,
elles suppléeront à l'insuffisance de l'effet que produit alors
l'arc métallique. Cela explique qu'en changeant de place
les vis, de même que les masses, on rend le balancier plus
ou moins sensible.

Pour pouvoir compter sur l'efficacité d'un balancier compensateur, même le mieux conditionné, il est nécessaire de
lui avoir fait subir des épreuves réitérées à différentes températures ; aucune partie de l'horlogerie ne demande autant de soins et de savoir. Le régleur, avant de vouloir
faire disparaître les écarts qu'il a constatés, doit s'assurer
si ces écarts proviennent uniquement du changement de
température ; autrement, lorsqu'il n'a plus à corriger que
de minimes différences, le trop ou le pas assez en touchant
aux masses, sont des opérations qui mettent souvent sa
patience à de très longues épreuves. On peut, par là, se
rendre compte de l'importance de ces pièces, de la difficulté de leur construction, et on conçoit qu'elles ne peuvent
être exécutées que par des hommes d'un talent exceptionnel
et qui deviennent malheureusement de plus en plus rares,

car ils ne sont ni rémunérés convenablement ni encouragés dans leur tâche difficile.

Originairement, et jusqu'en 1832, un seul artiste, sous le nom d'horloger de la marine, avait le monopole de la fourniture et de l'entretien des chronomètres de la flotte ; mais, depuis 1889, une loi nouvelle a été mise en vigueur et excite, par le concours qui a lieu entre tous les horlogers, l'émulation qui assure le progrès constant dans la construction des pièces. Nous donnons ci-dessous, et *in extenso* (1) cette loi qui intéresse tous ceux qui professent l'art chronométrique.

(1)   RÈGLEMENT DES CONCOURS DES CHRONOMÈTRES.

ARTICLE 1er. — Les chronomètres construits et réglés en France par les artistes de nationalité française sont seuls admis aux concours du Dépôt de la marine.

ART. 2. — Tout chronomètre présenté au concours doit porter, gravés sur le cadran et sur la platine inférieure, le nom du constructeur et un numéro d'ordre.

ART. 3. — La durée de chaque concours est fixée à cinq ans. Il y a deux concours par an. Le premier commence le 1er septembre et finit le 31 janvier ; le second commence le 1er janvier et finit le 31 mai.

ART. 4. — Les chronomètres soumis au concours sont comparés tous les jours (excepté les dimanches et fêtes) à une pendule réglée sur le temps moyen par des observations astronomiques. La durée du concours est divisée en périodes de cinq ou six jours, pour chacune desquelles on détermine la marche moyenne de chaque chronomètre. Ce sont ces marches moyennes qui entrent dans le calcul du nombre déterminant le classement du chronomètre.

ART. 5. — Chaque chronomètre est soumis pendant la durée du concours :

A une épreuve d'isochronisme ;

A deux épreuves à la température de 30° ;

A deux épreuves dans la glace fondante.

La durée de chaque épreuve est de cinq ou six jours

Les épreuves aux températures artificielles sont séparées par un intervalle de dix jours au moins.

ART. 6. — Pendant l'épreuve d'isochronisme, le ressort moteur est

Remontoirs d'égalité. — On donne le nom de remontoir d'égalité à un mécanisme par lequel on cherche à mettre

désarmé de moitié. L'écart entre la marche du chronomètre pendant cette période et celle des marches de la période précédente ou de la période suivante, qui en diffère le plus, donne le nombre I.

ART. 7. — L'écart entre la marche à 30° et celle des marches de la période précédente ou de la période suivante, qui en diffère le plus, donne pour chaque épreuve un nombre C.

ART. 8. — L'écart entre la marche dans la glace fondante et celle des marches de la période précédente ou de la période suivante, qui en diffère le plus, donne pour chaque épreuve un nombre F.

ART. 9. — Dans le calcul des marches moyennes, il n'est pas tenu compte de la marche du chronomètre pendant le jour qui suit l'entrée dans les températures artificielles ou la sortie.

ART. 10. — L'écart entre la plus grande et la plus petite marche à la température ambiante donne un nombre A.

ART. 11. — On calcule : 1° les différences entre les marches successives à la température ambiante ; 2° les différences entre les marches à la température ambiante qui précèdent et qui suivent immédiatement, soit l'épreuve d'isochronisme, soit les épreuves aux températures artificielles : on prend la moitié de ces dernières.

Le plus grand de tous les nombres ainsi obtenus est désigné par B.

ART. 12. — Le nombre N, qui détermine le classement du chronomètre, est obtenu en ajoutant en valeur absolue :

Le nombre A (écart des marches extrêmes à la température ambiante) ;

Le nombre B (écart des marches successives) ;

La moitié du nombre I (écart aux petites amplitudes) ;

Le plus grand des nombres C ou 1/2 F (écarts aux températures extrêmes).

ART. 13. — Sont renvoyés avant la fin des épreuves et ne sont pas classés :

1° Les chronomètres pour lesquels le nombre A est plus grand que 2′5, ou le nombre B plus grand que 1 seconde ;

2° Les chronomètres pour lesquels C est plus grand que 2″5 ou F plus grand que 3″5 ;

3° Les chronomètres pour lesquels le nombre I dépasse 3 secondes ;

4° Les chronomètres dont la marche, en 24 heures, à la température

les parties importantes d'un appareil d'horlogerie, surtout
le régulateur dont dépend la régularité de la marche, à l'a-

ambiante aura changé de plus de 2 secondes du jour au lendemain. Il
n'est pas tenu compte dans ce calcul du jour qui suit la sortie des
étuves.

ART. 14. — Les chronomètres nécessaires au service de la marine
nationale sont acquis à la suite de chaque concours, en suivant l'ordre
de classement. Les chronomètres pour lesquels le nombre N ne dépasse pas 5 secondes sont payés 2.000 francs.

Les chronomètres pour lesquels N est plus grand que 5 secondes et
ne dépasse pas 6 secondes sont payés 1.800 francs.

ART. 15. — Parmi les chronomètres reçus dans le cours d'une même
année, celui qui aura obtenu le premier rang recevra une prime de
1.200 francs, pourvu que le nombre N qui a servi à le classer ne dépasse pas 4 secondes. Mention en sera faite au *Journal officiel* de la
République française.

ART. 16. — Les chronomètres dont le nombre de classement sera
plus grand que 6 secondes ne pourront être présentés de nouveau au
concours qu'après un délai de trois mois.

ART. 17. — Les chronomètres qui auront obtenu un nombre de classement ne dépassant pas 6 secondes et qui n'auront pas été acquis
pourront rester au concours suivant. Une bonification de 0",25 leur
sera attribuée dans le calcul du nombre N pour le nouveau classement
à condition qu'ils ne soient pas sortis du Dépôt. Une bonification
de 0",5 sera accordée dans les mêmes conditions aux chronomètres
dont le nombre de classement n'aura pas dépassé 5 secondes. Les marches du mois de janvier entreront en compte dans chacun des deux
classements, pour les chronomètres qui suivront les deux concours
d'une même année. Pour ces chronomètres l'expérience d'isochronisme
ne sera pas renouvelée et on adoptera le chiffre obtenu au concours
précédent.

ART. 18. — Les articles 1, 2, 3, 4 et 5 du règlement du 17 septembre 1857 seront abrogés.

ART. 19. — Le présent règlement sera exécutoire à partir du
1er septembre 1882.

Paris, le 6 juin 1882.

Le ministre de la Marine et des Colonies,

Signé : JAURÉGUIBERRY.

bri de la variation de la force motrice, tant par suite des variations de puissance du moteur lui-même que des résistances passives que rencontre le mouvement des différentes pièces. Il consiste, en général, en un petit poids ou en un ressort qui agit directement sur les derniers mobiles ; et, comme l'action de ce moteur très faible ne peut être que de peu de durée, il est remonté périodiquement par une course limitée du moteur principal, de telle sorte qu'il n'y ait pas d'interruption.

Il est évidemment bien difficile, quelque disposition qu'on imagine, de rendre certaines parties d'un appareil insensibles aux pressions et aux forces qui s'exercent sur les autres parties avec lesquelles elles sont momentanément mises en communication. Ce moyen n'a pas encore été découvert et. appliqué en pratique, et c'est bien plutôt dans la perfection du travail des pièces nécessaires qu'il faut chercher la solution. C'est au fini de l'œuvre qu'il faut demander de rendre les résistances passives constantes, aussi bien que la force motrice ; aussi faut-il surtout chercher à éviter, autant que possible, les chocs, les pressions considérables dans des pièces mues rapidement, d'où résultent les usures et altérations des surfaces.

En somme, les remontoirs sont peu employés aujourd'hui. Presque complètement abandonnés dans les constructions légères et petites, ce n'est guère que pour de grosses horloges, dans lesquelles des forces assez considérable* sont en jeu, qu'on peut mettre régulièrement ce principe à profit.

Échappements. — *L'échappement à verge* (fig. 1, pl. III) est le plus ancien de tous ceux qui ont été inventés. Dans ce système, la *roue de rencontre* est posée de telle sorte que son axe coupe perpendiculairement la verge du balancier. Sur cette verge s'élèvent deux petites ailes ou *palettes* qui

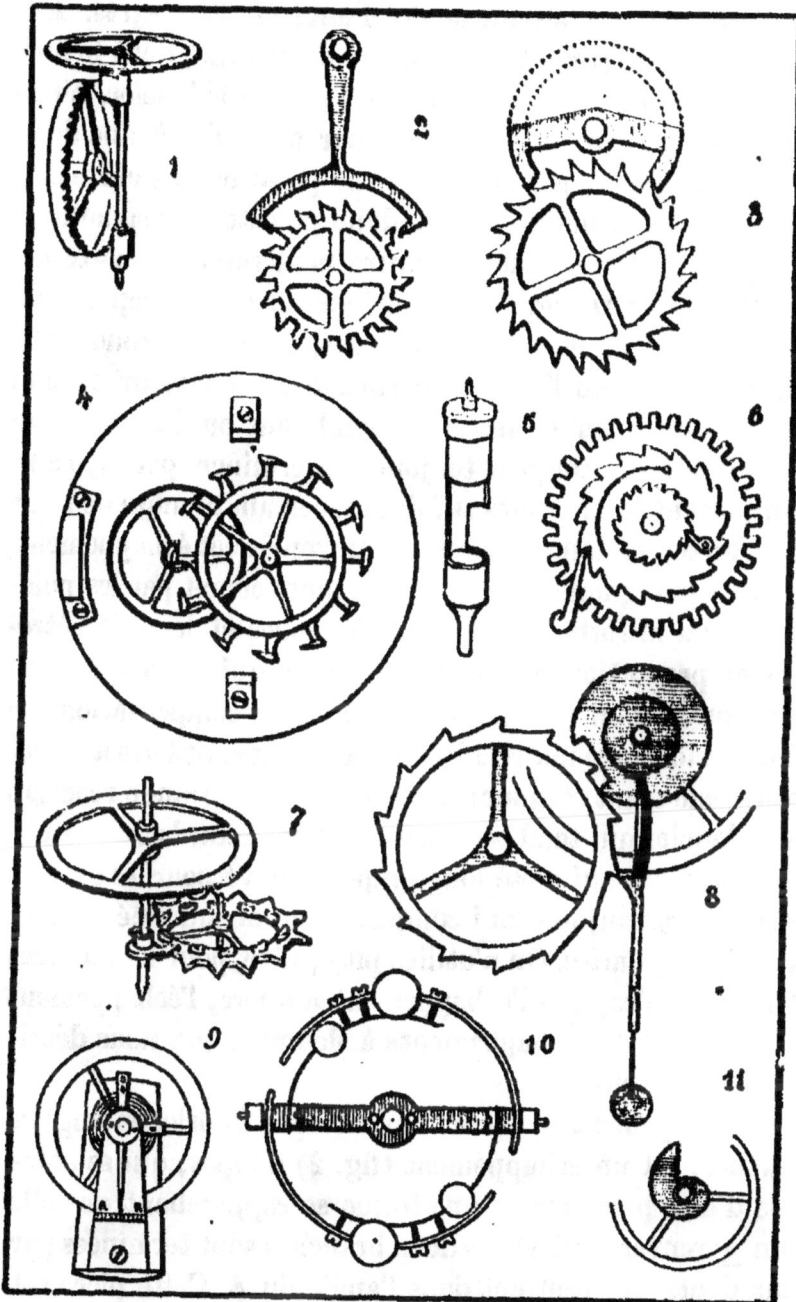

PLANCHE III. — ÉCHAPPEMENTS.

1 Échappement à verge, — 2 Premier échappement à ancre, — 3 Échappement à ancre ordinaire, — 4 Échappement à cylindre, — 5 Cylindre, — 6 Rochet et son encliquetage, — 7 Échappement duplex, — 8 Échappement à doigt de Earnshaw, — 9 Spiral de montre, — 10 Balancier de chronomètre, — 11 Came.

forment entre elles un angle d'environ 90 degrés. Elles viennent s'engager dans les dents de la roue, dont le nombre est toujours impair, afin que l'axe du balancier, répondant par sa partie supérieure, par exemple, à une de ces dents, il réponde par l'inférieure au point opposé entre deux de ces mêmes dents. Il suit donc de cette construction : 1° que le balancier ou tout autre modérateur apporte une résistance au rouage qui l'empêche de céder trop rapidement à l'action de la force motrice ; 2° que les roues (abstraction faite de l'action du rouage), s'échappant plus ou moins vite selon la masse du régulateur ou du nombre de ses vibrations, on peut toujours déterminer, par là, celles qui portent les aiguilles et faire un certain nombre de tours dans un temps donné. Enfin, au moyen de cet échappement, lorsque le régulateur a été mis en mouvement par les poids ou par les ressorts, il réagit sur les roues et les fait rétrograder proportionnellement à la force qui lui a été communiquée, d'où il résulte une sorte de compensation, la plus grande force motrice du rouage qui devrait faire avancer le système étant toujours suivie d'une plus grande réaction du balancier qui tend toujours à le faire retarder.

Ce système qui a été longtemps employé pour les grosses horloges, est aujourd'hui complètement abandonné à cause de son irrégularité. On n'utilise plus guère, pour les montres et les pendules, que l'échappement à ancre, l'échappement à cylindre et les échappements à détente, que nous décrirons succinctement.

L'échappement à ancre, inventé par l'horloger anglais Graham, est un échappement (fig. 2) à repos, qui se compose d'une pièce ayant une forme se rapprochant de celle d'un Λ renversé, dont les deux branches sont terminées par deux dents qui rentrent dans l'angle du Λ. Cette pièce est unie au pendule. Le sommet de l'angle se trouve placé sur l'axe autour duquel oscille le pendule. Les battements de ce dernier mettent alternativement en contact avec les dents de la roue d'échappement l'une ou l'autre des deux dents de l'ancre, qui opèrent un glissement sur les premières.

Quand l'un des bras de l'ancre s'abaisse, sa dent rencontre la roue, l'autre s'arrête momentanément ; mais l'oscillation du pendule faisant remonter ce bras et cette dent, la roue échappe et tourne d'un cran ; alors l'autre bras de l'ancre s'est abaissé à son tour, au point de faire rencontrer sa dent et la roue, et d'arrêter sensiblement celle-ci. L'oscillation du pendule en sens inverse fait dégager de nouveau la roue, pour ramener ensuite la succession indéfinie des mêmes circonstances. Comme il faut un battement du pendule pour qu'une dent de la roue soit rencontrée par une de celles de l'échappement, puis un second battement en sens inverse, pour que cette dent se dégage, on voit qu'il ne passera qu'une dent à chaque double oscillation.

L'*échappement à cylindre* (fig. 4) a été imaginé en Angleterre vers 1720, par le célèbre horloger Graham.

La pièce principale de cet échappement est un cylindre creux (fig. 5) ou écorce cylindrique, en acier ou quelquefois en pierre dure.

Ce cylindre, situé dans le prolongement de l'axe du balancier auquel il appartient, pirouette alternativement dans un sens, puis dans l'autre, à chacune des oscillations de celui-ci. Dans cette écorce cylindrique est pratiquée une grande entaille qui a fait disparaître environ la moitié de sa circonférence antérieure, le cylindre est entaillé ensuite plus profondément par une échancrure appelée *coche de renversement*, qui est faite de manière à ne laisser que le quart de la circonférence du cylindre plein. La roue de cet échappement a une forme spéciale. L'intervalle d'une dent à l'autre présente une échancrure circulaire, et vers l'ex-

trémité de chaque partie saillante s'élève, perpendiculairement au plan de la roue, une petite tige qui porte un prisme
triangulaire peu épais, et qui est la pièce active dans le
jeu de l'échappement, tantôt par sa pointe, tantôt par sa
face extérieure. Cette roue est disposée, relativement au
cylindre, de manière à ce que ces prismes tendent à le traverser par son centre, mais ne puissent passer que par intervalles, autant que certaines positions du cylindre le leur
permettent. Le *repos* a lieu par l'appui d'une dent contre
la surface, tantôt intérieure, tantôt extérieure du cylindre.

Échappement duplex. — Il a été inventé vers le milieu
du dix-huitième siècle par l'horloger français Le Roy, qui
l'abandonna bientôt pour un système à détente de ressort
qui est, en effet, bien préférable. La roue de cet échappement (fig. 7) est double et à double effet, d'où son nom. Il
est à repos dépendant avec un léger recul, c'est-à-dire que,
pendant l'oscillation du balancier, il y a un frottement sur
le repos, suivi d'un instant de recul dans l'une des oscillations. Il ne se trouve aucune pièce intermédiaire entre la
double roue et le système du balancier.

Dans un autre genre, un bon dispositif d'échappement
applicable aux garde-temps, c'est celui dit d'*Arnold*, quoi-
qu'il ait été inventé par l'horloger français Pierre Le Roy.
Son nom réel est *échappement à détente de ressort*, à cause
de la pièce qui le caractérise. Il se compose de trois *mobiles :*
la roue d'échappement, le balancier, dont l'axe porte les
pièces nécessaires au dégagement et à la levée, et un levier
de détente intermédiaire, muni de deux ressorts et qui produit les repos et dégagements alternatifs. Les dents de la
roue d'échappement sont ordinairement à rochet, pour en
rendre la construction plus facile. En Angleterre, les horlogers les taillent en couronne, ce qui leur donne beaucoup
de ressemblance avec la roue de l'échappement dit à vir-

gule. Enfin, on a donné de nombreuses dispositions à ce mécanisme. Nous citerons celles de Earnshaw (fig. 8), de Bréguet, de Berthoud frères, Motet, Perrelet, Winnerl, etc., etc.

Parmi les autres systèmes d'échappement proposés ou construits depuis le commencement du siècle, nous citerons particulièrement le modèle d'*échappement libre à force constante,* dont le premier type fut imaginé en 1840 et plus tard construit par Tavan, célèbre horloger genevois. Il se compose de trois mobiles : la roue à couronne, le balancier portant une patte d'écrevisse, servant aux dégagements et aux repos alternatifs, et dont l'axe de suspension est fixé suivant la manière ordinaire.

Pour obtenir le but désiré, celui d'une force d'impulsion constante sur le balancier, il suffit d'ajouter à ces trois pièces un quatrième mobile qui substitue sa propre impulsion sur le balancier à celle de la roue, mais il faut qu'il soit construit et placé de telle manière que cette impulsion soit constante, et que la roue n'ait d'autre fonction que d'en renouveler la cause à chaque vibration, sans y influer plus que l'individu qui remonte le poids d'une horloge n'influe sur la marche de cette horloge.

Ce mobile constitue le mécanisme que nous avons décrit plus haut sous le nom de *remontoir d'égalité.*

Rôle et utilité de l'échappement. — Au moyen de l'échappement et des rouages intermédiaires, les oscillations successives du régulateur sont liées avec les débandements du ressort moteur ou la descente des poids. C'est le premier et le plus délicat organe de l'ensemble du mouvement d'une horloge quelconque.

Échappement à balancier de Hart. — L'inventeur, au lieu de prendre le point d'appui de l'échappement près du point de suspension du balancier, suivant l'usage, applique la détente d'un échappement à ancre à la lentille même ou au-dessous de celle-ci. (Voy. fig. 96.). Il en résulte que le balancier étant libre et détaché, rencontre moins de résistance à chaque impulsion reçue et que ses oscillations sont plus régulières. Nécessitant moins de puissance, il y a moins d'usure et, de plus, comme conséquence, les ressorts, les poids, les rouages peuvent être réduits dans leur force, leurs dimensions et leur poids. Le marche est mieux assurée, la rupture des ressorts plus rare, l'économie générale meilleure.

Dans ce système, le cadran se trouve nécessairement vis-à-vis de la lentille, ce qui n'empêche pas néanmoins qu'il

Fig. 96. — Échappement de Hart.

puisse être placé à n'importe quelle hauteur s'il s'agit de monuments publics. Dans les tours et clochers, où l'on peut donner au balancier une grande longueur, il est certain qu'on obtiendra un isochronisme à peu près parfait. Enfin, si à ces qualités acquises on ajoute celles de la compensation en utilisant le système *à gril* ou tout autre dispositif analogue, la régularité de la marche d'une horloge ainsi construite ne laissera véritablement rien à désirer.

Le mécanisme de l'échappement, quelque varié qu'il puisse être, se réduit toujours à procurer entre le dernier rouage et le régulateur, une action réciproque en vertu de laquelle, d'une part le régulateur ralentit la marche de ce mobile et rend la force uniforme, tandis que, d'autre part, une aliquote quelconque de la force motrice se transmet au régulateur pour entretenir ses oscillations, qui cesseraient au bout de peu de temps par suite de la résistance de l'air et des frottements.

On comprend de suite combien la perfection du mécanisme de l'échappement peut et doit contribuer à celle de l'horloge ou de la montre. Vainement le mouvement et le régulateur seront parfaits dans leur genre, si le mécanisme qui les unit est vicieux, son influence ne tardera pas à se faire sentir dans la marche de l'appareil. Aussi est-ce pour cela que l'esprit des horlogers s'est surtout porté sur les perfectionnements de cette partie de leur art.

Échappement libre en pendule de Hainaut. — L'admirable marche des chronomètres nautiques, construits avec l'échappement libre à détente, a de tout temps séduit quelques artistes d'élite qui ont cru trouver les mêmes avantages en appliquant cet échappement aux horloges à pendule, sans se préoccuper assez de la différence qu'il y a entre les propriétés du pendule et celles du balancier. Ce mécanisme est préférable à l'échappement à ancre en ce sens que l'action continuelle de la roue sur les repos de l'ancre trouble la liberté des oscillations du pendule et occasionne un frottement qui pourrait causer des variations considérables s'il venait à augmenter par l'usure ou la coagulation de l'huile. On voit donc qu'il est impossible de régler avec une exactitude parfaite une pendule à échappement à ancre pourvue d'huile.

M. Hainaut de Rouen a construit un petit régulateur avec un échappement libre, contrairement à toutes les idées admises : l'impulsion de l'échappement agit le plus loin possible de l'axe de suspension du pendule, sur le bas de la lentille, parce qu'alors cet échappement devient aussi libre que ceux des horloges marines. Le pendule décrit au moins deux degrés de chaque côté de la verticale, c'est-à-dire quatre degrés par oscillation ou huit degrés en deux oscillations ; la levée de l'échappement, qui n'a lieu qu'à la seconde oscillation, se fait tout entière pendant que le pendule décrit un seul degré ; il reste donc au pendule sept degrés sur huit à parcourir dans une entière liberté. Le mouvement de l'aiguille des secondes paraît instantané.

Pour obtenir une régularité parfaite avec cet échappement, il faut que le rouage soit délicat et à poids, et que le pendule soit lourd et bien compensé. La force peut être faible puisqu'elle agit sur la circonférence de son modérateur. L'échappement libre ne donne pas toute sa perfection avec une force inégale parce que les oscillations du pendule ne sont pas isochrones à toutes les amplitudes. La suspension à ressort peut, à la vérité, corriger une partie de ces irrégularités, puisque toutes les suspensions à ressort tendent plus ou moins à rendre isochrones les oscillations du pendule. On peut même obtenir par tâtonnement une suspension parfaitement isochrone, mais alors elle devient trop résistante et exige une force motrice beaucoup trop grande.

On doit ainsi remarquer que la construction de l'échappement libre en pendule est différente de celle qui est nécessaire pour les chronomètres. Dans les chronomètres, la détente à ressort doit avoir beaucoup de raideur pour être à l'abri de toute secousse. Il n'en est pas de même dans les horloges fixes; ici, les forces retardatrices peuvent être réduites presque à rien, tandis que la force d'impulsion peut être augmentée à volonté, puisqu'il est facile de rendre le poids plus ou moins lourd.

Cylindre perfectionné de Hainaut. — C'est avec raison qu'on reproche à l'échappement à cylindre la grande fragilité du cylindre qui casse presque à toutes les chutes de la montre où il est appliqué. La rupture a lieu invariablement dans la petite coche de renversement qui est la partie la plus entaillée, et qui n'occupe que le quart de la circonférence d'une petite pièce d'acier creuse et mince. Par la forme que M. Hainaut a donnée au cylindre (fig. 97 et 98), c'est cette partie jusqu'à présent si fragile, qui devient la plus résistante, puisque son épaisseur peut être augmentée d'une quantité qui n'a pour limite que l'espace compris entre la pointe des dents de la roue et les colonnes. Elle est en outre reliée au repos du cylindre par un bourrelet circulaire qui augmente la solidité de l'ensemble.

Les cylindres, si faciles à rompre, surtout dans les montres hautes, seront maintenant, par la nouvelle forme, véritablement incassables puisque les chutes les plus violentes ne peuvent que rompre les pivots sans endommager le cylindre.

Une autre question importante pour cet échappement est dans la conservation de l'huile. On sait qu'avec le cylindre ordinaire l'huile ne se fixe pas bien sur la surface extérieure; on la met dans le creux du cylindre, où elle gagne immédiatement le bout du tampon, et, si on en met trop abondamment, elle peut atteindre l'assiette, c'est alors que le frottement ne tarde pas à se faire à sec, et la marche qui retarde progressivement, devient de plus en plus mauvaise.

Il ne peut pas en être ainsi avec ce nouveau modèle, puisque la surface extérieure, qu'on appelle aussi dos du

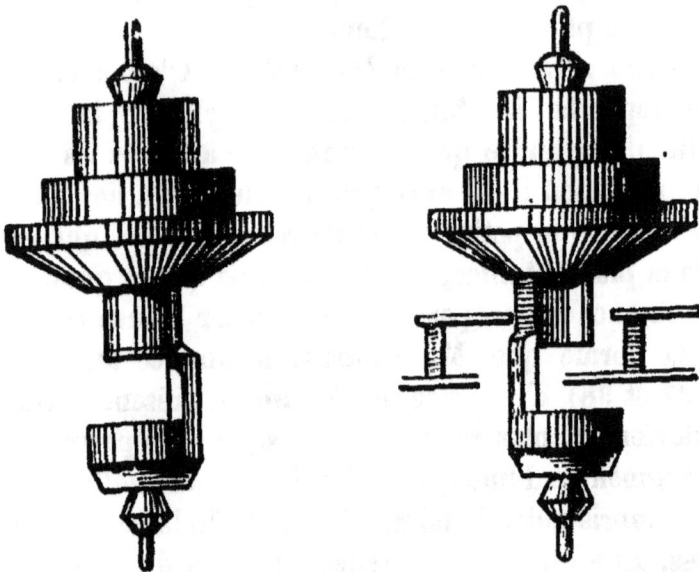

Fig. 97 et 98. — Cylindre perfectionné et incassable de M. Hainaut.

cylindre, est formée par une sorte de rainure dont l huile ne peut pas sortir; en sorte que le frottement de la roue se fait plus librement et sans usure, et aussi avec une régularité mieux soutenue. De plus, on peut faire ce cylindre aussi haut qu'on le veut en conservant partout une grande rigidité, ce qui permet de faire des montres hautes, bien réglées et beaucoup plus solides. La nouvelle pièce d'échappement, qui paraît plus ouvragée qu'à l'ordinaire, n'est pas plus longue à faire que les cylindres unis, parce que la solidité étant plus grande, le tamponnage se fait plus rapidement ; le pivotage et les ajustements nécessitent moins de précautions puisqu'on peut les faire sans mettre en cire. Le remplacement du tampon d'en bas, qui est si souvent impossible avec les écorces minces, se fait ici sans aucune difficulté. Ce tampon est ajusté dans une partie épaisse d'où l'on peut le retirer et le remplacer avec la plus grande facilité.

Une simple inspection des figures fera bien comprendre cette forme de cylindre. Une roue de hauteur moyenne suffit pour bien partager les jours ; la seule précaution à prendre est d'allonger un peu le biseau qui suit la grande lèvre.

Tels sont les principaux systèmes d'échappement et perfectionnements apportés à ce mécanisme délicat dans le cours de ces dernières années. On peut juger, par l'énumération et la description que nous en donnons, des progrès accomplis dans cette partie de l'horlogerie.

Mécanismes divers dérivant de l'horlogerie. — Pour ne pas sortir du cadre qui nous est tracé dans le présent ouvrage, nous ne ferons que rappeler quelles sont les sciences qui ont eu recours aux mécanismes chronométriques dans un but quelconque.

En premier lieu, l'astronomie.

Dans tous les observatoires, on trouvera des pendules sidérales, battant la seconde et admirablement réglées pour permettre le relèvement exact de l'instant du passage d'un astre au méridien, d'une occultation d'étoile ou de tout autre phénomène analogue. Mais le mécanisme le plus admirable est celui qui permet aux lunettes et aux télescopes dits *équatoriaux* de suivre automatiquement le trajet d'un astre cheminant dans le ciel.

Ce résultat est obtenu à l'aide d'un simple mouvement

6

d'horlogerie à poids, dissimulé dans le socle de l'instrument et faisant pivoter le tube bien équilibré sur des pivots à pointes, par le jeu d'engrenages et de chaînes. C'est avec des mécanismes à peine plus forts que ceux des pendules ordinaires que des lunettes de 10 à 20 mètres de longueur focale et pesant plusieurs quintaux, pivotent sans peine sur leur axe en sens inverse du mouvement de la terre.

En électricité, on fait souvent usage de mécanismes d'horlogerie. C'est un mouvement à ressort qui règle le déroulement de la bande de papier sans fin dans le récepteur imprimant du télégraphe Morse. Dans les régulateurs à arc voltaïque, c'est un barillet avec son système de rouages qui règle l'écartement des charbons entre lesquels jaillit la lumière ; enfin, dans une foule de circonstances, les électriciens sont obligés de faire appel aux éléments constitutifs de la science chronométrique.

Tous les météorologistes emploient aujourd'hui des appareils enregistreurs qui inscrivent eux-mêmes, sur un cylindre de métal entouré de papier, les moindres variations de l'état atmosphérique. Citons le baromètre enregistreur de M. Richard, le thermomètre, l'hygromètre, le pluviomètre, et bien d'autres appareils de mesure du même genre qui déterminent exactement et marquent les changements qui surviennent dans l'état du temps pendant leur fonctionnement. Le P. Secchi, savant astronome, avait combiné un météorographe complet, mû par un mouvement d'horlogerie bien réglé et qui donnait automatiquement les diagrammes fournis par la marche des baromètres comparatifs, des thermomètres et du pantanémomètre (indiquant la vitesse du vent). Dans tous ces appareils le moteur est toujours une horloge.

Dans combien d'autres circonstances, l'horlogerie n'est-elle pas intervenue ? Citons les compteurs en tous genres, les boîtes à musique, les automates, sans compter la multitude d'autres objets que nous oublions encore. C'est la démonstration la plus convaincante de l'incontestable utilité de la science chronométrique, non seulement dans le domaine restreint de la mesure du temps, mais encore dans tout ce qui a rapport aux choses exactes et appartenant au domaine des arts mécaniques, lequel constitue la plus haute expression du génie humain et la plus grande conquête de l'esprit sur la matière.

CHAPITRE IV.

OUTILLAGE DE L'HORLOGER.

L'établi. — La loupe. — Les pinces, brucelles, etc. — Le chalumeau, l'éclairage, le tour, les moules. — Machines à égalir les roues d'engrenage, à tailler les fraises, etc., de M. Anquetin. — Outils divers de M. Pierret et de M. Boley. — Les métaux et alliages en usage dans l'horlogerie. — Or, platine, argent, cuivre, aluminium, bronze, laiton, maillechort, étain, etc.

Qui décide du choix de la profession d'horloger ?

Ce n'est pas toujours un goût ardent pour la mécanique, un désir sincère d'imiter les travaux des savants qui ont illustré l'art chronométrique et de marcher sur leurs traces, mais, le plus souvent l'espoir d'exercer un métier bien rétribué et qui ne demande ni tracas ni fatigue corporelle. — Nous avons vu ce qu'il faut penser de ces derniers désiderata. Quoi qu'il en soit, le futur horloger doit tout attendre d'un bon apprentissage, à la fois théorique et pratique, tel qu'il est enseigné dans les écoles professionnelles spéciales ; d'après l'application, l'intérêt et les efforts faits par l'apprenti pendant la durée de ces études préliminaires, on peut présumer ce que sera l'ouvrier.

Loin de se cantonner dans le travail du rhabillage des montres et des pendules, qui est fort ennuyeux par sa responsabilité, en même temps qu'il est peu rémunérateur,

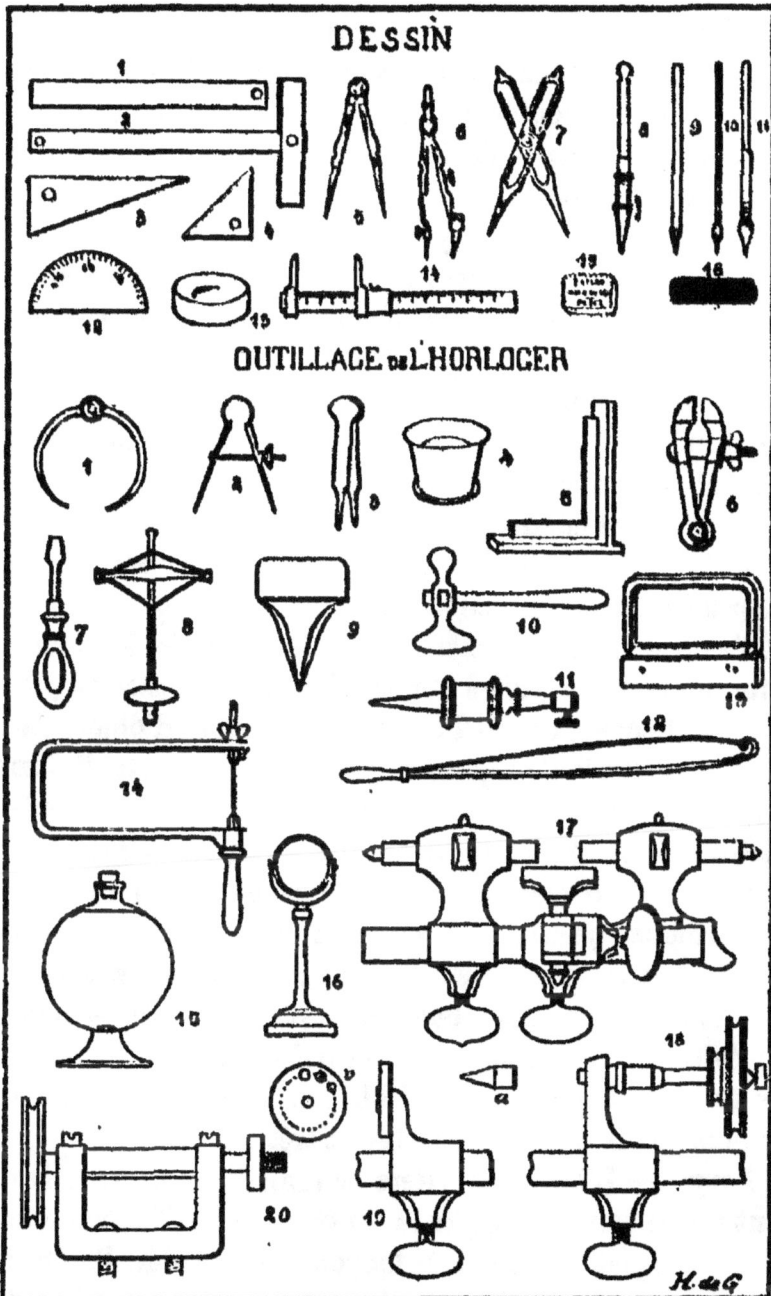

DESSIN

OUTILLAGE de L'HORLOGER

1 Règle, — 2 té, — 3, 4 équerres, — 5 compas à pointes, — 6 balustre, — 7 compas de
réduction, — 8 tire-ligne, — 9 crayon, — 10 plume, — 11 pinceau, — 12 rapporteur, —
13 godet, — 14 pied à coulisse, — 15 gomme, — 16 encre de Chine.

1, 2 compas d'épaisseur, — 3 brucelles, — 4 loupe, — 5 équerre, — 6 étau à main, — 7 tournevis, — 8 drill, — 9 tas, — 10 marteau, — 11 porteforet, — 12 archet, — 13 pierre à
huile, — 14 bocfil, — 15 bocal, — 16 lentille, — 17 petit tour, — 18, 19, 20 pièces de tour
d'horloger.

l'horloger doit s'efforcer de monter d'un échelon et de chercher à pouvoir établir les différentes pièces d'un instrument horaire, à les monter et enfin à les régler, ce qui est le plus difficile et demande des études approfondies et une patience à toute épreuve.

Cependant, comme il y a des quantités d'ouvriers isolés se bornant à ces petits travaux de réparation, nous rappellerons, en commençant ce chapitre, de quoi se compose l'outillage de l'atelier d'un horloger rhabilleur; puis nous décrirons quelques machines-outils fort commodes, sinon indispensables, et nous terminerons par une étude des métaux et alliages employés dans l'horlogerie.

PETIT OUTILLAGE DE L'HORLOGER. (Voy. Pl. IV.) — *Établi.* — L'établi doit être pourvu d'accessoires pour suspendre les limes, marteaux, archets, etc., qui seront disposés de manière à mettre les outils à portée de la main, afin que l'ouvrier puisse s'en servir et les remettre en place immédiatement, ce qui lui évitera des amas d'objets dans lesquels pourraient s'égarer de petites pièces. L'établi devra être éclairé par un jour franc, et, comme il est bon de varier la disposition du corps dans le travail, l'horloger devra avoir un établi auquel il travaille debout et un autre qui lui permettra de s'asseoir. Dans ce dernier cas, il choisira de préférence, comme siège, un tabouret monté sur une vis, dans le genre des tabourets de pianos. De cette façon, on évitera la compression de la poitrine, si gênante dans les travaux de précision qui obligent à conserver pendant longtemps une position courbée et très fatigante.

Loupe. — L'horloger évitera de tenir sa loupe à l'œil durant un certain temps par la contraction de l'arcade sourcilière. On peut maintenir la loupe à l'œil à l'aide d'un trois quarts de cercle élastique contournant la tête; on n'a qu'à repousser la loupe sur le front quand on ne s'en sert plus.

On évitera de débuter par des loupes d'un fort grossissement afin de ne pas se fatiguer la vue inutilement. Il serait bon de ne faire usage que de loupes véritablement achromatiques, un peu plus lourdes et plus chères, il est vrai, mais bien supérieures aux loupes communes. Cependant, si on se sert de ces dernières, on mettra à l'intérieur un anneau de papier noir qui diminuera le champ de la vision.

Limes. — La lime doit être maniée avec soin, surtout en commençant ; on l'emploiera d'abord sur le cuivre avant de la faire passer à l'acier et on évitera de la mener par coups secs et prompts, de cette manière elle durera quatre ou cinq fois plus longtemps tout en faisant un bon service.

Pinces, brucelles, etc. — Un bon ouvrier proportionnera toujours la grosseur et la force de ses pinces à l'effort qu'elles auront à subir, pour cela il en aura un assez grand nombre. Il ne se servira pas d'une pince à boucle dans le cas où un étau à main serait nécessaire, et ainsi de toutes les autres sortes de pinces ou tenaillettes. L'ouvrier peu intelligent qui se servirait sans choix du premier instrument qui lui tomberait sous la main le mettrait hors de service et ne ferait que de la mauvaise besogne.

Huit-chiffre. — On se sert du huit-chiffre pour le travail courant tel qu'on l'achète dans le commerce, mais il est sujet à des accidents quand on veut redresser les roues d'échappement. Pour obvier à cet inconvénient, on met très plates, sur le tour universel, les surfaces frottantes et l'on remplace les rondelles de laiton par des rondelles plates en acier. Ensuite, on rabat avec précaution le rivet formant axe, après avoir enduit toutes les surfaces frottantes de plombagine délayée dans l'huile. On aura alors un frottement ferme, gras et très régulier des branches, ce qui évitera les secousses et par conséquent la casse.

Banc et poinçon à river. — Le banc à river les roues est

percé de trous s'évasant en dessous afin d'éviter les accidents qui pourraient résulter du vacillement de l'axe.

Les meilleurs rivoirs sont faits d'une tige d'acier pleine, percée d'un trou à une extrémité suivant la longueur de l'axe. Nous ne conseillons pas ceux ouverts transversalement comme les lanternes aux vis, les parties de l'extrémité qui répondent à l'entaille de la lanterne étant plus élastiques que celles qui répondent aux deux bras de cette lanterne : ces rivoirs ne peuvent faire d'aussi bonnes rivures que les premiers.

Brunissoirs. — Pour qu'ils restent en bon état, on passera souvent les brunissoirs destinés aux pièces délicates sur un cabron imprégné de rouge à polir et d'émeri très fin et les autres sur un bois enduit d'émeri d'un numéro plus ou moins fin suivant le degré de mordant qu'on veut leur donner.

Équarrissoirs. — Il faut beaucoup de soins pour monter ces petits outils. En appuyant la pointe contre un doigt d'une main, et en faisant pivoter le manche entre deux doigts de l'autre main, l'outil doit tourner suffisamment droit. Une bonne précaution consiste à *tirer de long*, avec un fer et du rouge, les équarrissoirs à pivots, afin d'enlever le morfil, faute de quoi, des parcelles de ce morfil pourraient amener la piqûre des pivots, s'il en restait quelques-unes dans les trous.

Éclairage. — Le pétrole est aujourd'hui la source de lumière la plus communément employée concurremment avec le gaz. Ces deux éclairages ont un grand inconvénient, qui est de chauffer beaucoup, et de causer des maux de tête aux ouvriers. La lumière électrique à incandescence est tout ce qu'on peut imaginer de meilleur, car elle ne vicie pas l'air par les produits de la combustion, et ne chauffe pas. Si l'on ne se trouve pas sur le trajet d'une canalisation électrique, on peut produire soi-même son éclairage, sans grand ennui, en se servant de piles au fer ou à l'acide chromique, arrivées aujourd'hui à un point suffisant de pratique.

Chalumeau. — L'horloger s'habituera à savoir reprendre sa respiration sans interrompre le jet dardé sur l'objet à chauffer. Quand un chalumeau est destiné à darder une flamme longue, le trou ne devra pas être trop grand, mais on aura soin qu'il soit parfaitement net sur son contour afin d'obtenir un jet plein et direct.

Petit fourneau à tirage. — On prend un petit fourneau portatif quelconque auquel on adapte à simple frottement un tuyau le fermant complètement, et montant, en diminuant de diamètre, à trois ou quatre décimètres de hauteur; on place ce fourneau sous une cheminée si possible, on le bourre de copeaux et de charbon et on allume par la petite porte du bas restée ouverte. Ce système de fourneau est d'une grande utilité à l'ouvrier qui doit faire rougir des pièces trop grosses pour le chalumeau, ou qui a des morceaux d'acier à recuire.

Marteau et tas. — Comme l'acier dont on se sert en horlogerie doit être très homogène, on arrive à donner la qualité nécessaire à ce métal en le martelant sur une enclume en acier trempé. Il faut remarquer qu'il est indispensable que les faces de cette enclume ou *tas* et du marteau doivent être polies avec le plus grand soin. Si elles présentaient des aspérités, des fentes, des creux ou des parties grenues, cela suffirait à déterminer la formation de *pailles* dans l'intérieur de l'acier travaillé, ou des gerçures à la surface des pièces martelées.

Meules à aiguiser. — La meule de grès est tout d'abord indiquée. L'horloger peut en avoir une de petit diamètre tournant à l'aide d'une petite manivelle ou d'une pédale. Il

faut avoir soin que la boîte de la meule soit toujours à
demi remplie d'eau, faute de quoi le frottement du grès
sur les métaux les ferait s'échauffer et occasionnerait la
détrempe des outils d'acier. Quand la meule est usée et
déformée par l'usage, on peut lui redonner sa forme en la
tournant en même temps que l'on appuie dessus un morceau de tôle de fer.

On trouvera, au chapitre des recettes et des procédés,
tous les renseignements nécessaires sur les pierres à aiguiser. Bornons-nous à ajouter ici que la meule d'émeri est le
complément de la meule de grès et que tout horloger doit
en posséder au moins un petit modèle.

Tour. — Tous les marchands de fournitures d'horlogerie
vendent des tours, dont le modèle diffère peu. Comme il
arrivera rarement qu'un horloger ait l'idée de construire
lui-même un tour semblable, nous ne décrirons donc pas
ici le montage et la fabrication de cette machine non seulement utile, mais nous dirons presque indispensable et
dont nous décrivons plus loin les dispositifs les plus usités
et dus à M. Boley.

Vernier. — Le vernier (fig. 135) est un instrument de
précision qui permet
d'évaluer des lon-
gueurs plus petites
que les dernières di-
visions d'une règle
ou d'un cercle divi-

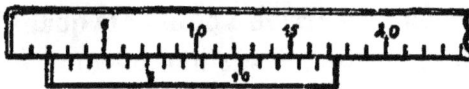

Fig. 135. — Vernier rectiligne.

sés, tout en n'offrant lui-même que des divisions à peu près
égales à celles-ci et aussi faciles à lire. Suivant que le vernier est adapté à une règle, comme dans notre dessin, ou à
un limbe circulaire, on l'appelle vernier rectiligne ou vernier circulaire. Les deux modèles peuvent être utilisés par
les horlogers pour mesurer les grandeurs des petits engre-

nages et de toutes les pièces ayant moins d'un millimètre
de dimension.

Vis micrométrique et sphéromètre. — La vis micrométrique est une vis exécutée avec beaucoup de soin et qui
sert à mesurer les épaisseurs et grandeurs infiniment réduites. La hauteur du pas ne dépasse pas un demi à un
millimètre, si bien qu'en faisant accomplir un quart ou
même un vingtième de tour à cette vis, ce qui est parfaitement possible, on peut obtenir des différences de un cen-
tième de millimètre. La fig. 136 représente un *sphéromètre*,
variété de vis micrométrique de très haute précision et qui

Fig. 136. — Sphéromètre.

sert également à déterminer les faibles épaisseurs. Les
horlogers peuvent construire eux-même ces outils qui
leur rendront souvent de signalés services.

*Machine à égalir et à arrondir les dentures des roues d'en-
grenage, de Modeste Anquetin.* — Le progrès que M. Anquetin a voulu apporter, en créant cette machine, est d'égalir les dentures d'engrenage en arrondissant ces dentures.

On sait que les roues des montres, par exemple, souvent

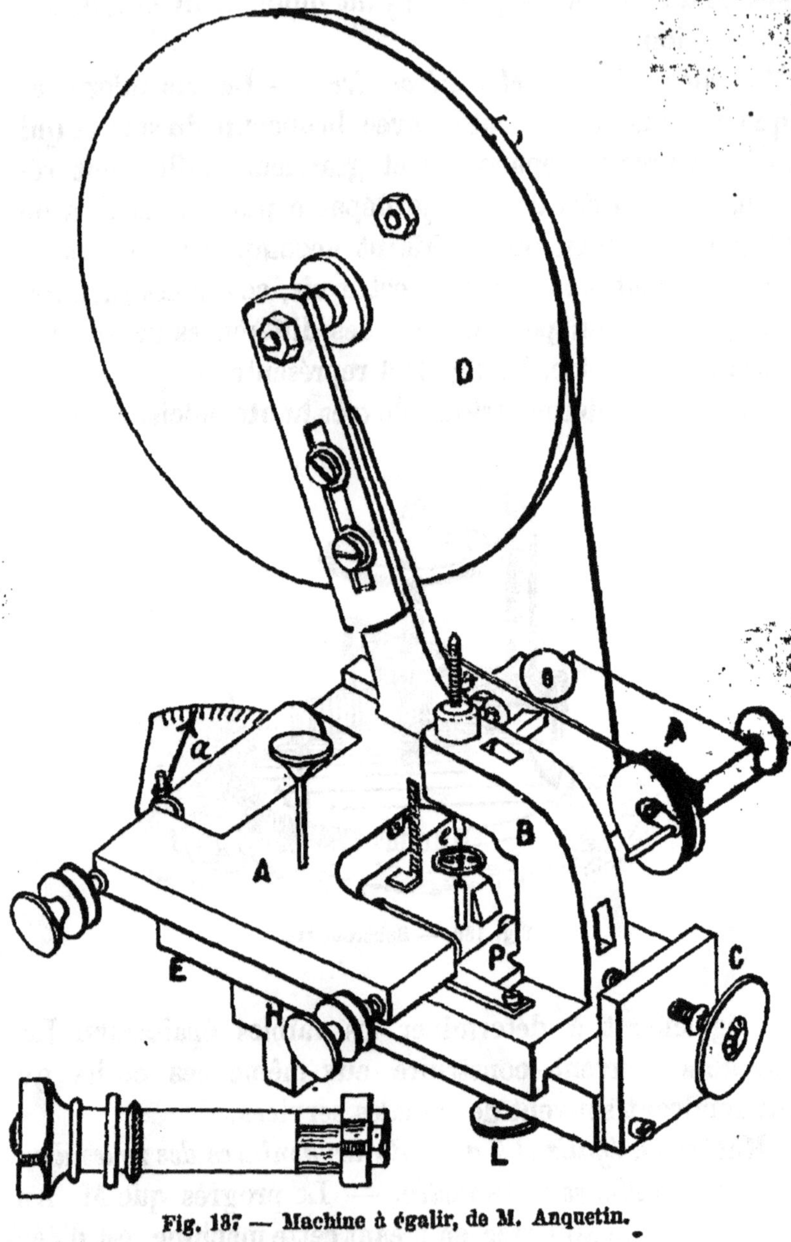

Fig. 137 — Machine à égalir, de M. Anquetin.

décentrées par la mise en place sur leurs pignons, soit à

des mauvaises rivures, soit en conséquence d'un pi-
▮▮▮ infidèle, n'ont plus leurs dents à distance également
▮▮▮ : par suite de leur excentricité, les dents qui, remi-
▮▮▮ rond, ont été raccourcies, deviennent plus rapprochées que celles qui sont restées intactes.

L'outil usuel connu sous le nom d'arrondisseur sans fin
refait l'arrondi ; mais sans changer ni égaliser les distances.
En outre, comme le métal n'est pas toujours parfaitement
homogène, la fraise de ces outils, étant libre, mord parfois
une dent plus aisément que sa voisine ; de là, dans les
rouages des montres, des dents de différentes grosseurs, ce
qui nuit beaucoup à la perfection des engrenages.

Ici, la fraise à arrondir prenant les dents deux par deux,
entre un guide poli et la fraise qui arrondit, ne mord que
les plus distancées, et quand elle a cessé de mordre, c'est
▮▮▮ ▮▮▮ distances sont égales, conséquemment les dents
▮▮▮. C'est là un progrès que l'on ne saurait contester.

▮▮▮tre, il est compréhensible qu'en prenant les dentu-
▮▮▮ l'intérieur de la hache on obtienne, en raison de
▮▮▮ sur ses pivots, un léger arrondi sur l'épaisseur
de la roue, qui rend les engrenages plus doux et plus
libres.

Un autre avantage de l'outil de M. Modeste Anquetin,
c'est qu'avec un nombre relativement petit de fraises on
peut satisfaire aux principales exigences. Ces fraises, en
effet, se rapprochent de leurs guides au moyen de vis réglan-
tes, et leur courbure pouvant se placer plus ou moins en
déviation du rayon de la roue, on réalise les diverses courbes
désirées.

Outil à percer et à fraiser. — Machine dite *rabot* pour
mettre les roues de pendule au diamètre voulu, ou simplement rondes. — Cette machine, due à M. V. A. Pierret,
s'applique sur son outil à percer, sans y rien changer, et

tont en profitant de ses dispositions, économise une grande somme de travail. D'ailleurs voici comment M. Pierret fait lui-même la description de sa machine à percer et

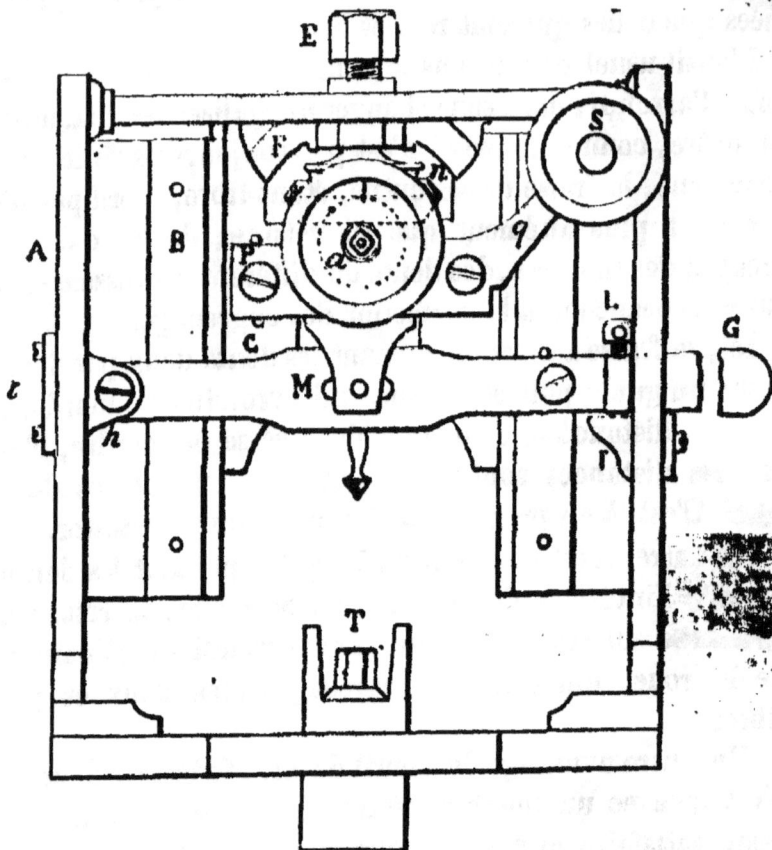

Fig. 138. — Outil à percer et à fraiser de M. Pierret.

ser et comment il applique sa machine-rabot sur cet outil.

Outil à percer et à fraiser. — Sur les montants d'un châssis AA (fig. 138) sont fixées des coulisses BB; dans ces coulisses glisse une platine CC, formant par en bas un pont; dans ce pont tourne le porte-foret soutenu par la vis

E, traversant en hauteur le pont FF, fixé à CC par deux fortes vis. On fait monter ou descendre la platine F à l'aide du levier G : le centre du mouvement ou charnière de ce levier est à la pièce H, ajustée dans une des entailles faites en hauteur des montants AA.

Cette pièce H s'y trouve maintenue par la pression d'une petite plaque tenue à H par deux vis.

Dans l'entaille de l'autre montant A que traverse le manche ou levier G, est ajusté un support que l'on peut, ainsi que la pièce H, faire monter ou descendre et fixer à la hauteur voulue. A ce levier est montée verticalement une longue vis E, dont le bout fait butoir sur le support. Pour pouvoir conduire cc sur le levier G, il a été pratiqué dans la partie la plus large de ce levier une ouverture m, assez longue, dans laquelle est ajusté et fonctionne un galet; ce galet tourne sur un piton monté à cette platine CC, et par son autre bout, ce piton traverse le pont F, lequel est aussi tenu à CC par deux grosses vis.

Comme on peut le voir par l'ensemble de ces dispositions, on a le moyen de faire mouvoir la platine CC, et de régler avec précision la pénétration des forets ou des fraises.

En haut du porte-foret est adaptée une roue d'angle visible en n; une autre roue, représentée par le cercle pointillé en a, moitié plus petite, vient engrener avec cette roue et la commander. Cette petite roue est montée sur un axe fonctionnant entre la platine et le grand pont F; et c'est sur le prolongement de cet axe, devant le pont F, que se place la poulie sur laquelle s'enroule la corde d'entraînement.

Pour ne pas fatiguer cet axe, et pour que la corde ait plus de prise sur cette poulie, et même qu'elle l'entoure complètement, une deuxième poulie s est ajustée sur une broche portée par le petit pont placé en q, et fixé dans une position telle, que tout l'effort du tirage de la corde pèse sur une deuxième poulie, comme on le voit en S. Le diamètre de la poulie S doit être en rapport aux besoins de force ou de vitesse.

Lorsqu'on veut percer des trous très petits, il suffit de supprimer l'engrenage et de faire passer la corde ou un fil, dans la gorge de la poulie montée à la partie supérieure de la roue d'angle *n*. Afin que la platine CC n'offre pas de résistance en glissant dans ses coulisses, deux galets sont placés sur son côté faisant face au tirage de la corde.

Sur la base de l'outil est adapté un support T, sur lequel on tient les pièces à percer ou à fraiser ; et pour que l'on puisse placer à volonté cet outil dans l'étau, deux forts pitons en cuivre sont fixés en dessous du châssis. Avec cet outil, on fait des creusures aussi précises que sur le burin fixe, et en beaucoup moins de temps.

Le foret est également l'invention de M. Pierret ; il est très résistant et conserve parfaitement la direction des trous ; une partie de sa mèche est cylindrique ; ses côtés parallèles sont un peu dégagés en arrière et son épaisseur est répartie en forme de gouge.

Rabot pour mettre les roues de pendules au diamètre voulu. — Voici comment est construit ce rabot (fig. 139) appliqué sur l'outil à percer que nous venons de décrire. Sur le devant de la platine CC sont ajoutés deux ponts HH, pourvus chacun d'une broche *ee*. C'est entre ces broches que se place la roue dont on veut retoucher les dents. Pour soutenir le champ de cette roue pendant l'opération, une broche M, traversant verticalement un de ces pont H, porte à sa base et sur un retour d'équerre un galet *k*, que l'on place à la hauteur convenable de la partie non divisée du champ de la roue, contre laquelle ce galet doit appuyer légèrement.

A la place du support T, il y a une platine R, sur laquelle est ajusté un chemin de tour ; sur ce chemin de

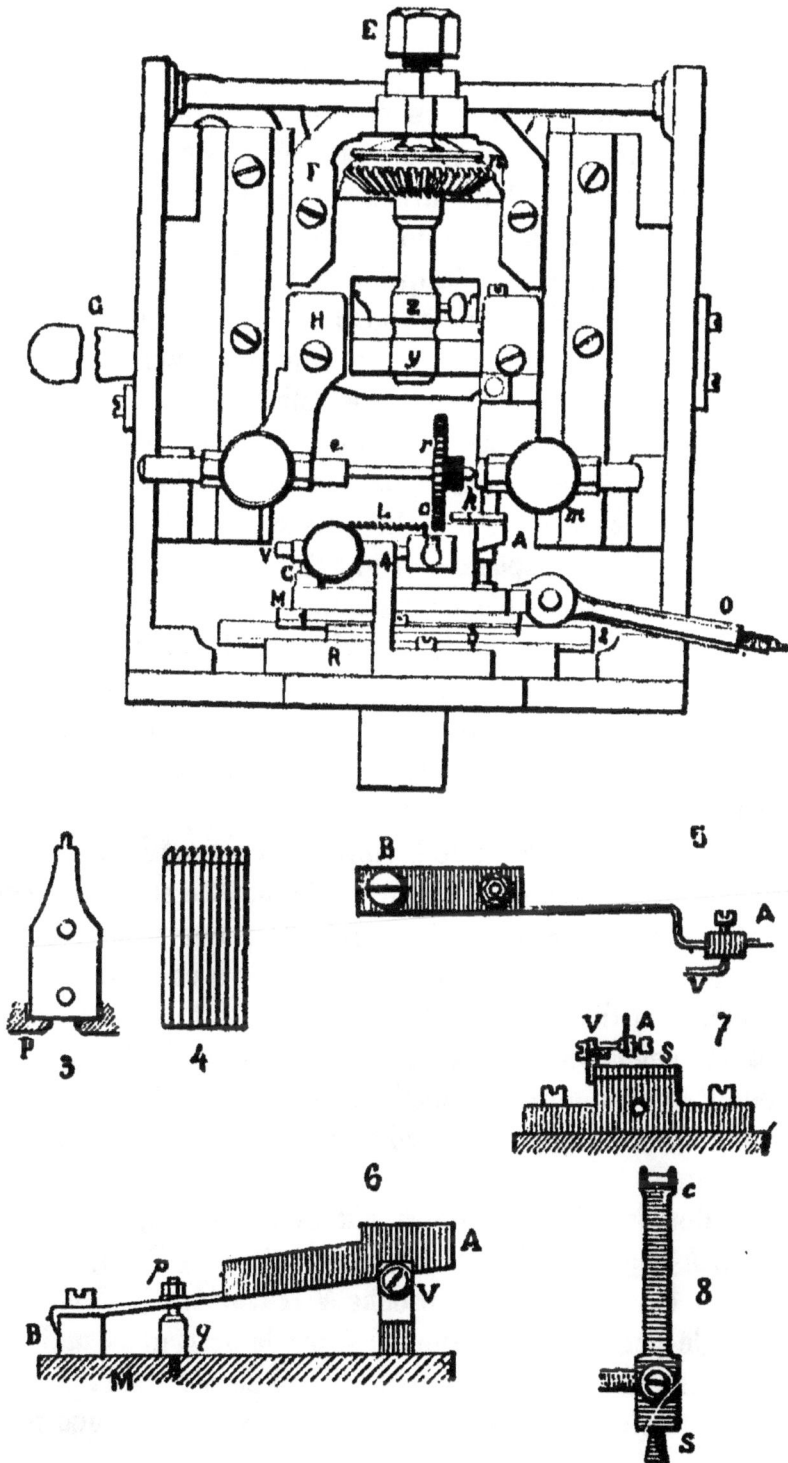

Fig. 139 à 146. Machine-rabot, de Pierret, pour mettre les roues de pendules au diamètre voulu, avec détails du mécanisme.

tour, glisse un châssis M en cuivre, dit porte-lime, monté
sur deux patins d'acier; un seul se voit et s'y trouve maintenu librement par deux larges pattes. La lime dite rabot
de cet outil, est composée de petites plaques d'acier découpées et percées; la partie qui doit travailler est dégagée
en arrière, comme le sont les crochets à tailler les dentures.

Ces plaques s'ajustent les unes contre les autres ; et pour
les maintenir dans cette situation, elles sont traversées par
deux boulons, et serrées entre deux écrous, de sorte que,
quand ladite lime ne mord plus, on peut la démonter pour
en repasser les dents. En réalité, cette lime est une succession de crochets disposés en ligne droite.

Cette lime, traversée par ses boulons et les écrous serrés,
est ensuite placée au milieu du châssis M ; puis elle y est
maintenue solidement par deux supports C, qui reçoivent
les extrémités de l'un de ces boulons, et par sa base, en s'appuyant sur le rebord intérieur des patins d'acier comme
on le voit en P (fig. 3).

Le châssis M porteur de la lime et du ressort B A (fig. 6),
est mis en mouvement par une bielle montée sur le bout de
l'arbre d'un tour au pied. A cet effet, une tringle O est
ajustée à cette bielle et vient se rattacher à ce châssis M en
faisant charnière. Dans cette condition, et la bielle mise en
action, voici comment à chaque va-et-vient de la lime, la
roue P tourne automatiquement d'une dent à l'autre, et
comment cette roue se trouve maintenue pendant le travail
de la lime.

Ce double effet est produit par deux ressorts, le premier
vu en A (fig. 7) et isolément, l'autre de S en C (fig. 8). Ce
dernier est ajusté sur la broche V traversant horizontalement le pont 4, se termine en C par le petit galet mobile,
appuyant entre deux roues successives de la roue P. Ce ressort SC doit être assez ferme pour maintenir la roue pen-

dant le travail de la lime, et assez flexible pour céder sous l'effort qui fait tourner cette roue et sauter ledit galet C d'une dent à l'autre. On voit que l'on peut, en poussant à droite ou à gauche la broche V dans son pont 4, placer le galet C en rapport avec la roue du chantier ; de même que si l'on fait tourner cette broche, il faut, avant de la fixer, donner au ressort, porteur du galet C, le degré de tension dont il a besoin pour produire l'effet expliqué plus haut ; on voit également que ce ressort peut glisser dans sa longueur à l'aide de la vis de rappel S, et qu'il doit ensuite être arrêté par la vis de pression qui est au-dessus de cette vis de rappel.

Quant au ressort B A représenté en place, il se trouve monté sur un des ponts C.

La figure 5 fait voir un des côtés de ce pont et le dessus du châssis M, puis le piton q, traversant le ressort B A dans sa largeur, et le maintenant à la hauteur voulue par son écrou P. La petite vis S, avec un écrou, sert à régler et à fixer la direction de la pointe de ce ressort B A, en s'arrêtant contre le butoir V pour le soutenir pendant qu'il fonctionne ; la tige de cette vis S glisse en s'appuyant sur le bras en acier du butoir V (ce bras est à coulisse et peut être monté plus ou moins haut).

Les choses étant ainsi, et la tête du ressort B A mise en concordance avec la lime, tandis que sa pointe A, inclinant à droite, visera l'intervalle voisin de celui qui fait face à la lime et le châssis M mis en mouvement, ledit ressort B A suivant le va-et-vient de ce châssis, pénétrera dans l'intervalle indiqué, et en y entrant, il fera tourner d'une dent la roue P.

Ce ressort B A est assez flexible pour que, dans son mouvement de retour, il puisse, en se soulevant un peu, glisser contre la dent de la roue sans la faire mouvoir, et reprendre aussitôt son poste.

Machine à tailler les fraises de M. Modeste Anquetin
(fig. 147). — Les fraises ne se taillent ni au marteau ni au
ciseau comme les limes ; on emploie généralement pour les

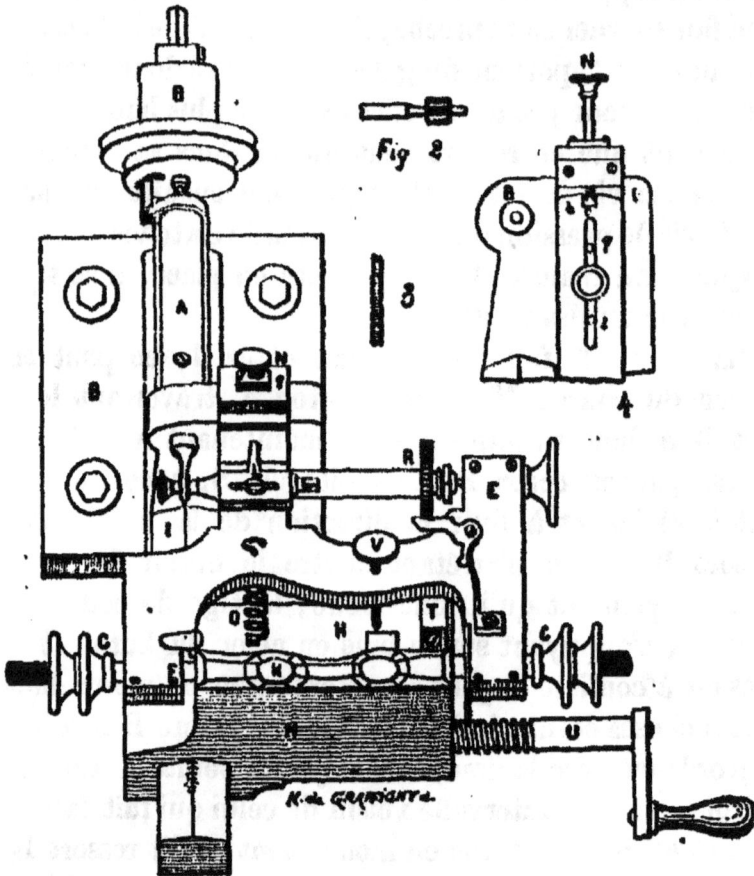

Fig. 147. — Machine à tailler les fraises, de M. Anquetin.

tailler de toutes petites fraises dites champignons. Plus ces
champignons sont petits, et mieux ils pourront suivre les
contours variés des fraises à former ; cependant, il faut
que l'appareil soit agencé de façon à éviter le tremblement
mécanique si commun dans les outils mal disposés.

C'est pour obvier à ce danger que l'inventeur a rendu fixe la partie mordante ; il a placé son petit champignon *a* dans un arbre comparativement énorme A, et lui-même ajusté par sa circonférence dans un trou conique et dans un cadre fixe, B, d'une seule pièce, et que l'on fixe sur l'établi où est le moteur même. On a obtenu souvent l'évolution nécessaire à former la fraise, soit par le moyen de la hache brisée (en deux parties), ce qui est une cause du tremblement métallique du champignon qui, dans ce cas, lui est attaché ; soit par une coulisse horizontale et perpendiculaire, ce qui est toujours un mouvement trop dur et trop peu sensible ; soit par un pivotement sphérique éloigné, ce qui semble peu rationnel. Voulant un outil court et ramassé, voici ce que M. Anquetin a innové :

Une hache porte-fraise E pivote par ses deux extrémités les plus distantes autour d'une tige forte, lisse et droite F. Cette hache, qui peut évoluer horizontalement et perpendiculairement au champignon taillant, a toute l'étendue voulue ; elle n'est arrêtée dans le mouvement que par les doubles écrous CC. — Ayant le mouvement de bas en haut par son pivotement sur la tige fixe F, et le mouvement de gauche à droite entre les écrous CC, elle peut évoluer en tous sens, et présenter toutes les sinuosités de la fraise à la morsure du petit champignon.

Par le même motif qui lui a fait faire la partie porte-champignon BB d'un seul jet, l'inventeur a fait la poupée H qui porte la hache E d'une seule pièce ; elle s'approche et s'éloigne, comme toute poupée de tour, sur la perche F, qui est graduée pour plus de commodité et se fixe par une vis ordinaire de pression placée en dessus et invisible dans le dessin. Le longue tige à pivot F est fixée à la poupée HH par les deux vis-écrous KK.

Un index est assujetti sur la hache EE ; il vient évoluer

7.

de bas en haut, sur un guide ou gabarit qui revêt la forme que l'on veut donner à la fraise. Il est dirigé horizontalement par une vis de conduite et se fixe au moyen de la vis à pression.

Le guide est ajusté sur la partie B du tour et est élevé ou abaissé suivant besoin au moyen de la vis de conduite N puis consolidé et fixé par l'écrou de pression *g*. — La fraise à faire est serrée à écrou sur le porte-fraise, lequel est muni d'un compteur R, divisé suivant le cas, et arrêté par son cliquet. A chaque descente ou repos de la hache E sur le butoir T, ce compteur venant buter de la quantité suffisante au moyen de la vis de réglage V, passe une ou deux dents à volonté, et fait, par suite automatiquement, tourner la fraise de la quantité nécessaire pour avoir à égale distance une nouvelle hachure.

La main de l'opérateur, si la machine n'est pas de dimension assez forte pour être conduite par une manivelle et attirée par un poids, amène en prise la fraise sur le champignon en élevant la hache E de bas en haut; de cette manière, l'exécutant voit l'effet se produire et conduit le travail en appuyant l'index sur le guide et en menant la fraise contre le sens mordant poussant du champignon.

La hache E peut être conduite dans le sens horizontal au moyen de la vis-manivelle U. Les petits champignons peuvent se tailler également sur cet outil au moyen d'un porte-fraise de rechange. Les fraises à denture d'engrenage se font, sur cet outil, sans guide pour ainsi dire, il suffit d'un guide M à deux hauteurs. Une hauteur *c* pour former la tranche d'entrée, au niveau *bb* pour former le fond de la courbe; l'épaisseur de la fraise est donnée par les vis d'arrêt CC de la hache : l'opérateur pousse contre de chaque côté, et de cette façon la fraise ne se réduit que jusqu'au passage du champignon. La courbe, l'épicycloïde, est donnée par la grosseur du champignon et par l'inclinaison apportée à la visée de la morsure, soit au delà, soit en deçà du centre de la fraise.

Disons encore que pour faire les fraises d'engrenage, il peut être plus efficace de les tailler au moyen d'un seul guide droit, et en fixant horizontalement la hache E au moyen de deux rondelles coniques faites *ad hoc* à la hache E. Dans ce cas, la hache se trouverait fixée comme entre deux pointes sans jeu. On la placerait au point par les écrous d'arrêt, et l'on ferait tout un côté de la fraise ; puis, changeant le point d'arrêt de la hache, on fera l'autre côté également sans désemparer.

L'inventeur pense que c'est de cette manière que se forment les fraises à arrondir ordinaires que l'on trouve dans le commerce, et qui sont plus épaisses à leur fin qu'au commencement. Il suffit en effet pour ce faire, que la fraise bien repérée soit tenue serrée entre deux viroles ayant l'inégalité de hauteur voulue ; en les tournant d'une demi-circonférence après la première taille, on obtiendra la différence d'épaisseur que l'on aura combinée. Enfin, baissant le guide au point voulu et redonnant un ébat horizontal suffisant à la hache E, on fera la tranche de la fraise.

Il faut ajouter que pour qu'une fraise soit juste et nette, on ne saurait trop faire attention aux trois points suivants :

1° Que tous les arbres tournants, champignons, porte-fraises, hache, soient sans ébat, libres gras seulement ; tous les écrous et vis des guides et index bien serrés ; que la corde motrice n'ait aucun nœud formant secousse ; 2° Que, pour faire les deux faces de la fraise bien identiques, le champignon tourne et morde chaque face en sens inverse

et réciproque. Il faut commencer à mordre vers le bord de
la fraise, et en faisant tourner le champignon dans le sens
opposé à l'engagement. 3° Que le petit champignon bien
coupant passe à tous les points jusqu'à ce qu'il cesse entièrement de mordre.

Enfin, voici sur ce même outil une autre manière de
former les fraises à arrondir. On taraude un petit champignon droit, avec le pas incliné d'une filière *ad hoc*. Sur ce
champignon qui s'ajuste sur l'outil on fait des petites
fentes longitudinales comme sur un taraud-mère. Venant
ensuite appuyer légèrement le fond de la courbe de la fraise
sur ce champignon-taraud, et à distance convenable pour
obtenir l'épicycloïde, en laissant la fraise à tailler libre, le

Fig. 148. — Outil pour faire des spiraux Bréguet.

cliquet du compteur étant supprimé, le frottement répété
du taraud fait tourner la fraise et suffit pour former une
petite taille mordant assez pour tailler les petits objets. Le
dessus de la tranche se fait en plaçant le taraud perpendiculaire au-dessus ; dans ce dernier cas, il vaut mieux prendre un grand champignon fait.

Outil pour faire des spiraux Bréguet. — Cet outil (fig. 148)
se compose de deux tiges demi-rondes, dont l'une A est em-
manchée dans un manche M quelconque, et l'autre B, plus
petite, se fixe sur la grande par deux vis à têtes noyées.
Les deux pièces ainsi vissées l'une sur l'autre forment une
tige cylindrique de trois à quatre millimètres de diamètre.

En desserrant les vis, la tige se partage en deux dans le sens de la longueur; on y introduit le spiral et on serre à l'endroit où l'on veut couder. Cela fait, on baisse ou soulève l'excédent de la lame, puis on dévisse et on avance ou recule de deux ou trois millimètres la lame du spiral, que l'on resserre encore; après quoi on baisse ou soulève de nouveau en sens contraire de la première fois. La lame ayant subi une première courbe, on arrive ainsi à en produire une deuxième superposée à la première, ce qui forme deux plans en spires parfaitement parallèles.

Chacun des deux demi-cylindres se prolonge en une tige fine CC, également demi-ronde pour permettre d'obtenir un plus petit diamètre. On pince l'extrémité du spiral (détrempée pour la circonstance) et on tourne en enroulant d'un tour la lame sur l'outil. Le spiral se trouvera avoir à très peu près la courbure voulue pour le posage, et cela sans coude ni écrasement.

Il va sans dire que la partie détrempée est coupée.

Broche à pivoter ajustable sur un tour ordinaire de M. Modeste Anquetin. — Voici la description de ce petit outil (fig. 149) très simple et très ingénieux à la fois :

ll, bande de cuivre méplate rivée sur la broche M.

B, corps de l'outil en cuivre, ajusté avec deux vis sur a bande *i*; *l* petit plateau en acier trempé, ajusté à portée, ayant quatre encoches correspondant aux grosseurs de pivots nᵒˢ 6, 12, 18 et 24. Ces encoches sont au centre des broches du tour, puisqu'elles ont été pointées par une broche concentrique de la poupée opposée.

d, petite alidade qui coulisse à frottement dans la partie BB et vient fixer le plateau des encoches.

h, guide d'arrêt pour former les pivots sans portée.

AA, partie principale de l'outil : c'est un support d'acier trempé, représenté à part (fig. 150), ayant sa tige ronde,

cylindrique, ajustée à frottement doux dans la partie B,
et s'élevant ou s'abaissant au moyen de la partie taraudée
i qui se visse dans la petite plaque rapportée A. L'axe
de ce support doit être bien perpendiculaire à l'axe de la
broche.

Ce support de la lime et du brunissoir à pivoter est plat
en dessus et légèrement tourné en creux; comme ce support
tourne en s'élevant ou en s'abaissant, il a cet avantage qu'en
s'usant, il ne se déforme pas comme le support du tour

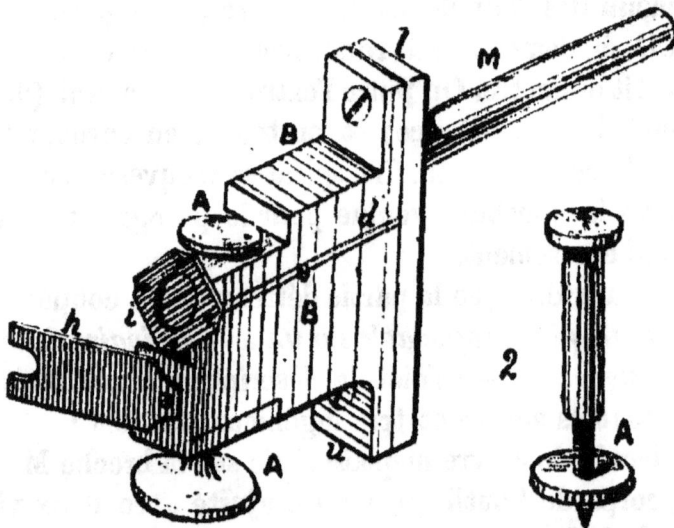

Fig. 149 et 150. — Broche à pivoter *ajustable sur un tour ordinaire.*

Jacot. On voit cependant que pour les axes très courts surtout, ce ne peut être qu'un à peu près. Quoi qu'il en soit,
l'expérience de l'inventeur permet d'affirmer que cet outil,
avec ses seules quatre encoches, peut satisfaire, dans la
pratique du rhabillage ordinaire, aux exigences d'un travail
courant acceptable. C'est surtout un outil économique, car
tout horloger peut l'établir lui-même.

Calibre pour mouvement de montre de M. Pierret. — La

figure 151 représente le calibre d'un mouvement de montre,
et la figure 152 une boîte, dont la capacité est en rapport

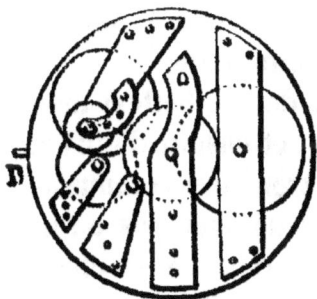

Fig. 151. — Platine de montre.

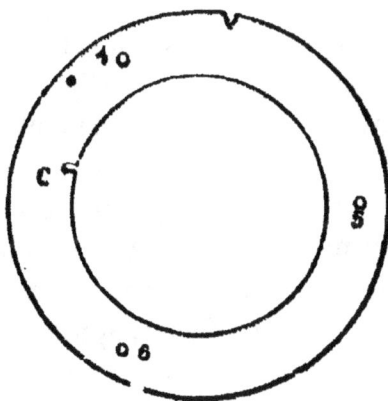

Fig. 152. — Boîte.

avec la platine de ce mouvement; la figure 153 est le couvercle de cette boîte.

Les platines de montre étant débitées à l'emporte-pièce,
on en continue la façon de
la manière suivante : pre-
mièrement, on perce à ces
platines le trou de la goupille dite d'emboîtage;
puis on place provisoire-
ment dans ce trou un bout
de laiton D, dépassant un
peu, et après avoir tracé
sur une platine un calibre
quelconque, on introduit
cette platine dans la boîte

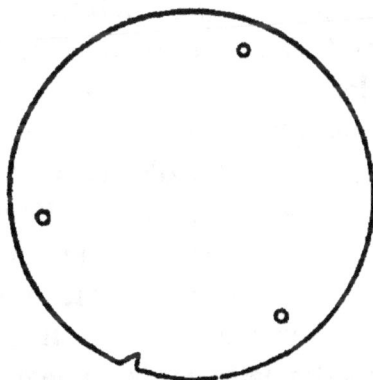

Fig. 153. — Couvercle.

(fig. 152), en ayant soin que le bout de laiton D entre juste
dans l'entaille correspondante; ensuite on perce cette platine, et en même temps le fond de la boîte, puis on met le

couvercle, et à son tour on le perce. C'est par ces procédés qu'on obtient avec précision dans le couvercle la place des trous devant servir à guider les forets, et au moyen de l'outil et du foret on peut percer un très grand nombre de platines sans craindre que ces trous dévient de leur position. Le fond de cette boîte (fig. 159) est tenu par trois vis : les tiges de ces vis dépassent et sont indiquées en 4, 5 et 6; sur ces tiges s'ajuste le couvercle de ladite boîte.

On trempe quelquefois le couvercle de ces boîtes; mais il est préférable d'en agrandir les trous, et ensuite d'ajuster dans ces trous de petits tubes en acier trempé et revenus au bleu ; de cette façon, quand ces trous ne sont pas ou ne sont plus à la grosseur voulue, on peut y remédier en changeant les tubes. Pour faciliter la sortie de l'espèce de limaille que produit le foret, on agrandit les trous faits au fond des boîtes.

Outillage Boley. **Tour ordinaire.** — Ce modèle diffère de la plupart des tours ordinaires en ce que sa perche triangulaire procure un glissement doux et une plus grande stabilité à la poupée mobile. Ses broches, au lieu de passer dans des trous, sont ajustées dans une rainure triangulaire les laissant un peu déborder par-dessus. Elles sont fixées par une plaque sur laquelle presse, sous l'action d'un excentrique, une sorte d'étrier renversé. On peut faire usage ici de l'archet ou de la roue. Pour l'emploi de cette dernière, la perche porte un coulant muni d'un levier coudé mobile supportant une poulie qui reçoit la corde. Cette disposition fait éviter une pression sur les pointes et donne la faculté de tendre cette corde au degré voulu.

Tour à percer et à fraiser. — Dans ce tour, la poulie d'entraînement tourne sur la broche même et par suite ne produit aucune pression sur l'arbre qu'elle commande par un taquet. Nous avons donc ici un tour en l'air. Le nez de l'arbre peut recevoir à volonté des manchons à 8 vis ou des tasseaux de formes diverses sur lesquels on fixe la pièce à percer ou à fraiser.

La poupée mobile est pourvue d'une broche porte-tasseau ou porte-fraise que l'on pousse sur l'objet à fraiser ou à percer par un levier articulé sur le corps même de cette poupée mobile. C'est donc sur cette broche qu'on ajuste ou une fraise, ou le tasseau supportant la pièce à percer que l'on appuie sur le foret ajusté dans l'arbre.

Pour fraiser on enlève le tasseau sur lequel était appuyée la pièce à percer, on remplace ce tasseau par un porte-fraise, ensuite on fixe dans le manchon à 8 vis, par exemple, un morceau de tige de laiton ou d'acier dont on a roulé la pointe que l'on garnit d'huile, puis à l'aide du levier, on pousse la fraise sur la tige en mouvement. On fait ainsi rapidement, vis, axe, décolletage de tige, etc. Le nez de l'arbre est taraudé à droite ou à gauche, c'est-à-dire selon que le tour doit se placer à la droite ou à la gauche de l'ouvrier, et pour éviter que les accessoires se dévissent durant le travail. Comme le précédent, ce tour est établi sur les grandeurs de 20, 25 et 30 centimètres.

Tour à sertir les pierres. — Ce tour diffère de beaucoup des précédents. Sa perche est indépendante et se fixe par des vis dans le corps de l'outil. Ce corps d'une seule pièce à deux bras en retour d'équerre, reçoit entre eux un arbre creux, qui traverse la poulie, qu'on rend solidaire avec l'arbre ; les portées de la poulie forment alors les portées de l'arbre.

L'arbre creux reçoit un tasseau ou une pince américaine qu'on fixe sur le poulet à l'arrière de l'arbre.

Sur un coulant pivote comme une charnière un bâti, ou système de bascule, dont le bras de droite est plus long que celui de gauche, les deux sont réunis par un tube percé d'outre en outre sur sa longueur. Le centre de l'ouverture circulaire du tube doit correspondre exactement au centre de l'arbre. Un bras d'arrêt, en arrière, porte un petit coulisseau, sur lequel vient s'appuyer un autre petit coulisseau adapté au bras de la bascule. Les deux forment une sorte de pince. Quand cette pince est fermée, la broche porteburin étant introduite dans la bascule, ce burin doit être bien centré sur l'axe de l'arbre. Ceci entendu, on place la pierre que l'on veut sertir entre les becs de la pince, et le burin, ramené vers le centre, fera alors une creusure exactement de la grandeur de cette pierre. On voit qu'avec le même burin on peut sertir des pierres de grandeurs différentes.

Donnons en passant et au sujet de ces tours une preuve de l'apathie, de l'inertie où s'endorment les représentants de l'horlogerie française, apathie que nous avons signalée dans notre préface et que M. Anquetin a déplorée.

La maison qui représente à Paris l'inventeur de ces tours très ingénieux, n'a pu comprendre quel avantage pouvait présenter, pour elle en premier lieu et pour les horlogers lecteurs de ce volume, l'insertion à cette place des gravures représentant ces tours. Nous nous sommes heurtés à la plus complète indifférence, pour ne pas dire plus, en ce qui concernait les intérêts de la corporation que nous défendons, et nous avons dû nous borner à décrire le plus simplement possible ces machines qui sont d'une très réelle utilité pour les horlogers et principalement les ouvriers rhabilleurs. Et cette maison n'est pas la seule, hélas! qui comprenne ainsi les intérêts de l'industrie chronométrique française.

Machine à tarauder de Pierret. — Ce petit outil, que représente la figure 154, peut être facilement construit, en raison de sa simplicité, par le premier ouvrier horloger venu. Son mérite est de donner aux personnes les moins habiles la facilité de pouvoir tarauder à l'équerre, ne leur laissant aucune excuse de leur maladresse si le taraud vient à casser.

Par sa forme, cette machine ressemble un peu à l'*estrapade*. Pour s'en servir, on maintient les pièces à tarauder sur le devant de l'équerre, et lorsqu'on taraude, l'arbre

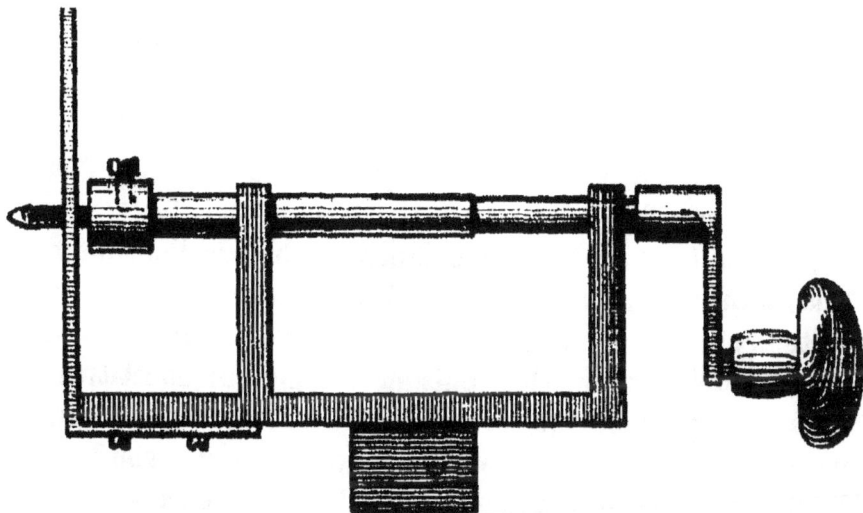

Fig. 154. — Machine à tarauder, de Pierret.

glisse dans ses supports en suivant le taraud au fur et à mesure de sa pénétration dans la pièce travaillée.

La figure 155 représente une pince dans laquelle sont des coquerets prêts à être taraudés : un rebord plat ménagé à leur partie inférieure permet de les appliquer contre l'équerre.

Pour tarauder les trous d'un pareil diamètre, il est bon de se servir d'un outil ayant une manivelle plus petite que celle servant au taraudage des petits trous.

Ce dispositif ingénieux peut rendre les plus grands services aux ouvriers horlogers, et c'est pourquoi nous le leur signalons en les engageant à en faire usage.

Tels sont les principaux outils et machines dont l'horloger peut avoir à faire usage pour exécuter les pièces d'un mécanisme chronométrique. Avec un agencement complet, il peut entreprendre des constructions relativement difficiles, et travailler mieux, avec moins de difficulté, plus vite, et, par conséquent, à un prix moins élevé que l'ouvrier mal outillé.

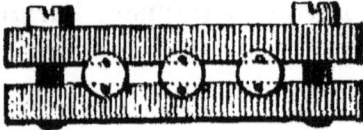

Fig. 155. — Pince à coquerets.

A la suite de cette revue indispensable de l'outillage, nous ajouterons quelques connaissances sur les différents métaux et alliages en usage en horlogerie, et que tous les ouvriers doivent posséder, puisque ces métaux constituent la matière première qu'ils mettent en œuvre. Nous terminerons par quelques conseils sur l'exécution des soudures les plus simples, et que nous emprunterons à l'excellent ouvrage de M. Claudius Saunier, le *Guide de l'horloger*.

Le fer étant le métal le plus communément employé, c'est par lui que nous commencerons cette étude.

FER. — Le fer est le plus tenace des métaux puisqu'il ne rompt que sous une charge de 75 kilogr. par millimètre carré de section, de plus il a l'avantage de se souder parfaitement sur lui-même. Il se dissout dans l'acide hydrochlorique et l'eau régale. Dans l'horlogerie on emploie quelquefois le fer cémenté; c'est-à-dire durci à la surface par la trempe, pour remplacer l'acier qui est plus cassant; cependant il faut avoir soin de ne se servir du fer que dans les cas judicieux et raisonnés et non dans le but d'augmenter les bénéfices de l'horloger.

On distingue deux catégories principales de fer : les fers forts, que l'on peut courber et forger à froid, et les fers rouverains, qui ne se laissent travailler qu'à une température plus ou moins élevée.

La cassure d'un bon fer doit être nette et brillante. Certains ouvriers distinguent au son qu'il rend, le fer de l'acier, mais le meilleur moyen de les reconnaître est de déposer une goutte d'acide sulfurique à la surface. Sur l'acier, il se produira une tache noire et sur le fer une tache verdâtre que l'eau enlèvera facilement.

FONTE DE FER. — La fonte est un corps composé où se rencontrent en parties principales du fer et du carbone. En horlogerie, on l'emploie dans la fabrication des outils et des horloges monumentales, ce qui amène une assez forte réduction de prix ; cependant, l'économie n'est pas la seule raison pour laquelle on fait usage de la fonte. Ce corps, par l'effet de sa disposition moléculaire, offre une grande résistance à l'écrasement et empêche les roues d'engrenage de se détériorer sensiblement. Malgré cela, on ne se servira pas de la fonte pour les ouvrages de beaucoup de précision, parce qu'elle n'a ni la résistance ni l'élasticité de l'acier et qu'elle ne se travaille pas aussi facilement au tour et à la lime.

ACIER. — L'horloger doit s'appliquer à bien choisir son acier ; parce que s'il est mal choisi, mal préparé, il est long et difficile à travailler, il gauchit à la trempe et ne donne que de mauvais résultats après beaucoup de peine et de temps perdu.

L'acier comprend les ouvrages les plus longs et les plus minutieux de l'horlogerie, aussi doit-on toujours se rendre compte de ses qualités et de ses défauts avant de le travailler. Pour lui donner le corps et l'homogénéité qu'il doit avoir pour les pièces exiguës, on lui fait d'abord subir l'écrouissage ou martelage à froid. Après un premier recuit, on écrouit à petits coups et avec une grande régularité, puis on recuit et on recommence les mêmes opérations, une fois ou deux, selon le degré de malléabilité déjà acquis par le métal. Ainsi préparé, il se tourne et se lime bien et ne se fausse pas à la trempe si on la pratique avec soin.

Les trempes successives détériorent l'acier ; voici selon J.-J. Perret, et le cas échéant, les précautions qu'il faut prendre : on fait rougir la pièce sans atteindre le rouge cerise, puis on l'éteint dans le suif fondu ; on renouvelle l'opération et l'on peut ensuite tremper de nouveau l'acier qui a repris ses qualités ou du moins en bonne partie. Nous décrivons, au chapitre des procédés pratiques, diverses méthodes de trempe et de régénération de l'acier et du fer.

CUIVRE. — Le cuivre, métal rouge-brun est un corps simple qu'il ne faut pas confondre avec le laiton ou cuivre jaune. Comme ténacité, il vient après le fer et ne rompt que sous un effort de 24 kilog. par millimètre carré de section. En horlogerie on en fait usage pour les tiges des pendules compensateurs et les fils électriques, on en fait aussi des plaques destinées à recevoir l'émail des cadrans de montres.

Le laiton. — Le laiton ou cuivre jaune est tout simplement du cuivre pur allié à du zinc et à du plomb dans les proportions suivantes : sur 100 parties :

> 66 de cuivre
> 33 de zinc
> 1 de plomb

La couleur, les qualités de ténacité, ductilité, malléabilité du laiton varient avec les proportions de l'alliage, aussi insistons-nous pour que tout horloger sache choisir et éprouver son laiton avant de s'en servir. Nous allons donner quelques indications à ce sujet.

Quand le laiton est mou, il offre une belle couleur d'or, parce que le cuivre est en forte proportion et le zinc en petite quantité. Au contraire, plus il y a de zinc, plus le laiton devient jaune clair et même blanc-gris (laiton aigre), il est alors fusible et très cassant.

Pour que le laiton soit d'un bon usage, il devra bien supporter l'étirage à la filière du bijoutier, s'allonger lentement sans se fendiller jusqu'à ce qu'il soit réduit environ à la moitié de son épaisseur et alors résister au marteau. Pour les menus objets on emploiera le laiton anglais parce que celui-ci supporte bien un bon martelage et reçoit l'action du taillage sur les outils aux dentures sans céder, sans se déformer, et qu'il se polit mieux que le laiton ordinaire.

Zinc. — Le zinc est un corps simple métallique d'une couleur bleuâtre que l'on utilise sous forme de tiges dans la confection des pendules compensateurs. Quand le zinc contient de l'antimoine ou de l'arsenic, ou quand on le refroidit brusquement, il devient cassant ; aussi faut-il avoir soin de le recuire dans l'eau bouillante, et de ne le porter qu'à la température de 100°, point où il possède sa plus grande malléabilité et où on peut par conséquent le courber et le marteler aisément.

Le zinc s'oxyde très facilement quand il est en fusion.

D'après quelques auteurs, on le rendrait doux et malléable en jetant dans le métal fondu, avant de le couler en planches quelques morceaux de zinc à l'état solide.

Maillechort. — C'est sous le nom de nickel que le désignent le plus souvent les horlogers sans doute à cause de la belle nuance que lui donne le polissage et aussi à cause de sa propriété d'être relativement peu oxydable grâce à la présence du nickel, qui lorsqu'il est pur, ne s'oxyde pas à l'air. Le maillechort est un alliage de cuivre, nickel, zinc et quelquefois d'une faible portion de fer. Quand il doit être soudé on y ajoute 2 pour 100 de plomb. L'alliage qu'emploient les horlogers et qui se lamine le mieux est généralement composé comme suit :

Cuivre......	60 parties	
Nickel.....	20	—
Zinc........	20	—
	100	

ÉTAIN. — Corps simple, presque aussi blanc que l'argent : densité : 7,291. On s'en sert comme soudure ou en plaques et en tiges pour polir avec du rouge quand l'étain est très pur.

On reconnaît qu'il est pur à l'intensité du cri ou craquement qui se produit lorsqu'on plie une baguette d'étain ; ou encore au poids comparatif de deux balles de même volume, l'une étant du métal fin.

S'il est pur, lorsqu'on le coule en feuilles ou en lingots, il présente une surface parfaitement lisse tandis que de petites quantités de métaux étrangers le font se couvrir de ramifications aiguillées ou étoilées d'autant plus étendues que l'étain est plus impur.

BRONZE. — Le bronze est un composé, en proportions variables, de cuivre et d'étain auquel on ajoute, suivant les besoins, une minime fraction de plomb et de zinc et même de fer pour augmenter sa dureté et sa ténacité. Le bronze est sec et dur à travailler, aussi ne l'emploie-t-on guère que pour garnir les surfaces qui supportent de fortes pressions dans les machines un peu grandes.

Le bronze de cloche présente un beau grain et est très fusible et très sonore ; composé de 78 parties de cuivre et 22 d'étain, il aurait moins de sonorité s'il était mélangé à d'autres produits.

OR. — L'or est le plus beau et le plus cher de tous les métaux. Sa densité, lorsqu'il est fondu, est de 19,258.

Son emploi est très répandu dans la petite horlogerie, on l'applique en couche comme préservateur. Trop mou lorsqu'il est pur, on lui donne plus de fermeté en l'additionnant d'un peu de cuivre comme pour les monnaies. On en fait des roues de rouages de montres qui se comportent bien à l'usage et qui conservent leur poli plus longtemps que les roues de laiton.

Allié à du cuivre rouge, laminé et durci par un recuit approprié, l'or sert aussi à la confection des spiraux de chronomètres et des lames de suspension pour les pendules de régulateurs astronomiques.

ARGENT. — Métal très mou quand il n'est pas allié, d'une densité de 10,474, est employé en horlogerie comme soudure.

Frédéric Houriet a fait des roues de montres d'un alliage de $^2/_3$ d'argent pur et $^1/_3$ d'or à 18 karats, affirmant que ces roues bien écrouies pouvaient marcher sans huile aux pointes des dents. M. Dumesnil a proposé dans la *Revue chronométrique* un alliage composé, pour $^1/_2$ de cuivre, $^1/_4$ de zinc et $^1/_4$ d'argent. Il pense que la présence de l'argent produit une union plus intime du cuivre et du zinc.

PLATINE. — C'est le corps le moins dilatable et le plus lourd des métaux puisque sa densité est de 21,50. Il ne s'oxyde pas à l'air ni à aucune température et il n'est attaquable qu'à l'eau régale. Il se ramollit et se laisse forger et souder comme le fer quand il est chauffé à blanc.

On en fabrique des instruments de précision et on s'en sert pour certaines dispositions de cadrans solaires qui sont exposés à l'air libre, on en fait aussi des creusets inattaquables aux acides et ne fondant qu'à une température élevée. On a essayé de faire des spiraux en platine, mais

8

cela n'est pas pratique, car ils se rompent d'eux-mêmes
après quelques mois de marche.

ALUMINIUM. — Contrairement au platine, l'aluminium
est le plus léger des métaux qu'on peut appeler usuels, car,
grâce aux nouveaux procédés de fabrication imaginés dans
le courant de ces dernières années, son prix s'est abaissé à
20 francs le kilogramme, en attendant qu'il baisse encore
quand les frais d'établissement des usines électro-métal-
lurgiques auront été amortis.

L'aluminium a une densité de 2,56; il pèse donc quatre
fois moins que l'argent et un peu plus que le verre, et cette
légèreté alliée à sa ténacité est la raison de son succès. On
ne l'a guère utilisé, cependant, à l'état de pureté, dans les
pièces d'horlogerie, probablement à cause de son prix. On
a plutôt utilisé son alliage avec le cuivre rouge (95 parties
de cuivre et 5 parties d'aluminium). Ce bronze présente de
grandes qualités ; il peut prendre un très beau poli qui le
fait ressembler à l'or; il s'étire bien, se martèle convenablement sans se rompre, et peut, par suite, être travaillé
facilement (1).

Alliages. — Les alliages les plus employés en horlogerie
sont les suivants : le laiton, le maillechort, le bronze,
le métal blanc et les alliages d'or et d'argent avec le cuivre.
Comme nous en avons parlé plus haut, nous n'y reviendrons pas et aborderons la question des soudures.

On appelle soudures *fortes* celles qui sont faites à l'or, à
l'argent ou au laiton, qui sont des métaux fondant difficilement ; les soudures *faibles*, au contraire, sont celles à base
d'étain, qui coule facilement à une température peu élevée,
mais présente une bien moins grande résistance à la rupture. C'est à l'horloger de choisir au mieux la soudure qui

_____

(1) *Guide-manuel de l'horloger,* par Claudius Saunier, page 171. Paris 1882,
nouvelle édition.

convient aux objets à réunir, et en tenant compte du degré
de chauffe que les pièces peuvent supporter sans inconvénient. Il trouvera des soudures toutes préparées chez les marchands de fournitures d'horlogerie, et pourra choisir celle
qu'il croira la meilleure pour le travail qu'il a à exécuter.

Un coin de l'atelier doit être réservé pour l'exécution
des soudures. L'outillage nécessaire se compose de plusieurs
fers à souder, à tête triangulaire en cuivre rouge, et de différentes grandeurs, d'un *chalumeau* à gaz d'éclairage et à
air, de *pinces* de forces variables et d'une cuvette pour le
décapage. Enfin les produits suivants complètent l'assortiment du matériel de soudage :

Un flacon de chlorure de zinc;

Un morceau de chlorhydrate d'ammoniaque;

Du borax;

De la résine;

De l'étain pur en baguettes;

Un flacon d'essence de térébenthine.

Quand on veut souder à l'étain deux pièces d'un même
métal ou composées chacune d'un métal différent, on décape d'abord l'endroit de chaque pièce où l'on va étendre
la soudure, en les trempant dans un acide étendu d'eau,
ou en les râclant avec une vieille lime. On chauffe ensuite
les bords des deux pièces jusqu'à la température voulue à
l'aide du chalumeau à gaz, pendant que, de son côté, on
chauffe le fer à souder.

Les pièces une fois chaudes, on promène à l'endroit de
la soudure un pinceau chargé de chlorure de zinc (esprit
de sel chargé de zinc qu'on y a fait dissoudre), puis on
frotte la tête du fer à souder d'abord sur le morceau de sel
ammoniac, puis sur la baguette d'étain. On rapproche et
on serre les deux pièces l'une contre l'autre et on approche
le fer chaud et chargé de gouttelettes d'étain en fusion. La

soudure coule entre les deux morceaux et se solidifie; le travail est achevé.

La résine, la térébenthine, le borax, servent à préserver les pièces du contact de l'air après le décapage. La soudure faite, il faut passer les pièces à l'eau pour enlever toutes les traces d'acide, et les sécher ou les essuyer rapidement. Pour souder l'or à l'or ou l'argent à l'argent, on se sert d'une bouillie de borax fondue dans l'eau, en remplacement du chlorure de zinc. Seulement, la chauffe doit être sensiblement plus forte.

Dans le cas de non-réussite de la soudure, l'échec tient à l'une ou à l'autre des causes suivantes : fondant impur ou mal préparé; soudure trop forte pour le degré de chauffe que, pour au moins l'une des deux pièces, il ne faut pas dépasser; surfaces à souder mal décapées; chauffe mal conduite ou insuffisante. Il faut tenir compte de ces différents points si l'on veut réussir. En réalité, le travail de soudage n'est pas très difficile; il demande simplement beaucoup d'attention et un peu de dextérité, un ouvrier même ordinaire peut arriver très vite, s'il est soigneux, à exécuter des soudures compliquées dans des pièces fort ouvragées.

CHAPITRE V.

LE TRAVAIL DU RHABILLEUR [1].

Soins à prendre pour le démontage d'une montre. — Conservation du mécanisme. — Nettoyage, repassage. — Examen des diverses pièces de la montre. — L'échappement. — Le balancier. — Remontage des pièces du mécanisme. — Conseils aux ouvriers rhabilleurs.

Nous n'avons pas la prétention d'exposer une méthode nouvelle sur la façon de conserver et de réparer les montres. Ce que nous savons, les vieux maîtres l'ont déjà écrit ; à ce que leur lecture nous a appris, nous ajouterons au plus le peu que notre manière de voir et soixante années d'expérience nous ont apporté d'observations et de pratique.

Le premier point sur lequel nous appelons toujours l'attention de nos ouvriers, c'est la conservation des montres. L'observation peut paraître banale, elle est cependant nécessaire : avant de prétendre les réparer, il faut savoir ne pas les abîmer. Et, malheureusement, soit manque d'aptitude, soit faute d'expérience, ou de connaissances acquises, le nombre est grand des rhabilleurs qui gâtent les montres au lieu de les améliorer.

(1) Ce chapitre est entièrement dû à M. Modeste Anquetin, l'un de nos meilleurs horlogers français et des plus dévoués aux progrès de l'art chronométrique.

C'est une chose que le premier charron venu peut faire :
démonter les vis d'une montre et mettre son mécanisme
épars sur le papier. C'est une chose qu'un ouvrier soigneux,
ayant dix années de pratique, aimant et respectant son
métier, peut seul mener à bonne fin : repasser ou réparer
une montre.

Et d'abord, avant de faire ce qu'il faut, il faut savoir ce
qu'il faut faire. Voyez quelles précautions l'ouvrier soigneux
a prises pour enlever les aiguilles d'une montre sans les
fausser ni les mâter. Il a pour ce faire des précelles appropriées, polies, faisant fonction de coins, et il enlève les
aiguilles en se gardant bien de tirer ou d'appuyer sur le
cadran. Préalablement, il s'est assu.é de leur ajustement ;
l'aiguille d'heures affleurant le cadran sans le frôler, le canon qui la porte arrêté dans son ébat par l'aiguille des minutes.

Il s'assure que cette aiguille d'heures, lors de la mise à
l'heure, avance régulièrement, sans saccades, et que les engrenages qui la dirigent ont peu d'ébat. L'ouvrier soigneux
enlève alors son cadran, il en place les vis sur un dressoir
préparé, où des points de repère l'empêcheront de les confondre.

Le carré de mise à l'heure ne touche pas au fond de la
boîte, enfin il est arrondi pour plus de sécurité ; la goupille
de renversement n'approche ni de la boîte, ni des ressorts
de celle-ci en appuyant le doigt sur la cuvette, au-dessus du
balancier, et en la faisant légèrement fléchir, ce balancier
continue à vibrer : il peut donc enlever le mouvement de
la boîte, et c'est ce qui est fait.

Il examinera alors d'un coup d'œil général toute l'économie de cette montre. Les principales pièces ont-elles le jeu
qui leur convient ? Sont-elles de l'une à l'autre à la distance
la mieux répartie ? Il est clair qu'il doit y avoir plus d'es-

pace libre entre deux pièces mobiles, qu'entre une surface
fixe et une pièce mobile. Tout est à observer. Le balancier
est-il bien droit, bien isolé ?

Si des mobiles paraissent déjà un peu trop rapprochés
d'un point quelconque, il faudra bien se garder en réparant
cette montre d'augmenter ce défaut. Il y a des défauts que
l'on ne peut faire disparaître : il faut les atténuer, les pal-
lier. Vous n'avez pas fait ce calibre ; réparer une montre
n'est pas la refaire.

Défiez-vous de ces besogneux, ardents au tour, à la lime,
et des mains desquels un mouvement de montre ne peut
sortir sans avoir laissé autour de l'étau, sur l'établi, un
monceau de limaille de cuivre et d'acier.

Le grand mérite d'un horloger, digne de ce nom, c'est
de conserver et de respecter le travail de ses devanciers ; la
montre doit sortir de ses mains aussi neuve qu'elle y a été
déposée. Son honneur s'applique à ne laisser aucune trace
de démontage. Son tournevis allongé, appuyant un peu
d'abord, plus légèrement ensuite, enlève successivement les
vis, les remet dans leur pont ou sur le dressoir, sans en
mâter les angles vifs. Ses précelles ont, par leur bord extérieur, soulevé les ponts avant de les enlever, et il a eu soin
de ne pas les appliquer sur le dessus de la dorure. Le ressort
est depuis longtemps désarmé, et c'est avec la plus grande
attention qu'il a soulevé le coq et enlevé le cylindre avec les
précelles et non en l'enlevant par la tension du spiral, car
c'est s'exposer à fausser ce spiral qui doit être l'objet des
plus grands soins. Un spiral n'a souvent besoin d'être re-
dressé que parce qu'il a été faussé en le retirant. Dans ce
cas, il est deux fois ébranlé, cela ne peut que nuire à son
élasticité.

Ce qui rend la profession de réparateur d'horlogerie mé-
ritoire entre toutes, c'est qu'elle est aussi difficile que peu

appréciée. Il faut pour l'exercer des natures d'élite, obser-
vatrices, logiques, plus capables de grands soins encore que
d'habileté.

Aussi, admirez l'ouvrier intelligent que nous avons sous
les yeux : à peine a-t-il démonté sa montre, et déjà il la
connaît, il la sait par cœur.

Si la montre a déjà marché, le cylindre est-il entamé ?

Le pignon de la roue d'échappement est-il piqué ?

Voilà deux points importants qu'il a tout d'abord élucidés
et pour cause.

Si les piqûres sont fortes, il sera bien forcé de changer
les pièces ; il faut avertir le possesseur. Si le client ne veut
pas en faire les frais, il faudra, si possible changer de hauteur le contact de la roue des secondes, et enlever la marque
qui n'existe souvent qu'aux lèvres de ce cylindre : l'ouvrier
reforme cette lèvre au moyen d'une petite lime en rubis.

Mais n'anticipons pas sur l'œuvre du repassage ou rhabillage ; notre ouvrier a de la méthode, et il faut nous garder de nous en abstenir. Il essuie toutes les pièces, en retire
l'huile épaissie qui lui cacherait le trop d'ébat des trous et
le poli rayé des pivots.

Tous ces pivots sont-ils nets ?

Aucun de ces trous n'est-il ovalisé ?

Toutes les roues sont-elles bien rivées ?

Il met en place sa roue du centre, met en ses pinces à
boucles le chevillot qu'il a replacé ; puis, faisant tourner
la platine, il s'assure qu'elle tourne droit : c'est une preuve
essentielle que cette roue est justement plantée. Si elle ne
l'était point, ou il replanterait suivant les cas un des trous
de cette platine en le rebouchant, en le tournant sur le
burin fixe, avec un mince burin ; ou il agirait sur ce trou
par les pieds du pont de roue du centre de la façon dont
plus loin nous le verrons opérer. Si la montre est neuve, la

dorure abondante, l'ouvrier prudent passe légèrement l'équarrissoir dans ces trous de roue du centre, afin d'enlever les parcelles d'or mal attachées que les préparations de dorure y ont introduites sans pouvoir les y fixer : il n'est pas rare, dans les meilleures montres, de voir cet or après quelques mois de marche de la montre, s'amalgamer à l'huile et former une boue compacte au point que le mobile ne peut plus tourner.

Enfin, la roue est droite; la chaussée, mise en place, ne frotte pas sur la platine, et en est assez loin pour ne pas enlever l'huile au réservoir de ce pivot du centre. L'écuelle, par l'autre côté, est dans le même cas. Tout ce premier mobile central est dans les meilleures conditions; l'ouvrier passe à l'examen du barillet.

Il l'a d'abord mis sans son pont sur son arbre; le barillet tourne rond, il tourne droit, les trous sont bons, l'examen est fait. Si l'un de ces points était défectueux, il le rétablirait ainsi : les trous sont-ils grands? et le cuivre a-t-il assez d'épaisseur? Il les resserrera sous un pointeau formé d'un angle très obtus; cet angle fera réservoir. Il refera juste le trou resserré et devenu trop petit au moyen d'un équarrissoir afin d'enlever les scories de l'écrouissage.

Son barillet tourne-t-il mal droit? Il cherchera si une autre situation du couvercle est plus favorable, et s'il ne peut ainsi parvenir à obtenir le droit, il placera ce couvercle sur un tas poli, et en mettant dessus un papier de soie, il le frappera au bord sur sa demi-circonférence afin d'étendre et reculer la partie correspondante du barillet, qui, en tournant, se trouvait trop avancée. En même temps (si ce couvercle entrait assez à force), avec une lime douce usée, il diminuera d'autant la partie opposée, afin d'agir moins et d'effectuer plus; et il aura soin de bien conserver au bord de ce couvercle l'inclinaison qui convient à son drageoir.

Dans une montre de qualité courante où l'on n'est pas assuré du tourner droit de la bonde, il est prudent d'arrondir légèrement les parties intérieures du barillet et de son couvercle.

Le barillet tourne droit, rond, voyons si l'arrêtage continue à bien fonctionner? Deux points sont essentiels : il le faut libre, il faut qu'il ne puisse manquer par excès d'ébat.

S'il est serré, il y a évidemment quelque part de la matière à enlever; les cas diffèrent beaucoup, la perspicacité du rhabilleur doit les lui révéler; si ce serrage est le même aux quatre dents de la croix de Malte, il est clair qu'il sera simple de toucher au doigt d'arrêt; si, au contraire, le mauvais effet ne se produit qu'à quelques dents, il devra rectifier ces dents inégales de la croix de Malte. Cet arrêtage manquerait-il par trop d'ébat? Il y a deux moyens de corriger cet ébat : ou le repasseur refera une des deux pièces le doigt ou la croix; ou il les rapprochera l'une de l'autre en replaçant la croix de Malte sur un autre point du couvercle de barillet.

Enfin cet arrêtage fonctionne bien, et l'ouvrier visiteur, ayant remis le barillet dans son pont, va mettre le tout en place avec la roue du centre, et s'assurer des points suivants :

Le barillet est-il droit sur la platine?

Est-il sans frottement sur cette platine?

Est-il assez loin de la roue du centre?

Ne frotte-t-il point par son arrêtage, ou par son rebord, au cadran, à la roue d'heures?

Si aucun de ces défauts n'existe, tout va bien. Si au contraire l'un d'eux se produit, il faut aviser. C'est ici que

la correction peut être très complexe. Dans les montres
plates où le cadran a été changé, etc., il faut quelquefois
laisser un peu de biais au barillet pour obtenir un peu de
sûreté. Le rhabilleur se trouve parfois obligé, pour mettre
le barillet en son meilleur plan, de placer de petits gou-
jons à trou foncé sous le pont de ce barillet, afin de le redresser ou de le faire pencher; ce moyen du moins ne gâte
pas les pièces.

L'engrenage du barillet est-il bon?

Pour le voir, il faut un jour, et ce jour ne doit pas af-
faiblir sérieusement le peu de matière que l'ouverture faite
pour le passage du barillet a laissée à la platine autour du
trou de la roue du centre. Il faut donc pour faire ce jour
utile et non désastreux, l'échancrer de biais dans le sens
du rayon visuel à l'entrée de l'engrenage, car c'est surtout
le commencement de la menée qu'il faut étudier dans les
engrenages. Moins le mécanisme est soigné, et plus il faut
se défier d'un engrenage dont la denture entre en contact
avant la ligne qui passe par le centre de la roue et du pignon. La fin de cette menée peut se deviner suffisamment
lorsqu'on ne voit ou ne sent ni glissement ni chute, et que
les dents de la roue (le barillet) conservent toujours un
certain ébat.

Reste donc à examiner la fonction du ressort d'encliquetage. Celui-ci doit entrer jusqu'au fond des dents du
rochet, qu'il doit arrêter par le pied. Il doit encore ap-
procher par sa tête le cuivre du pont, afin que la partie
faisant ressort ne supporte pas seule l'effort obligé.

Nous étudierons maintenant, avec notre visiteur, les
autres mobiles du rouage : leurs engrenages, leur jeu,
l'ébat des trous et les moyens d'action à employer contre
les défauts qui peuvent se rencontrer.

L'ouvrier examine l'intérieur de son barillet, s'assure

que le bord intérieur de la virole est bien à angle droit avec
le fond, que la circonférence de la bonde répond à la même
condition ; c'est indispensable au bon fonctionnement du
ressort autant que le droit du fond et du couvercle. Ces
derniers doivent avoir leurs portées plus petites que la
bonde. Le bout de la vis de la croix de Malte doit à peine
affleurer. On a arrondi le dessus du crochet de l'arbre, qui
pourrait frotter sur les lames, ce crochet doit tirer les ressorts bien au milieu.

Le crochet du barillet doit être fortement accentué dans
son retrait, afin de rendre un décrochement impossible. Il
est parfois défectueux ; le plus certain, dans ce cas, c'est
de l'abattre, de repercer, un millimètre plus loin, bien au
milieu de l'intérieur de la virole, un trou fin, très en biais,
formant un angle aigu à la traction. Le repasseur taraude
ce trou sur le quinze, prend un fil d'acier fileté sur ce
même numéro et fileté seulement de la longueur nécessaire ;
il en a limé l'extrémité en bec de sifflet, et il le visse à fond
de façon à ce que ce bec dépasse à l'intérieur assez pour
former un crochet solide et durable. Il va sans dire que le
côté limé en sifflet doit être tourné vers les lames du ressort, de sorte que l'angle du crochet a tout l'aigu que comporte la direction du trou.

Le visiteur met alors le ressort en son barillet ; il prend
d'une main le carré de l'arbre dans sa pince à boucle, et de
l'autre main retenant le barillet, il s'assure que le ressort
s'arme et se développe sans frottement, sans saccade ni
soubresaut, ce qui a lieu s'il est de bonne hauteur et si les
conditions que nous venons d'énoncer sont réalisées.

Le ressort doit faire un tour et demi en plus du travail
nécessaire. S'il est trop long ou trop court, il ne fait pas
autant de tours qu'il peut. Il faut éviter de le trop rac-
courcir, car il fatigue alors davantage. La situation où un

ressort fait tout le travail possible est quand la surface qu'il occupe au repos est égale au vide qu'il laisse libre. Il est aisé de s'assurer de cet état au moyen d'un trait et en alternant les deux positions du ressort au repos et au tout armé.

Dans un mécanisme aussi délicat que l'est celui d'une montre, il n'y a pas de quantité négligeable. L'ouvrier intelligent ne saurait trop se persuader combien il est urgent, important, que les trous des mobiles soient droits, polis et assez grands. Nous disons assez grands et assez droits, car ce sont là deux qualités très essentielles, et sans lesquelles il n'est possible d'espérer d'une montre aucun bon résultat.

Nous n'insisterons pas sur la nécessité des trous droits, et s'ils sont en pierre percés sur les deux bords : cela est compris de tous. Nous voulons toutefois appuyer sur ce principe, que les trous des mobiles, pour que ces derniers soient bien libres, doivent avoir un certain ébat.

D'abord, l'huile n'est pas une substance immatérielle : ses molécules évidemment ont, comme toute matière : largeur, hauteur, épaisseur ; et selon son âge et la température, elle est plus ou moins compacte.

Si nous introduisons cette huile dans les trous, c'est afin que ce corps gras forme un intermédiaire utile entre la paroi du trou et le pivot ; nous pouvons supposer que c'est une suite de petites sphères tournant sur elles-mêmes que nous plaçons entre la force agissante (le pivot qui appuie et veut tourner) et la résistance (la paroi du trou qui est fixe). Or, si l'espace est trop restreint, ces molécules, ces petits points eux-mêmes seront gênés, partant il n'y aura plus complète liberté, ce qui est d'une importance extrême quand il s'agit d'une roue d'échappement ou d'un balancier.

Nous ferons encore une observation pour faire saisir le défaut des trous trop justes. Supposons, et cela se voit quand les pivots roulent dans des trous en cuivre, supposons que le pivot lui-même, par suite d'usure, ait formé son lit dans son trou; il en résulte qu'il roule dans une demi-circonférence d'égal diamètre à la sienne, et qu'étant poussé toujours du même côté par la force motrice, il appuie et frotte sur toutes les parties de sa demi-circonférence. Or, si au contraire le trou est neuf et d'un diamètre plus grand que le sien, rigoureusement parlant, il n'appuie que sur un point; c'est là une preuve démonstrative, évidente, que la circonférence du trou doit être plus étendue que celle de son pivot.

Bien que l'exécution des montres, par la fabrication, soit plus correcte aujourd'hui qu'elle ne l'a été jadis, il arrive encore quelquefois qu'un engrenage est faible, qu'une roue n'est pas droite, ou que le plan du petit cadran de secondes n'est pas parallèle au plan de la roue, ce qui peut amener un frottement de l'aiguille des secondes ou son accrochement avec l'aiguille des heures. Mais presque toujours les trous sont en pierre; à cause de cela, on ne peut les étirer... il faut donc aviser; c'est par les pieds des ponts qui tiennent les roues qu'habituellement on opère. Un bois de fusai., court et plat, placé dans le sens voulu (la vis étant retirée), un léger coup de marteau donné, ramènent facilement le trou de ce pont au point qui convient pour avoir le plantage exigé; si la vis et la tête de la vis n'ont pas un peu d'ébat dans la noyure, il faut en ce cas,. au moyen d'un petit ciseau mordant seulement sur le côté, leur en donner suffisamment, afin que cette vis ne détruise pas l'effet que le coup de marteau a produit.

Parfois encore le jeu d'un mobile est trop restreint; alors, avec un brunissoir rond, refoulant fortement l'angle inférieur du pont et passant ensuite sur cette bourre refoulée un brunissoir plat pour lui donner consistance, vous obtenez un certain jeu. Mais si ce jeu est de plus grande importance, il sera mieux que vous chassiez au-dessous de ce pont des chevilles enfoncées à tron foncé ; vous les mettez à hauteur à la lime.

Les roues et les pignons, les engrenages ont pour but, dans une montre, de transmettre également, sans accotement, sans saccades, sans secousses, d'une façon excessivement étendue et diluée, la force du moteur au régulateur ; autrement dit, la force du ressort au balancier.

Nous sommes loin de mésestimer la pratique de ceux qui jugent au doigt, à la main (en retenant le pignon et en poussant la roue), de la justesse et qualité d'un engrenage ; cependant, nous croyons qu'il est plus prudent, plus certain de juger de visu. Il faut en général que la menée ne commence guère avant une ligne qui passerait par le premier point de contact et par le centre des deux mobiles : pignon et roue. Il faut encore, lorsque la dent de la roue quitte l'aile du pignon, que la dent voisine de cette roue soit près de toucher l'aile suivante du pignon, et qu'elle prenne la menée au moment de son passage dans cette ligne des centres. On fait revenir l'engrenage sur lui-même pour voir si le mouvement, si la vitesse circonférentielle des dents de la roue et du pignon, au point de contact, sont bien uniformes, et aussi si le même effet se produit à toutes les dents du pignon.

Pour que cet examen soit sérieux, il faut qu'il puisse être fait franchement. Le plus fréquemment dans le calibre des montres à clef en abattant l'angle des ponts sans retirer la matière indispensable à la solidité des pierres, on arrive à obtenir des jours suffisants.

Il est bon que l'on voie les engrenages dans le sens de leur marche, et la montre fonctionnant ; on échancre légèrement le pont de la roue de cylindre afin de voir cet engrenage d'échappement en dessus.

Enfin, si un engrenage est douteux, et si la montre a marché, l'ouvrier attentif examine ses dentures : l'arrondi des dents de la roue est-il entamé, l'engrenage est trop faible. Pour corriger l'engrenage fort, on peut diminuer la roue de grandeur sur l'outil ; pour corriger l'engrenage faible, le mieux est de placer une roue plus grande si les trous ne peuvent être déplacés.

Dans certains calibres de montres à remontoir, il faut percer un trou dans la creusure de la platine, entre la roue deuxième moyenne et la roue de secondes, pour voir bien cet engrenage, qui se fait en dessus, trop au bout du pignon. Il faut pareillement un jour en dessous pour voir celui de la roue du centre.

Ces engrenages et ces roues placés à l'extrémité des mobiles ont un grave inconvénient : c'est que l'huile des pivots peut être absorbée par les pignons.

Pour éviter cet accident fâcheux, il est bon de creuser les pignons afin de les isoler des pivots par un assez long tigeron en cône renversé. Dans le même but, tout en diminuant les portées des pivots pour amoindrir le frottement, il faut les rabattre sous un angle très obtus.

Nous nous occuperons maintenant de l'échappement à cylindre. L'échappement est la partie délicate. Est-il au point, nous voulons du repos, mais nous en voulons très peu : deux ou trois degrés nous suffisent. Nous voulons éviter l'arrêt au doigt et l'accrochement qui se produit entre l'arrière de la dent sortante et la pointe de la dent entrante quand le cylindre est un peu gros. Enfin, malgré tout ce que l'on a dit sur le défaut des frottements rentrants, nous trouvons que le frottement tirant qui se produit à la lèvre sortante est encore plus défectueux quand le plan incliné dépasse le centre du cylindre.

Le fond de la roue du cylindre passe-t-il bien par le milieu de la petite entaille, si cette entaille est étroite, approchez-la de préférence vers le bord de la petite lèvre et conséquemment éloignée du tampon du bas.

Vous vous êtes assuré que les marteaux de la roue du cylindre sont assez éloignés en tous sens de la rainure du pont d'échappement pour n'y point laisser leur huile.

Les pivots du cylindre dépassent bien leurs trous et agissent par leurs bouts sur leurs contre-pivots. Mettez votre rouage en place, essayez la marche de cette montre en faisant office de force motrice avec le doigt sur la roue du centre. Si tout est bien, votre balancier étendra sa vibration toujours au même point ; c'est là un indice nécessaire. Y a-t-il des ralentissements, votre échappement accroche intérieurement ou extérieurement, ou l'un de vos engrenages est trop fort ou trop faible, et la force ne se communique pas également au balancier.

Notez, comptez le nombre des oscillations entre le retour de ces inégalités, vous saurez le mobile qui les cause.

Votre clef de spiral ne touche pas aux barrettes du balancier, votre virole est assez éloignée du coq. Votre balancier est-il bien d'équilibre ? Vous l'avez placé sur deux lames d'acier horizontales amincies et polies, et vous avez eu soin que ce soit la même partie des pivots qui frotte sur la paroi des trous qui porte également sur ces lames. Vous avez allégé la partie plus pesante du balancier jusqu'à ce que, le mettant sur les principaux points de sa circonférence, et frappant du doigt l'outil, le balancier demeure inerte.

L'indispensable est sans doute fait à ce repassage, mais avant le nettoyage, nous éprouvons le besoin d'ouvrir une parenthèse. Quelques esprits, se disant les progressistes, prétendent que les montres modernes peuvent se passer de repassage ; c'est le contraire qui est la vérité. Cette cajolerie de bas prix momentanée dont s'affuble la montre moderne pour fasciner le public tient, pour une grande part, aux soins omis : les angles des aciers ne sont pas abattus, les dentures des roues sont brutes et non ébarbées. Il est de notion élémentaire que si vous voulez améliorer cette montre, il faut abattre ces angles qui en coupant la brosse vous empêcheront de jamais bien la nettoyer. Mais assurément il vous faut passer dans les dentures de ces roues, une brosse courte et sèche saupoudrée de corne de cerf pulvérisée. Vous tenez la serge de la roue, près des dentures, pressée entre deux doigts, et vous brossez des deux côtés jusqu'à ce que vous aperceviez l'angle vif des dents légèrement arrondi.

Vous placerez aussi sur un bout de fusain serré dans l'étau, les marteaux de la roue de cylindre, et comme ces roues, en ce temps, sont peu trempées, avec un brunissoir léger, vous arrondirez les angles du point frottant, et la tranche du point incliné propulseur. Enlevez encore sur le bois d'étau, avec la tranche du burin, tous les angles des aiguilles de dessous afin qu'elles ne s'accrochent pas aisément.

Enfin nettoyez et remontez cette montre. Après avoir passé un cabron au rouge sec sur le poli des roues et des aiguilles pour en aviver l'éclat; après avoir trempé dix minutes toutes ces pièces dans la benzine (il serait mieux de savonner, mais c'est l'usage aujourd'hui); après les avoir bien essuyées avec un linge doux et net, vous passerez une pointe propre de fusain dans toutes les ailes des pignons que vous frottez en étirant sur tous leurs sens, vous passez la brosse propre dans toutes les dentures, vous vous assurez de visu qu'il ne reste aucune poussière même dans les rivures. Vous avez essuyé dans une moelle de sureau toutes les tiges et pivots, vous avez brossé la platine et les ponts (nous n'aimons pas que pour ce faire on les tienne dans le papier de soie, nous préférons un papier mince collé); vous avez passé le fusain dans les trous jusqu'à extinction de noirceur; vous avez frotté avec le fusain les noyures et les portées des trous, enfin vous avez soufflé dans ces trous.

En étirant à la brosse, et en tenant votre roue de cylindre sur un papier blanc, vous l'avez rendue nette partout; vous avez glissé le fusain dans l'interstice des barrettes et des marteaux, et votre cylindre aussi est bien luisant intérieurement après le passage du fusain; vous allez donc remettre en place tous les mobiles de cette montre. Ayez surtout une méthode pour huiler et remonter.

Mettez d'abord l'huile nécessaire aux pivots mêmes de la roue du centre avant de la mettre en place sur la platine avec son pont. Elle y est; entrez le chevillot, frotté sur la cire blanche, muni de son écuelle bien appropriée, affirmez la chaussée à sa place. La roue incitée à tourner par une pointe de fusain est-elle libre, passez à la roue d'échappement. Nous désirons que vous la mettiez seule également en place afin de vous assurer en soufflant dessus des deux sens qu'elle est tout à fait libre, qu'elle revient bien au souffle sur elle-même, qu'elle a juste son jeu.

Vous placez les deux autres roues; vous vous assurez des jeux, et comme vous avez un outil *ad hoc* pour mettre de l'huile, c'est-à-dire un outil ne servant qu'à cet usage, ayant d'un côté mèche ronde et non mèche de foret, et de l'autre côté un bout aminci rond, plus fin que le plus fin trou des pivots, vous mettrez à ce moment une goutte d'huile au trou du bas du cylindre; avec le bout fin vous ferez entrer cette huile jusqu'au contre-pivot, et en mettrez une seconde goutte si la première était petite; il en faut le plus possible et il n'en faut pas trop; il ne faut pas qu'elle s'extravase. C'est un point à chercher que la pratique et l'expérience peuvent seules déterminer, mais c'est un point essen-

tiel, et nous engageons les jeunes horlogers à bien s'y
appliquer.

Vous mettez l'huile, avec ce même soin, au trou du coq
et au trou de la roue de cylindre. Vous mettez votre spiral
en place après vous être assuré qu'il est centré droit sur le
balancier. Vous attachez par le piton votre spiral et le cylindre au coq. Il faut que, la raquette étant placée tout au
retard, la dernière lame du spiral soit bien au milieu des
goupilles de cette raquette. Je pense que vous vous êtes
assuré que les vis du coqueret bien serrées tiennent cette
raquette avec le frottement doux désiré, et qu'aucune bavure anguleuse ne pourra érafler la dorure du coq.

Fermez la clef du spiral, mettez deux gouttes d'huile au
fond du cylindre, sur le tampon du haut dans l'angle opposé à l'ouverture. Placez-le et assurez-vous encore de son
jeu.

Pour bien régler, il faut que ce jeu soit limité.

Pour monter le barillet, vous suivrez l'indication que
nous avons donnée pour les pivots de la roue du centre :
l'huile se met aux pivots du barillet, et une mixture de suif
et d'huile se met sur les deux faces du rochet. Ce rochet,
les vis du chapeau serrées à fond, ne doit être ni trop dur
ni trop libre. Mettez sept à huit gouttes d'huile entre les
lames du ressort, armez votre arrêtage de la moitié de l'excédent des tours du ressort sur les tours utiles du barillet ;
votre ressort fait cinq tours et demi, le barillet agit quatre
tours : c'est trois quarts de tour qu'il vous faut armer.
Mettez en place, remontez et à ce moment vous mettrez
l'huile aux trois noyures qui restent visibles sous le cadran.

On ne met d'huile à la portée de la roue de renvoi que
lorsque la montre est à remontoir au pendant.

Placez le cadran, les aiguilles, mettez en boîte, et c'est
à ce dernier moment que vous achevez la mise complète de

l'huile en lubrifiant les deux trous du haut de petite moyenne et de secondes.

Votre mouvement est remonté, le balancier régulateur vibre librement, le repassage est fait. Vous pouvez vous vanter d'avoir accompli une opération où dix années d'études sont à peine suffisantes, où le génie d'un mécanicien distingué trouve encore à s'exercer, où l'œil perspicace, où la main sûre sont nécessaires, où la plus légère négligence fait échouer, où l'habileté la plus minutieuse peut seule faire triompher de toutes les difficultés, où le soin et la propreté la plus absolue ont trouvé à dire absolument leur dernier mot.

Nous devons à l'absence d'une critique sérieuse, à l'éclipse de toute autorité horlogère, cette variété inusitée de calibres, de dispositions fantaisistes, qui à chaque crise commerciale nous arrive du Nouveau Monde et de la Suisse. La montre d'enfant succède à la montre du pauvre ; la Longine remplace la Reascoff ; la boîte de fer pousse la savonnette en cuivre, sans qu'on nous dise pourquoi, si ce n'est que c'est de par la mode.

Cette multiplicité des mécanismes rend très difficile la profession d'horloger repasseur ; ce n'est plus un ouvrier dans le sens du mot qui peut remplir l'emploi ; il faut un mécanicien, un ingénieur d'instinct pour satisfaire et se plier aux exigences de mécanismes nouveaux et peu expérimentés.

La nouvelle montre est à ancre de côté, ou en ligne droite, à levées visibles ou couvertes ; à un seul plateau tenant le bouton de conduite et parant au renversement ; ou à deux plateaux dont un spécial pour le renversement. La roue d'ancre est à dent pointue, anglaise, américaine, ou bien elle comporte, coupants, ou épais, des plans inclinés qui ajoutent leur levée aux levées de l'ancre ; parfois même

9.

toute la levée sera à la roue et l'ancre n'aura plus que de
simples chevilles. Quels conseils simples peut-on donner à
un ouvrier en cette occurrence ? Les neuf années du journal
d'horlogerie suisse, les grands traités de MM. Saunier et
Grosmann sont remplis de démonstrations mathématiques
à ce sujet ; notre insuffisance scientifique va nous mettre
fort à l'aise ; nous renverrons les hommes studieux à la lecture profitable, en définitive, de ces divers ouvrages ; et
nous nous occuperons seulement des points indispensables
que nous devons vérifier : 1° les dents de la roue d'échappement après chaque levée tombent-elles sur le repos de
l'ancre et avec sûreté ? la chute n'est-elle pas trop forte,
est-elle suffisante ? Vous vous en assurerez en faisant osciller
l'ancre en même temps que la roue d'échappement est incitée à tourner : si le jour derrière chaque dent et l'arrière
de la patte de l'ancre est suffisant ; si les chutes ne sont pas
trop grandes, l'échappement sur ce point est bien fait. Le
repos est-il assez en tirage ? l'est-il trop ? c'est à examiner.

Lorsque vous essayez cet échappement sans le balancier,
l'ancre doit rester au repos, sous la pression de la dent de
la roue, et avoir tendance à s'éloigner ; en le ramenant légèrement avec la pointe du fusain, il doit ramener la fourchette à son point d'écart le plus éloigné ; s'il fait ainsi, le
repos a assez de tirage ; il en a trop s'il faut au balancier
un gros effort pour vaincre ce tirage et ramener les levées
sous l'action de la roue : un échappement à ancre bien fait
doit fonctionner sans spiral et sans s'arrêter sous l'effort du
ressort de barillet.

S'il existe des défauts aux fonctions que nous venons de
signaler, on doit les corriger, soit en refaisant les levées-
pierres, soit en les décollant et les replaçant mieux. En
examinant cet échappement, il faut s'assurer que le devant
des dents de la roue est sans bavure, légèrement arrondi

sur l'épaisseur et bien poli. Assurez-vous que la conduite
du bouton du balancier par la fourchette se fait sans bal-
lottement et sans accrochement, tant à la sortie qu'à la
rentrée. Le doigt de renversement ne doit jamais, dans la
fonction normale, toucher au plateau; quand l'ancre est au
repos, la fourchette appuyant sur l'arrêt de renversement,
un jeu suffisant doit exister entre l'extrémité de ce doigt et
le plateau. Si vous ramenez avec la pointe de fusain ce
doigt contre ce plateau il est bien important que la pesée
de la dent de la roue sur le repos-tirage de l'ancre l'en
éloigne instantanément.

Vous mettrez l'huile ainsi à cet échappement; le plus qu'il
en pourra tenir aux levées et au repos de l'ancre ; vous ne
ferez que graisser le bouton de conduite aux parties frottantes, et éviterez surtout qu'il ne s'en trouve ni au doigt
ni au plateau de renversement.

Disons un mot des remontoirs, ce qui n'est pas facile
vu la diversité des formes. Il est cependant des observations
générales à faire, ce sont celles-là seulement que nous
ferons.

La menée des engrenages qui arment le barillet doit être
douce et sans saccade, cela va de soi. Le noyau qui tient la
roue de couronne doit être fixé avec des vis et avec des
pieds ; sans ce dernier point, la constance et la solidité sont
impossibles. Le bout du cliquet d'arrêt ne doit pas se former
d'un angle trop aigu dans ce dernier cas, il serait parfois
cause de résistance au remontage. Le jeu de ce cliquet ne
saurait être trop précis; il ne peut être trop fermement
assuré.

Un point essentiel à reconnaître, c'est la fixation du
bouton de remontoir : il doit être libre et ne pas pouvoir
être arraché. Si c'est une bride qui le fixe (ce qui est bien
le meilleur), elle doit entrer carrément et à fond dans le

décolletage pratiqué à la tige de remontoir. Si c'est une simple vis, il est urgent d'en appliquer à côté une seconde qui la fixe afin qu'elle ne puisse se retirer.

La bélière doit être pleine, ajustée, entrant à pivotage angle droit dans le pendant; il est honteux de trouver souvent des montres faites par de soi-disant fabricants dont les bélières sont creuses et à peine ajustées dans une noyure légère du pendant. Nous ne trouvons pas d'expression honnête pour stigmatiser ce genre de spéculation.

Si l'encliquetage du remontoir, pour bien revenir sur lui-même et bien fonctionner, a besoin d'être affranchi de toute bavure, de même le ressort de mise à l'heure ne doit pas gripper ni trop appuyer sur ce pignon rochet.

Le trou de la poussette doit avoir ses parois en olive et être assez gai. Les roues intermédiaires de la mise à l'heure doivent être assez libres pour n'être jamais une surcharge à la force motrice.

Il faut que le tenon de la roue de renvoi soit arrêté par une petite vis de sûreté encastrée dans sa base, et on doit l'humecter d'un peu d'huile. On a enduit avec de la cire vierge le chevillot pour son frottement dans le pignon de centre; le frottement large des rochets du remontoir a été graissé avec du suif mêlé à un peu d'huile.

Cadrature de répétition moderne à quarts. — Après avoir vérifié la fonction libre des aiguilles comme dans le repassage de la montre simple, il faut s'assurer, en faisant tourner l'aiguille des minutes, que la surprise du limaçon des quarts saute franchement lorsque cette aiguille passe exactement sur le chiffre 60 des minutes; la surprise en sautant produit un petit bruit parfaitement perceptible à l'oreille. De plus, les quarts devant changer sur les chiffres 15, 30 et 45 des minutes, on s'en assure en les faisant sonner immédiatement avant et après ces chiffres. S'ils ne sonnent pas exactement, on enlève les aiguilles et le cadran, et dans le cas où il semblerait exister quelque défaut dans les divisions ou limaçon des quarts, il serait très prudent, avant de toucher aux coches, de s'assurer que ce limaçon est bien rivé sur la chaussée, car l'on s'exposerait à modifier une pièce dont l'effet défectueux produit n'aurait d'autre cause qu'un déplacement accidentel.

La surprise, qui se trouve placée sous le limaçon des quarts est maintenue par une petite virole entrée à frottement, et qui lui laisse un jeu convenable ; il est utile que le repasseur enlève cette virole et s'assure que le limaçon étant bien rivé sur la chaussée, la rivure est tournée presque à son niveau, afin de permettre à la surprise de venir s'y appuyer sans perdre une hauteur inutile qui nuirait à sa liberté de glissement. Quelques ouvriers soigneux remplacent même quelquefois cette virole de fabrique par une virole à canon, sur la portée de laquelle la surprise vient s'ajuster, et qui limite ainsi son jeu d'une manière mieux déterminée.

Le bouton de surprise, dont la fonction est de faire sauter une dent de l'étoile à chaque tour d'heure est entaillé dans son collet afin de pouvoir passer sans toucher les degrés les plus élevés du limaçon des heures, lequel est fixé sur l'étoile. Ceci nécessite l'examen du jeu de l'étoile, le bouton de surprise pouvant arc-bouter et arrêter ainsi le rouage même de la montre. Il faut aussi s'assurer de la distance de la surprise au barillet, afin qu'elle ne vienne pas toucher au couvercle ou que son bouton n'atteigne pas la virole du barillet. La distance utile entre deux pièces mobiles pour la liberté de leurs mouvements respectifs doit être plus grande qu'entre une pièce fixe et une pièce mobile.

L'étoile ne doit avoir sur sa tige et en élévation, que le

jeu nécessaire à sa liberté afin que le limaçon des heures
qu'elle conduit ne puisse sortir du champ d'action de la
crémaillère. Elle doit être maintenue légèrement par les
plans inclinés de son ressort-sautoir, lequel est d'une force
très modérée, afin d'annuler autant que possible la résistance de l'étoile au bouton de surprise ; or, cette résistance
est toujours nuisible puisque par la relation existant à chaque heure entre l'étoile et la surprise, elle agit sur le rouage
de la montre et peut influencer le réglage : le ressort-sautoir ne sera donc jamais trop faible, pourvu que sa fonction soit assurée.

A l'état de repos, la surprise est naturellement démas-
quée et la dent de l'étoile vise exactement le centre de la
platine ; à chaque heure, lorsque le bouton de surprise vient
agir sur l'étoile, la surprise se cache et conduit l'étoile jusqu'à ce que celle-ci, se trouvant dégagée du plan de résistance
de la dent du sautoir, glisse sur le plan opposé, et renvoie
du même coup la surprise qui se démasque. Il est nécessaire que le repasseur s'assure que tous ces effets se produisent franchement et avec peu de force, et que la surprise soit bien isolée de l'étoile après l'action de celle-ci.

La pièce des quarts, qui tombe sur le limaçon des quarts
lorsque la montre sonne, ne doit tomber que lorsque la
crémaillère, arrêtée par la bascule et l'étoile, soulève le tout-
ou-rien qui la retient. Elle doit être bien libre dans sa
course ; son ressort doit la maintenir et ne lui laisser que
le jeu nécessaire à sa liberté, et le doigt qui la ramène ne
doit pas toucher le fond de la dent, ce qui causerait un
arrêt de sonnerie des quarts.

L'examen de la justesse du limaçon des heures se fait, la
pièce des quarts étant enlevée, en plaçant l'étoile de façon
à ce que le bec de la bascule, poussée par la crémaillère,
vienne agir sur la dent la plus haute du limaçon.

Dans cette position, la levée des heures doit laisser passer une dent du rochet des heures, par heure de la sonnerie. En faisant alors tourner l'étoile avec une pointe de fusain, chaque nouvelle dent du limaçon devra permettre à la crémaillère poussée de faire passer une dent du rochet, et une seule à chaque nouvelle dent de l'étoile jusqu'à la douzième.

L'engrenage de la crémaillère avec le pignon doit être doux et les pièces qui se meuvent sous l'action de la main, le levier, la crémaillère et la bascule doivent être bien libres sous le pont de la crémaillère ; ces pièces étant ramenées par la seule force du ressort de répétition produiraient inévitablement un arrêt si elles étaient gênées.

Il faut ensuite examiner les levées. Lorsqu'une levée est au repos, sa partie droite, sur laquelle viennent agir les dents de la pièce des quarts lorsqu'on fait sonner, doit viser exactement le pivot de la pièce des quarts et doit être maintenue dans cette position par un petit ressort entrant dans une entaille ou dans un trou. Si la levée ne revient pas franchement à sa position de repos, après avoir été déplacée d'arrière en avant, c'est-à-dire dans le sens de la chute de la pièce des quarts, il faut en chercher la cause dans la trop grande épaisseur du bout du ressort gêné dans son entaille. Ces petits ressorts des levées doivent être libres eux-mêmes, c'est-à-dire ne pas gratter la platine, qu'ils ne doivent toucher que de leur pied. Il faut aussi veiller au serrage des vis fixant les contre-ressorts qui offrent parfois l'inconvénient de se desserrer lorsque ceux-ci résistent à l'action des marteaux.

Comme règles générales, dans le repassage d'une cadrature, il faut polir au rouge toutes les parties frottantes. Le bouton de surprise ne doit pas gratter la dent de l'étoile lorsqu'elle engrène avec elle ; les dents de la pièce des quarts doivent être polies à leur avant et à leur arrière pour faciliter leur glissement sur les levées ; la dent de cette même pièce qui est soumise à l'action du doigt est également polie ; le tout-ou-rien est poli à son extrémité, où la pièce des quarts vient glisser : les levées sont polies sur leurs deux plans et les ressorts des marteaux à leurs extrémités.

Le repasseur examine ensuite le rouage de sonnerie ; il doit observer, après examen des engrenages, que le contrepoids de l'ancre soit bien fixé sur sa tige, car si cette masse venait à se déranger sous l'effet des vibrations, elle pourrait venir frapper contre le pont de l'ancre et ainsi arrêter la sonnerie.

Lorsque la montre est séparée de sa boîte, il reste à s'assurer que le mouvement de va-et-vient de la coulisse est doux et facile. L'ajustement doit en être assez précis pour éviter que la partie d'acier vienne arc-bouter le long de la boîte, ce qui arriverait si le jeu était trop prononcé. Si le défaut de liberté venait du trop de précision, il faudrait l'allibrer avec un peu de gros rouge. Le ressort de la coulisse doit ramener franchement cette pièce et agir jusqu'à fin de course, un peu plus loin même, afin de dégager sûrement la crémaillère et éviter de surcharger inutilement le rouage de la sonnerie. Si la montre n'est pas à remontoir, ce qui n'existe que très rarement dans les répétitions modernes, il faut avoir soin de tenir la fermeture du boitier de la montre assez libre, quoique fermant bien, afin d'éviter que le client n'introduise de petits morceaux d'ongles dans la montre, en se les brisant sur la carrure dans ses efforts pour l'ouvrir et la remonter. Ceci doit être fait, du reste, dans tout repassage d'une montre à clef ordinaire.

Lors du remontage de la cadrature, il est mieux de ne graisser que très légèrement les parties frottantes des pièces, surtout les levées à leurs pivots : un excès d'huile ou de graisse n'amenant qu'une gêne dans leur fonctionnement. Enfin, le repassage terminé et la montre remontée de toutes pièces, le repasseur ne devra pas négliger les petits soins extérieurs qui témoignent de l'application de son travail. Une pièce compliquée aura presque conquis l'estime de la personne qui la possède, si celle-ci ne trouve aucun défaut ou ne constate aucune négligence lors de son premier et bien naturel examen. (*Georges Anquetin.*)

CHAPITRE VI.

L'HORLOGERIE ÉLECTRIQUE.

Unification de l'heure. — Centre horaire. — La pendule régulatrice. — La pile. — La ligne. — Les récepteurs. — Systèmes de distribution de l'heure de Bréguet, Garnier, Fenon, etc. — Les pendules électriques de Hipp, de Jolly, de Destouches, de Reclus. — Remise à l'heure par l'électricité. — Avenir de l'horlogerie électrique.

L'horlogerie électrique est déjà ancienne, et c'est parce que l'électricité était très mal connue à l'époque où apparurent les premiers appareils horaires employant le fluide mystérieux pour leur fonctionnement, que ces horloges sont aujourd'hui un peu délaissées par le public fatigué d'essais infructueux ou incomplets. Cependant, la science a marché et l'on construit aujourd'hui des pendules électriques qui peuvent rivaliser, pour la régularité de leur marche, avec les indicateurs purement mécaniques du temps.

L'horlogerie électrique dérive directement de la télégraphie et emploie des moyens à peu près analogues. C'est en 1840 que Wheastone et Bain firent connaître, chacun de leur côté, en Angleterre, la première horloge *électro-télégraphique,* qui n'était qu'un récepteur, en communication par un fil avec un régulateur lui transmettant l'impulsion à intervalles réguliers. Ce dispositif pénétra en France quelques années plus tard, et Bréguet en fit une application assez importante à Lyon.

Dans ce système l'horloge régulatrice était purement mécanique, ses organes en étaient assez minutieusement travaillés pour qu'on pût espérer une marche constante. Toutes les minutes, cette horloge rétablissait le passage d'un courant électrique dans les fils la reliant à toutes les pendules réceptrices du réseau ; ce courant, par le jeu d'un électro-aimant, faisait avancer d'une dent le rochet d'une minuterie dont tous les récepteurs étaient munis, et, de cette façon, on obtenait la distribution télégraphique de l'heure à toutes distances.

C'est beaucoup plus tard que l'on a songé à supprimer le régulateur du centre horaire, en créant des pendules électriques marchant seules par le courant d'une pile actionnant un électro-aimant. Ce procédé permettait de remplacer les poids et les ressorts par une force motrice constante, et de simplifier considérablement le mécanisme des indicateurs horaires. On a obtenu des résultats assez satisfaisants en partant de ce principe et ce sont les divers systèmes qui ont été imaginés jusqu'ici que nous passerons en revue dans ce chapitre.

En résumé, l'horloge électrique comprend trois pièces fondamentales, de même que les horloges mécaniques. Ces trois pièces sont le *moteur* (pile), l'émetteur de courant (régulateur, transmetteur) et le récepteur (électro-aimant).

I. *Piles.* Les piles sont les seuls générateurs d'électricité employés en horlogerie électrique. Cependant, les accumulateurs, qui développent un courant très constant et très régulier, peuvent rendre également de bons services ; enfin M. Reclus a utilisé une canalisation d'éclairage électrique pour transmettre l'heure avec le courant d'une petite dynamo.

Les piles qui donnent le courant le plus constant, pendant très longtemps, et avec un minimum de soins et

d'argent, sont les piles Daniell au sulfate de cuivre, et ses
dérivés, comme la Callaud, la Meidinger et la pile-ballon de
Vérité. Les piles au bichromate de potasse, comme la pile
Bunsen, sont inapplicables, en raison de leur peu de durée
et de leurs variations d'énergie.

Rappelons, en passant, les lois qui régissent la puissance
des piles (1).

La principale de ces lois a été énoncée comme suit par le
physicien Ohm.

$$I = \frac{E}{R}$$

Ce qui se lit :

« L'intensité du courant d'une pile est proportionnelle
à la force électromotrice de cette pile et inversement proportionnelle à la résistance du circuit. »

La force électromotrice, comparable à la pression, ou à
la hauteur de chute a pour unité le *volt*; l'unité d'intensité
est l'ampère ; la résistance s'évalue en ohms.

Il faut, suivant le but qu'on se propose d'atteindre,
établir une relation entre les trois données de cette loi;
c'est-à-dire qu'il faut calculer le débit d'une pile ou d'un
générateur quelconque d'électricité de façon à surmonter
les résistances, dues aux conducteurs que le courant doit
traverser, ainsi qu'aux récepteurs intercalés. On parvient
à ce résultat en associant les éléments de la pile soit *en
tension*, en réunissant les pôles contraires de façon à les
additionner, et à augmenter la force électromotrice, ou
bien en diminuant la résistance en groupant les pôles de
même nom ensemble.

(1) Voyez au chapitre du *Vocabulaire des termes Techniques,* et, pour
avoir des renseignements détaillés et complets, notre livre l'*Ingénieur
Électricien.*

II. *Récepteurs.* — Ce sont, en général, des *électro-aimants.* On sait que ces appareils sont constitués par un barreau de fer doux, contourné en fer à cheval et recouvert d'un plus ou moins grand nombre de tours de fils de cuivre recouverts d'un isolant. Quand un courant électrique vient à circuler dans les spires de ce fil conducteur en tournant le noyau de fer doux, celui-ci s'aimante instantanément et se désaimante presque aussi vite quand le courant cesse. On a utilisé cet effet pour faire attirer une palette de fer ou *armature,* laquelle est sollicitée en sens inverse par un ressort antagoniste dont la tension a été convenablement réglée. Ce mouvement de va-et-vient est transmis à une minuterie par l'intermédiaire d'une bascule et d'un cliquet. C'est de cette façon que l'on procède dans la construction des récepteurs pour la transmission de l'heure à distance.

Un électro-aimant, pour être bien construit, doit être enroulé avec un fil de diamètre tel que sa résistance soit égale à celle de la ligne, plus celle de la pile; l'épaisseur des couches de fil ne doit pas dépasser le diamètre du noyau, pour ne pas avoir de déperditions inutiles de fluide; enfin, le diamètre du fil doit être d'autant plus faible que la ligne est plus longue, de façon à contrebalancer sa résistance.

III. *Émetteur de courant.* — Dans les pendules où l'électricité est la force motrice choisie, on a employé, tantôt le balancier comme émetteur de courant, l'électro-aimant agissant à un moment donné sur une bascule (genre échappement à détente), tantôt on a constitué la lentille du pendule en fer doux et on l'a fait attirer à son passage à la verticale par l'électro-aimant. Souvent, aussi, on a employé une sorte de remontoir d'égalité où un petit poids ou un ressort sont alternativement remontés.

On peut citer, comme un perfectionnement à ce dispositif, l'emploi des aimants artificiels combinés avec les électro-aimants (inversions de courants).

Il est à remarquer que l'horlogerie électrique est hérissée de difficultés d'exécution, qui rendent sa fabrication très difficile et rebutent les jeunes horlogers désireux de s'occuper de cette application de l'électricité à la chronométrie. Il faut tenir compte de l'inconstance et de la variation de puissance des piles ordinairement employées, leur polarisation, les contacts incertains des transmetteurs, le magnétisme rémanent (retard à la désaimantation), condensation, charge et décharge des conducteurs, induction, dérivations, etc. Dans les remontoirs d'égalité, un seul contact venant à manquer peut causer l'arrêt de l'horloge ; enfin, étant connu le peu de force nécessité par l'entretien du mouvement d'un pendule, il convient de ne demander à l'électricité qu'un minimum de temps d'action et surtout d'éviter qu'un arrêt accidentel laisse la pile en circuit fermé. Une étude sérieuse de l'électricité doit être, par conséquent, faite par les horlogers avant de se risquer à créer des modèles séduisants et bien souvent condamnés dans la pratique, et c'est dans le but d'être utile aux constructeurs désireux de s'occuper d'horlogerie électrique, que nous réunissons les renseignements de ce chapitre, condensés d'après les derniers travaux publiés sur la matière, notamment par l'ingénieur Corneloup, Favarger, ingénieur-électricien, et Burgh.

Avant d'aborder les transmetteurs et les récepteurs, nous décrirons les pendules-types actionnées directement par l'électricité. Comme les pendules ordinaires, elles sont susceptibles de devenir des transmetteurs, et, de plus, ce sont les modèles qui ont été le plus travaillés.

Nous diviserons en deux classes ces sortes de pendules, quoique en réalité toutes sont des remontoirs d'égalité.

La première classe comprendra celles dont le mouvement du balancier est entretenu directement par l'électricité.

La deuxième classe comprendra les mécanismes pourvus d'un échappement remonté périodiquement par l'électricité.

Disons tout de suite que dans les deux cas, et même souvent dans l'horlogerie ordinaire, le remontoir d'égalité ou force constante est un leurre.

Il n'existe pas de force constante, cette question a déjà été bien discutée en horlogerie. Pour s'en convaincre, il suffit d'analyser sérieusement tous les systèmes ; on verra que le remontage plus ou moins rapide d'un poids ou d'un ressort constitue un défaut plus grave que celui qu'on cherche à éviter, ne serait-ce que par les frottements multipliés, les adhérences, les chocs, etc.

Évidemment, s'il s'agit de conduire de lourdes aiguilles ou de nombreux cadrans, l'avantage d'un excès de force disponible dans un remontoir d'égalité n'est pas à dédaigner, mais c'est un cas particulier. En général, les régulateurs les plus simples, munis d'aiguilles légères, fonctionnent plus régulièrement que les machines compliquées. L'addition d'une sonnerie à un régulateur ordinaire est déjà considérée comme nuisible, et cependant les frottements sont peu importants.

Le cas des horloges de clocher n'est pas le seul où un remontoir d'égalité a sa raison d'être. Dans les pendules de voyage munies d'un échappement à cylindre ou à ancre, un remontoir bien fait favorise le réglage. Dans un transmetteur, le remontoir rendra de bons services, parce que, en profitant de l'excès de force, on pourra mieux assurer les contacts ; mais on perd en précision.

Un des types les plus anciens d'essais de pendule électrique est le suivant (fig. 156) : le mouvement du balancier est entretenu au moyen d'un poids ou ressort isolé électriquement et maintenu soulevé par une bascule munie d'une palette de fer doux.

En face de cette palette est placé un électro-aimant. Le balancier porte un appendice qui, à chaque oscillation double, vient toucher le poids ou ressort isolé.

Écartons le balancier vers la droite; le courant venant d'un pôle de la pile arrive par la suspension au balancier B; celui-ci, en touchant la lame du ressort ou poids P, lui communique le courant qui suit cette lame, à laquelle est attaché un fil de l'électro-aimant, traverse cet électro et revient à l'autre pôle de la pile.

Le circuit est alors fermé et l'électro E devient actif. Il attire instantanément la palette de la bascule, qui cède en laissant complètement libre le poids ou ressort qui était maintenu par un pied de biche fixé sur la bascule.

En vertu de la vitesse acquise, le balancier continue son oscillation en soulevant le ressort, dont le centre de flexion est en *b*, puis revient sur lui-même pour effectuer une oscillation en sens contraire.

Le ressort continue à presser sur le balancier, mais au lieu de cesser d'agir au point où ce balancier l'a rencontré précédemment, il l'accompagne plus loin, n'étant plus maintenu par le pied de biche de la bascule.

L'oscillation continuant dans le même sens, le balancier ne tarde pas à abandonner le ressort, arrêté par une pièce fixe ou une goupille.

A ce moment le circuit est brisé, l'électro cesse d'attirer la palette de la bascule et celle-ci reprend sa première position en armant à nouveau le poids ou ressort.

Le mouvement est ainsi obtenu par la pression du ressort sur le balancier lorsque l'électro-aimant, en attirant la bascule, le met en liberté.

Le mouvement du balancier est transmis à la minuterie,

soit directement en poussant un cliquet sur un rochet, soit à l'aide d'un électro-aimant spécial placé dans le circuit et

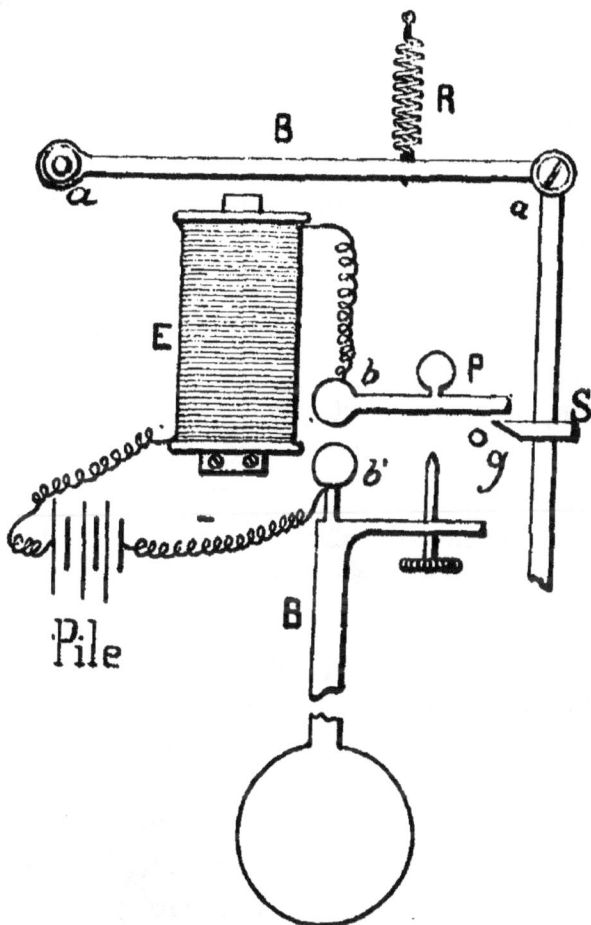

Fig. 156. — Premier dispositif de pendule électrique : *b'* centre d'oscillation du pendule, *a* point de flexion de la bascule, *a'* articulation, *g* contact, R ressort antagoniste.

par conséquent actif en même temps que le premier ; cet électro agit alors sur un rochet par l'intermédiaire d'un cliquet ou d'une ancre, d'une détente, etc., et fait avancer la minuterie.

Ce système présente de graves défauts :

1° Il dépense beaucoup d'électricité, le contact durant un temps considérable. Si le courant n'est pas en excès, la palette de fer doux échappe à l'électro-aimant sans qu'il y ait rupture du circuit.

2° Si un second électro est dans le circuit, la rupture d'aimantation du fer doux l'influence, et plusieurs dents peuvent passer.

3° Le réglage de la bascule est délicat et dépend de l'intensité du courant.

4° Il y a production d'étincelles à chaque contact et à chaque rupture, ce qui les détériore rapidement, même quand ils sont platinés.

5° Enfin, si la pile n'est pas constante, l'attraction de la palette est plus ou moins rapide et le poids ou ressort n'agit pas comme une force constante sur le balancier.

Malgré ces principaux défauts, un très grand nombre de modèles ne diffèrent que par la forme du type ci-dessus.

L'idée très naturelle d'employer le balancier même comme émetteur du courant a été appliquée sous toutes les formes. Tantôt la lentille est en fer doux et passe devant un électro-aimant, tantôt cette lentille est constituée elle-même par un électro-aimant en présence, à des moments déterminés, d'une masse en fer doux, etc. Parfois le système est plus compliqué et disposé avec plus d'élégance ; rarement ces modèles ont bien fonctionné.

Cependant lorsque le balancier est long et que le contact est susceptible d'être réglé comme durée, lorsque d'ailleurs une bonne construction et une bonne combinaison sont réunies, les résultats obtenus sont à peu près satisfaisants.

Tel est le cas d'un modèle présenté par M. Jolly, lequel est composé comme suit (fig. 157). Sur l'une des branches d'un électro $l''j$ est fixée une pièce qui sert de support et de charnière à une palette de fer doux à mobile en a'. Au-dessous de ce point la palette est prolongée par une lame de suspension ordinaire, à laquelle est fixé le balancier P.

Ce balancier porte un appendice recourbé à angle droit

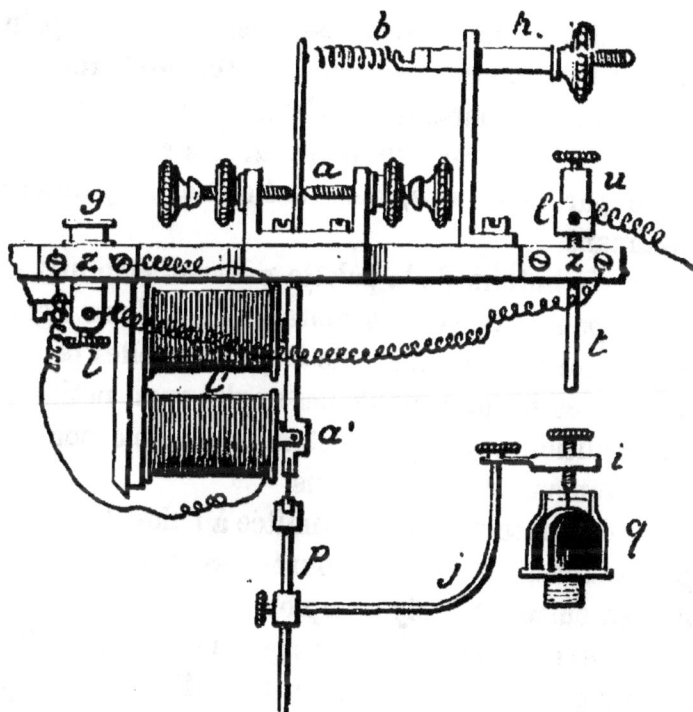

Fig. 157. — Dispositif de pendule électrique de M. Jolly, de Ligueil.

et terminé par une vis à pointe de platine i. Au-dessous de cette vis est un godet q contenant du mercure.

Si nous écartons le pendule vers la gauche, nous voyons que la pointe de platine viendra toucher au mercure, en même temps que la palette a' sera éloignée au maximum de l'électro-aimant.

Le courant de la pile entre par l'électro, le traverse,

aboutit à la palette, gagne le balancier et la vis *i*, le mercure contenu dans le vase *q*, et de ce vase va rejoindre l'autre pôle de la pile.

Le circuit est fermé, la palette *a'* est attirée par l'électro devenu actif, la lame de suspension se tend et sollicite le pendule à revenir sur lui-même pour recommencer une nouvelle oscillation. Le contact cesse bientôt entre la pointe de la vis *i* et le mercure : le balancier accomplit librement son oscillation. La course de la platine *a* est limitée par deux vis placées en regard au point *a*. Un ressort boudin *b*, réglable par une vis *h*, tend à éloigner la palette de l'électro-aimant.

Les deux vis butoirs de la palette peuvent être utilisées comme relai pour envoyer des courants dans deux lignes ; de plus, en limitant la course de la palette, elles permettent de faire décrire au pendule des angles aussi petits que possible, condition avantageuse et indispensable pour obtenir l'isochronisme des oscillations.

La durée du contact peut être limitée à l'aide de la vis *l* ; le pendule étant à seconde, le courant est fermé très peu de temps ; en outre, M. Joly a employé une disposition très simple qui permet, en faisant usage de deux piles, de les faire travailler l'une après l'autre. On sait que le repos d'une pile active sa dépolarisation.

Le rouage est conduit, soit par le pendule à l'aide d'un cliquet, soit par un électro-aimant spécial. Dans les deux cas, un commutateur est fixé sur l'axe de la roue d'heures et met tour à tour une pile en repos et une pile en circuit.

On a pu réduire beaucoup la dépense d'électricité occasionnée par une prise de courant régulière commune aux types précédents. Dans certains systèmes, l'électricité n'intervient qu'à des intervalles déterminés par l'intensité de la pile en fonction, du poids du balancier et de sa liberté.

La perfection du mécanisme, au point de vue de l'exécution, n'est pas sans importance ; dans certains cas, il s'établit entre le courant, le poids du balancier, l'amplitude de ses oscillations et le travail d'entraînement du rouage, une sorte de compensation. Le système de Hipp, qui est fondé sur ces données, est un des meilleurs.

Cependant, l'horloger semble en défaut ; la force motrice n'est pas constante ; les émissions de courant n'étant pas régulières, les oscillations n'ont pas la même amplitude. Il n'y a pas isochronisme dans l'acception rigoureuse du mot, pourtant le système règle bien.

Il est juste de convenir que dans les pendules de cheminée ordinaires, l'isochronisme absolu n'est pas réalisable. Il faudrait que les angles décrits par le pendule fussent fort petits pour que leur durée ait lieu dans un temps égal. Dès que les angles dépassent 5 ou 6 degrés, l'isochronisme disparaît sensiblement. La force motrice n'est pas constante avec un ressort, et d'ailleurs l'échappement ne peut être construit avec assez de précision pour qu'on soit certain que chaque dent de la roue d'échappement communique au balancier une force rigoureusement constante.

Trop souvent même, les soins les plus élémentaires de construction font défaut ; la pendule d'aujourd'hui est un meuble avant tout et le mouvement est sacrifié par suite des dimensions trop exiguës de divers organes, surtout du balancier.

Le meuble disparaît dans une pendule électrique ; l'acquéreur demande un instrument, un appareil scientifique. L'horloger doit savoir profiter de cette inclination du goût public pour donner des dimensions convenables aux mécanismes qu'il construira.

Nous pensons qu'il est inutile d'insister sur ce point, chacun sait ce que coûtent à l'horlogerie la fantaisie et

10.

la mode auxquelles on a sacrifié la qualité et la perfection.

Compteurs électro-chronométriques. — Sous sa forme la plus simple, le compteur électro-chronométrique consiste en un électro-aimant *a* (fig. 158) dont l'armature plate *b* est fixée à un levier *c* articulé en *d*. Sur ce levier, un

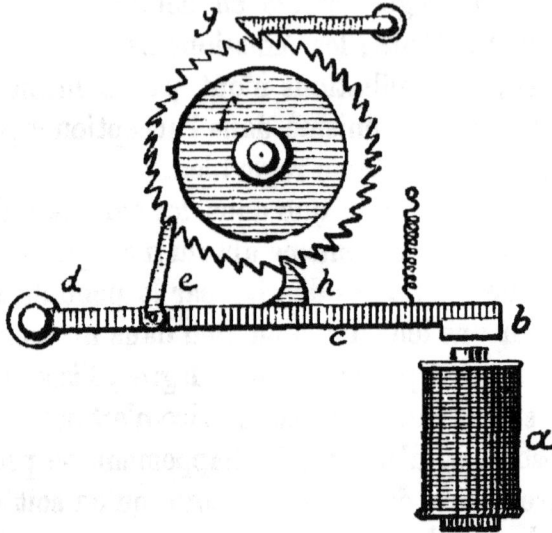

Fig. 158. — Compteur électro-chronométrique. — Principe.

cliquet d'impulsion *e* réagit sur un rochet *f* et le fait avancer d'une dent à chaque oscillation double de l'armature *b*; *g* est le cliquet de retient, et *h* est un butoir d'arrêt empêchant qu'il y ait plus d'une dent du rochet qui échappe. Tel qu'il est représenté sur le dessin ci-contre, le cliquet d'impulsion *e* fait avancer le rochet sous l'influence du ressort antagoniste; l'attraction de l'armature détermine, par contre, le placement du cliquet derrière la dent à faire avancer. On conçoit facilement qu'un effet inverse puisse se produire si on donne au cliquet d'impulsion la forme en crochet de la figure 159 ; dans ce cas, le rochet est poussé d'une dent au moment de l'attraction de l'armature, et le rappel de celle-ci par le ressort antagoniste provoque le placement du cliquet derrière la dent à faire avancer.

Le rochet, qui a ordinairement 60 dents, porte sur son axe, prolongé en avant du cadran l'aiguille des minutes ou des secondes, suivant que l'horloge-mère expédie toutes les minutes ou toutes les secondes le courant chargé d'action-

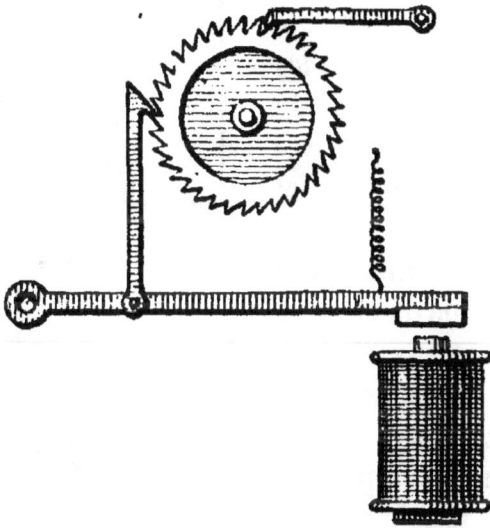

Fig. 159. — Compteur à cliquet d'impulsion.

ner le compteur. Une minuterie ordinaire transmet, en le transformant convenablement, le mouvement du rochet à l'aiguille des heures.

Les compteurs de Garnier, Froment (fig. 160), Liais, Mildé, Robert Houdin, Bain, Fournier, etc., sont, sauf de légères variantes, semblables en principe à celui que nous venons de décrire et dont les figures 158 et 159 donnent un schéma.

Compteurs à double cliquet d'impulsion. — D'autres inventeurs, désirant utiliser les deux mouvements (aller et retour) de l'armature pour faire avancer le rochet, ont fait usage de deux cliquets d'impulsion. Dans le mécanisme de son horloge-lanterne (fig. 161), Bréguet employait un système de ce genre, et les courants étaient alternativement renversés. L'armature n'était pas polarisée par un aimant placé dans son voisinage : c'était elle-même qui constituait l'aimant et qui oscillait entre les pôles de deux électro-aimants placés en face l'un de l'autre et dont l'enroulement était tel que les pôles en regard fussent constamment de nom contraire, la direction du courant parcourant ces deux électros étant inverse. En même temps l'armature se trouve attirée par l'un, elle est repoussée par l'autre, et le mouvement alternatif qui en résulte est transmis par elle à un levier réagissant sur un double cliquet d'impulsion qui fait avancer à son tour la roue d'échappement et, par suite, la minuterie et les aiguilles.

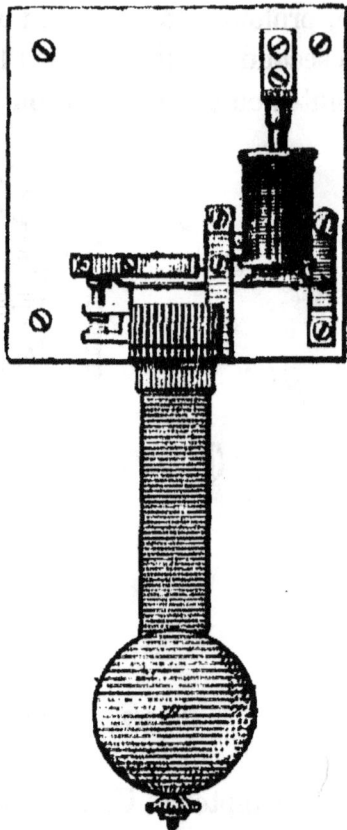

Fig. 160. — Compteur électro-chronométrique de Froment.

Pendule de Hipp. — Ce système réduit à sa plus grande simplicité, consiste (fig. 162) en une lame de ressort fixée horizontalement par une de ses extrémités et placée un peu au-dessous du balancier.

L'autre extrémité du ressort vient buter au repos sur

une vis de réglage V; en fonction, elle vient toucher la vis isolée V'.

Le balancier porte, au-dessous de la lentille, une petite

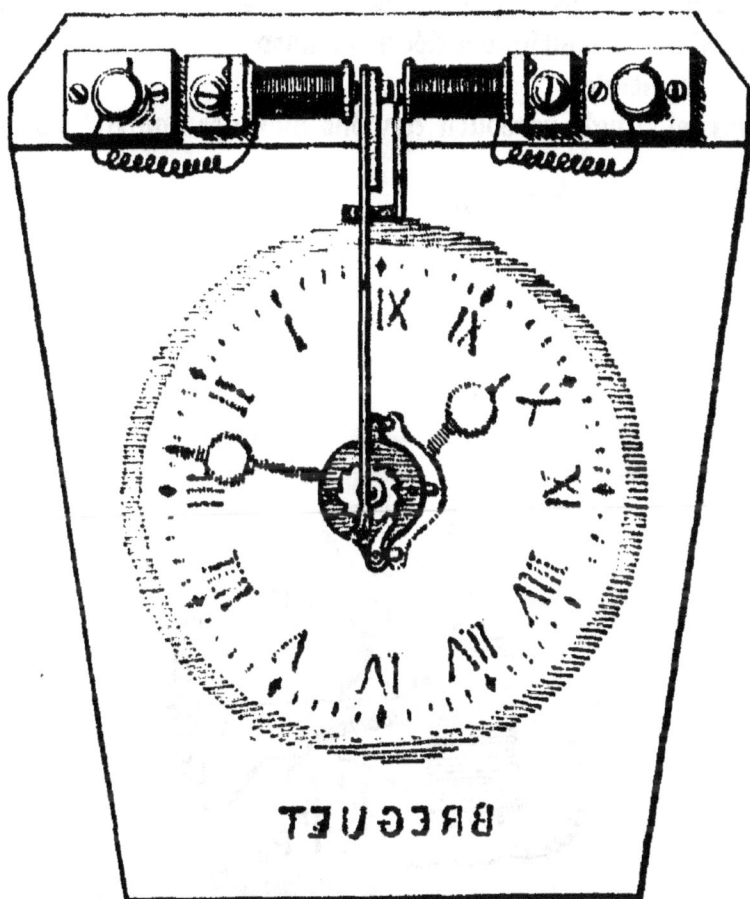

Fig. 161. — Mécanisme de l'horloge-lanterne de Bréguet.

pièce mobile sur pivot, appelée traîneur. A chaque oscillation du balancier, cette pièce frotte légèrement sur les bords d'une pièce en saillie, fixée sur le ressort, un peu au delà de la verticale. Cette saillie est munie de deux crans.

Écartons le balancier de la verticale de 10°, par exemple.

La traîneur reste d'abord en retard, retenue par la saillie, puis glisse sur cette pièce et devient de nouveau libre lorsque les deux crans de la saillie sont dépassés par le mouvement de 10" du balancier.

Aucun effet électrique n'a eu lieu, et il en sera de même si le balancier continue à décrire d'autres oscillations d'une égale amplitude.

Mais si l'angle parcouru devient moindre que 10", l'exa-

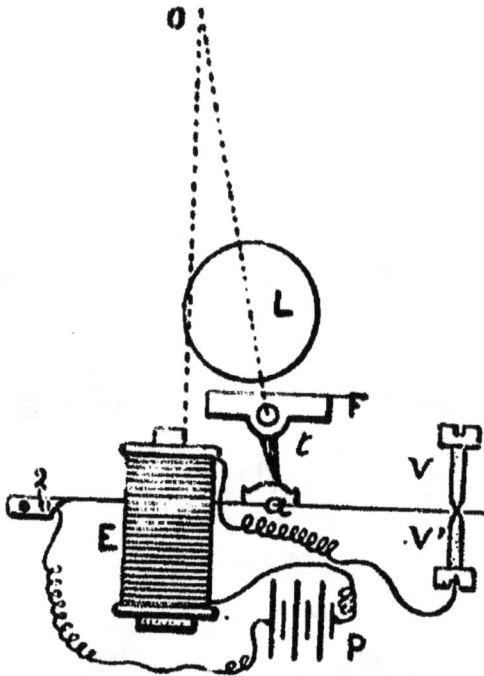

Fig. 162. — Schéma du mécanisme de la pendule électrique de Hipp.

men de la figure montre que le traîneur n'abandonne plus la saillie ; à la vibration de retour, il y aura arc-boutement : le ressort étant très flexible, cédera sous l'effort du balancier et, en s'abaissant, viendra toucher la vis isolée V'.

Ce mouvement va être utilisé pour restituer au balancier

la force absorbée par les divers frottements et dont le résultat a été la diminution d'amplitude des oscillations.

A cet effet, sur le balancier est fixée une palette en fer doux F, et, dans le voisinage, sur la verticale, un électro-aimant E.

Le courant de la pile arrive à la lame de ressort r, traverse cette lame abaissée, gagne la vis V, entre dans l'électro E et revient à la pile. Le circuit étant complet, l'électro-aimant devient actif.

Il attire la palette F, fixée sur le balancier. L'arc-boutement cesse aussitôt, le ressort abandonne la vis V', le courant est rompu et le balancier continue librement son oscillation.

Si l'action de l'électro a été suffisamment énergique, l'amplitude des oscillations suivantes sera assez grande pour que le passage du traîneur sur la saillie reste sans effet. Lorsque les oscillations deviendront plus petites, un nouvel effet électrique se produira.

Un système de rochets et cliquets conduits par le balancier fait avancer la minuterie.

En réglant le jeu du mécanisme et l'intensité du courant, la différence d'amplitude des oscillations peut être réduite à moins de deux degrés et le nombre des émissions du courant à un passage par minute. En outre, la durée du passage du courant est très courte, d'où il résulte que le travail de la pile est excessivement faible, puisqu'il peut fonctionner avec des éléments Leclanché.

Pendules à rouages remontées périodiquement par l'électricité. — Le type suivant a été ainsi décrit par M. de Liman, fig. 163 :

A levée d'échappement ;

B bras pivotant sur le bec d'échappement ;

P, P. électro-aimant à culasse plate ;

O armature ;

U morceau d'ivoire servant à isoler les deux ressorts K N ;

V vis de rappel servant à régler la hauteur et la longueur du ressort inférieur N ;

W paillette rappelant la pièce J ;

Y'Y coulisse maintenant le levier R R''.

L'échappement représenté est à coup perdu ; une aiguille
placée au centre de la roue d'échappement indique la seconde, le pendule étant à demi-seconde.

Le plan incliné du bras d'échappement A donne l'impulsion au pendule, et, toutes les deux vibrations, le bras
B, ayant son centre sur le bras d'échappement, vient, en
accrochant une goupille, dégager la roue d'échappement
arrêtée par une pièce à contrepoids ayant son centre en E.

Toutes les dix secondes, la roue de remontoir fixée à
l'extrémité de la pièce à deux branches T, qui a son centre
de mouvement au centre de la roue d'échappement ainsi
que la première roue de remontoir, est descendue jusqu'au
point de rencontre de la branche 1 avec la pièce J. Cette
extrémité appuyant sur la pièce N, dégage le ressort
K représentant un des pôles de la pile retenu en L par
un léger crochet terminant la pièce J ; le ressort K étant
libre, vient rencontrer en M le ressort N représentant le
second pôle.

Le circuit est alors fermé en M.

L'armature O pivotant en OO' se trouve alors attirée par
l'électro-aimant PP', la pièce Q à plan incliné, fixée à l'extrémité de l'armature, agit sur le levier articulé R R' R''
et l'élève instantanément à une certaine hauteur. La pièce
S formant pied de biche rencontre l'extrémité du ressort
N qui est à ce moment en contact avec le supérieur K au
point M et monte jusqu'au moment où le ressort supérieur
set rembrayé par le crochet L de la pièce 1.

En même temps que cet effet se produit, le doigt 1 ne

faisant qu'un avec la tige R R', vient rencontrer le centre prolongé Y de la roue de remontoir et la remonte à sa

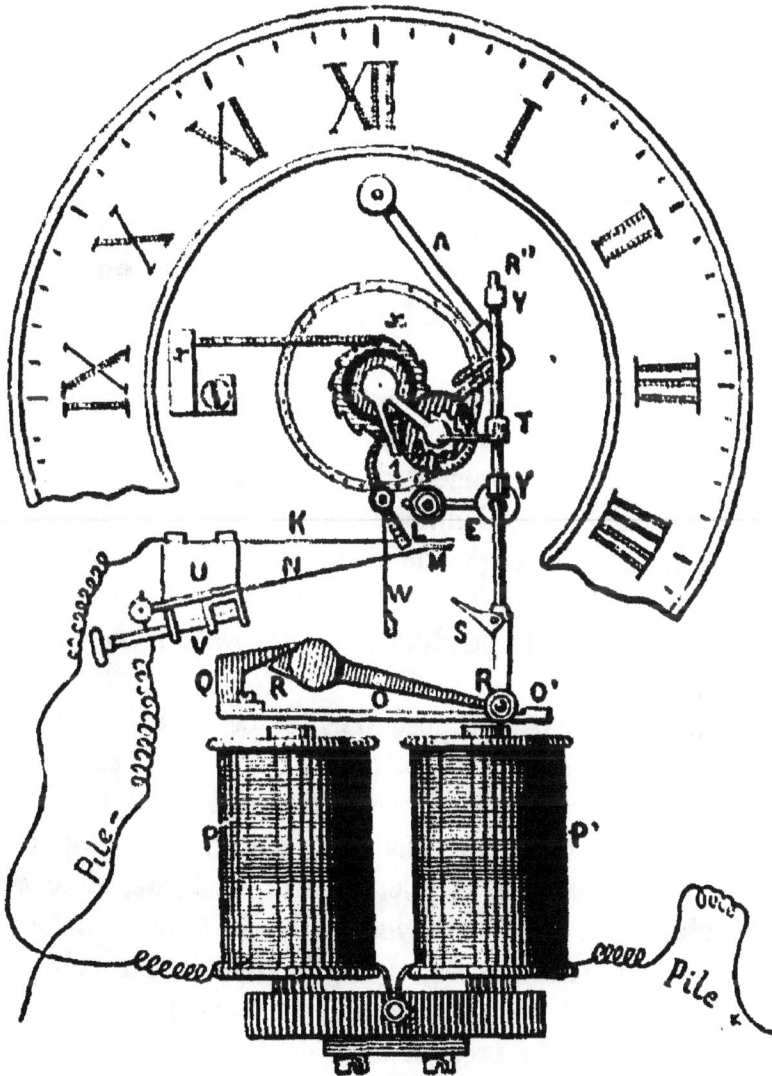

Fig. 163. — Dispositif électro-chronométrique de M. de Linau.

position première. C'est à ce moment que, le circuit étant interrompu instantanément, le courant ne passant plus par l'électro PP', le levier articulé RR'R'' retombe de son propre poids et le ressort pied de biche L fonctionne à sa rencontre avec le ressort N.

Il est à remarquer que la roue de remontoir, qui sert de poids moteur, porte un rochet Q, sur lequel elle est montée, de sorte que lorsque le levier RR'R'' vient par son doigt 1 faire fonctionner le remontoir, cette roue s'avance d'une dent sur son rochet, et, lorsqu'elle est livrée à elle-même, entraîne la roue d'échappement, le cliquet appuyant au fond d'une dent de rochet. Le rochet à 6 dents x et son cliquet servent à empêcher le recul que pourrait avoir l'aiguille des secondes au moment de l'action du remontoir.

Cette pendule est simple, de forme gracieuse; les fonctions de l'électro sont bien comprises; l'idée d'employer un très petit mouvement de la palette et de l'amplifier à l'aide de leviers est bonne; l'horloger qui l'a conçue a bien tenu compte des règles de la mécanique. Malheureusement un grand défaut existe : un seul contact venant à manquer cause l'arrêt de la pendule et la pile reste fermée en court circuit.

M. Reclus s'est proposé d'éviter cet écueil en parant à l'incertitude du contact, même au cas où 120 contacts consécutifs pourraient manquer. Son modèle peut fonctionner pendant deux heures sans que l'électricité agisse, ce qui permet de changer la pile, réparer la ligne, déplacer la pendule, etc. Après un intervalle de temps quelconque, inférieur à deux heures, si la pile vient à agir, soit qu'elle ait été interrompue accidentellement ou même qu'elle se soit polarisée, le premier effet de l'électro-aimant est de commencer le remontage, et ce remontage s'opère jusqu'au bout sans discontinuer par une série de mouvements consécutifs et rapides de l'armature de fer doux. Le travail de

la pile est, au maximum, de douze minutes par jour; l'u-
sure est donc à peu près nulle.

Voici le fonctionnement de ce système représenté par la

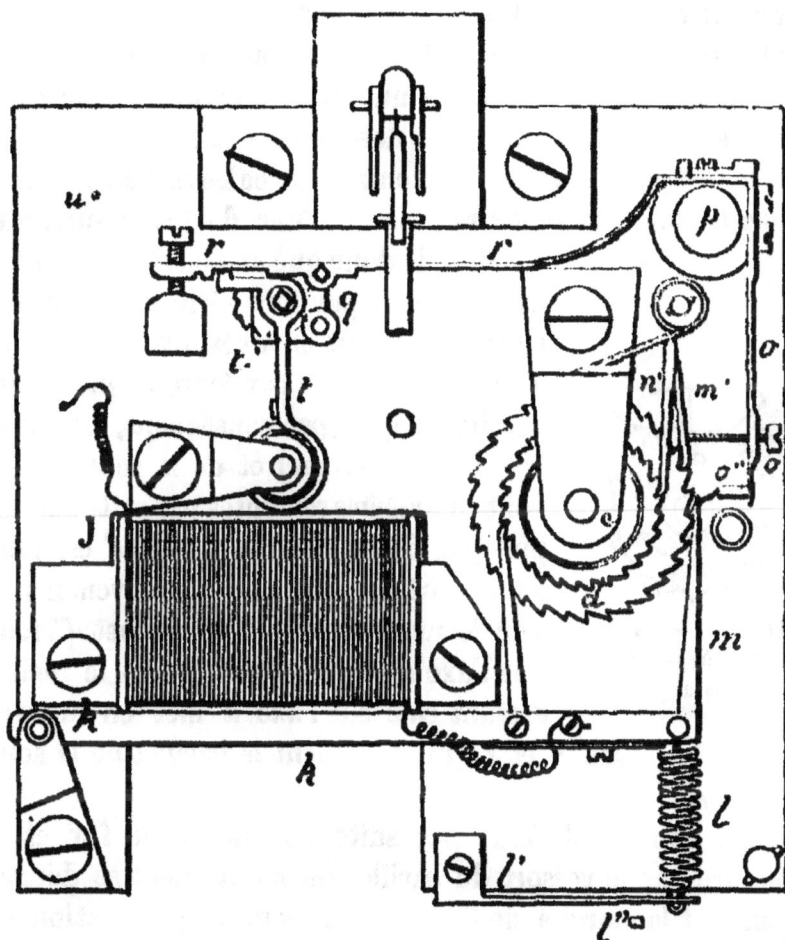

Fig. 164. — Dispositif de M. Reclus.

fig. 164. Si l'on envoie dans l'électro-aimant J une série de
courants interrompus, cet électro attirera et abandonnera
successivement à l'action du ressort *l* l'armature *k* qui oscil-
lera autour de son articulation *k'*.

Les cliquets *m* et *n* qui sont articulés à cette armature suivront ses mouvements et feront respectivement tourner d'une dent, à chaque oscillation, les rochets *d* et *e*; le cliquet *m* agira par traction pendant sa descente sous l'action du ressort *l* et le cliquet *n* agira par impulsion pendant sa montée, sous l'action du magnétisme développé dans l'électro-aimant J, qui peut comporter une ou deux bobines. Quant aux cliquets *m'* et *n'*, conjugués des cliquets *m* et *n*, ils ont simplement pour fonction de retenir en place les rochets pendant que les cliquets moteurs passent d'une dent à la suivante.

On voit donc que si l'électro-aimant J est traversé par une série de courants, convenablement envoyés, les rochets *d* et *e* seront actionnés par leurs cliquets respectifs, et que, par conséquent, les barillets du mouvement et de la sonnerie seront eux-mêmes remontés par cette action, puisque, d'une part, le rochet *d* est relié au ressort du barillet du mouvement *c'*, par le manchon *d'* et le crochet *d''* fous sur l'axe *a* et que, d'autre part, le rochet *e* étant calé sur l'axe *a* met en mouvement les roues *b* et *f* qui actionnent le barillet de la sonnerie *g*.

Fig. 165. — Compteur à armature polarisée.

On comprend donc par suite comment, au fur et à mesure que le ressort du barillet du mouvement se détend pendant la marche de l'appareil, le courant peut actionner l'électro-aimant et faire mouvoir les cliquets qui remontent le barillet.

Nous avons indiqué plus haut (page 174) quelques dispositifs de compteurs électro-chronométriques. Diverses autres combinaisons ont été adoptées depuis, et nous devons les mentionner ici pour être complet.

Certains inventeurs ont pensé à employer des courants alternatifs de préférence aux courants continus ; cette solution présentant de notables avantages, nous décrirons en passant le compteur à armature polarisée de Stœhrer, que représente notre figure 165.

Dans ce système, l'armature *a*, polarisée par un aimant permanent *b*, peut osciller autour de l'axe *c* entre les jambes de l'électro *d*. Au repos, le magnétisme rémanent transmis par l'aimant à l'armature retient celle-ci contre l'une ou l'autre des jambes de l'électro, ordinairement celle qui est la plus voisine de son extrémité. Mais, au moment où cet électro devient actif, il se forme en *n* et en *s* deux pôles de noms contraires qui, agissant l'un par attraction, l'autre par répulsion sur l'armature polarisée, forcent celle-ci à parcourir autour de son axe l'arc de cercle compris entre les jambes *n* et *s*. Ces mouvements alternatifs de l'armature sont transmis par l'intermédiaire d'une ancre *e* à une roue dentée *f* et ensuite aux aiguilles de l'horloge conduite.

M. Hipp a imaginé aussi un excellent système de compteur électro-chronométrique que nous décrirons ainsi, d'après l'ouvrage de M. Favarger déjà cité :

« Dans ce compteur, représenté par la figure 166, l'axe *a* de l'aiguille des minutes ou des secondes, suivant la fréquence des émissions du courant moteur, porte une roue d'échappement dentée sur le côté en *b* et sur la périphérie en *c*. Les dents *c* sont soumises à l'impulsion des deux palettes d'une verge *d* et constituent avec celle-ci un véritable échappement à roue de rencontre. L'axe de cette verge, qui est vertical, porte l'armature *e*. Celle-ci, sous l'influence des courants alternatifs qui sont envoyés par l'horloge mère dans l'électro-aimant *f*, peut osciller entre les deux pôles de ce dernier ; à chacune de ces oscillations, dont

l'amplitude est de 60 degrés d'arc, l'une ou l'autre des palettes de la verge fait avancer d'une demi-dent la roue d'é-
chappement *b*; celle-ci ayant 30 dents fait donc un tour
en une minute ou en une heure, suivant que le courant
arrive toutes les secondes ou toutes les minutes. L'armature *c*, représentée en détail et agrandie, figure 167, est
polarisée par l'aimant permanent *g*; ce dernier influence

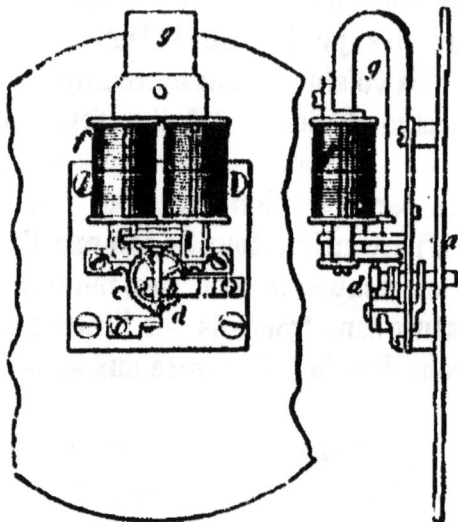

Fig. 163. — Compteur Hipp.

par l'un de ses pôles l'armature, et par l'autre les noyaux
de l'électro-aimant *f*. Si donc l'extrémité de l'armature est
au pôle nord *n*, les deux extrémités des noyaux de l'électro-
aimant seront des pôles sud, et elles attireront toutes les
deux l'armature *c*, qui restera appliquée contre le noyau le
plus proche. Cela n'a lieu qu'autant qu'aucun courant ne
circule dans les bobines, mais un courant venant traverser
les spires de l'électro *f*, celui-ci deviendra pour son compte,
et indépendamment de l'aimant permanent *g*, un aimant
temporaire ayant aux extrémités de ses barreaux deux

pôles de noms contraires ; le pôle qui a le même nom que
l'armature *e* la repoussera, l'autre l'attirera ; et, si la position initiale de cette armature est convenable, un mouvement aura lieu soit dans un sens, soit dans l'autre.
Lorsque ce courant cesse d'animer l'électro *f*, celui-ci retombe sous l'influence unique de l'aimant permanent, et
l'armature reste appliquée contre le noyau, où elle demeure
jusqu'à ce qu'une nouvelle émission de courant, de sens
contraire au précédent, vienne la placer contre l'autre noyau. Un cliquet de retenue travaillant sur la périphérie
dentée de la roue d'échappe-
ment empêche le recul de cette
roue. Les palettes de la verge
servent en même temps de leviers d'impulsion et de butoirs
d'arrêt ; il n'y a pas besoin de
ressort antagoniste. Ce dispositif de cadran récepteur est
encore aujourd'hui le meilleur
qui ait été créé, et il est réel-

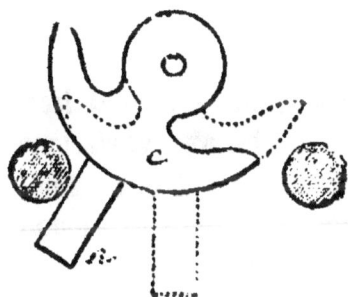

Fig. 167. — Armature Hipp.

lement supérieur à tous les systèmes analogues de distribution de l'heure.

Le cadran secondaire qui donne l'heure publique a
une lutte continuelle à soutenir contre toutes les intem-
péries et variations atmosphériques de notre climat : la
pluie qui, en s'introduisant dans le mouvement, rouille
les pièces de fer ou d'acier qui le composent ; la poussière
qui épaissit les huiles, les changements brusques qui affec-
tent les organes mécaniques et provoquent la condensation
de la vapeur d'eau en suspension dans l'air intérieur où se
meut le régulateur. Le courant électrique peut même, lorsqu'il est mal distribué, devenir la source de graves inconvénients, capables de compromettre à eux seuls le succès

d'un réseau d'unification de l'heure. C'est ainsi que les courants telluriques ou atmosphériques superposant leur action à celle du courant moteur peuvent faire avancer de plusieurs minutes les cadrans secondaires sur l'horloge mère, tandis que des interrupteurs mal combinés ou seulement mal nettoyés peuvent occasionner des ratés, et amener des retards des compteurs ; enfin, une pile défectueuse ou mal groupée n'envoie qu'un courant insuffisant, et des lignes mal isolées dérivent ce courant et l'empêchent de parvenir aux récepteurs. Toutes ces causes isolées ou réunies peuvent devenir la source de graves mécomptes, et c'est pourquoi il faut les signaler en passant, afin qu'on les évite dans une installation publique.

Il est donc indispensable, pour les cadrans secondaires, de rejeter l'emploi d'organes trop sensibles aux variations de température, et parmi ceux-ci, il faut proscrire sans hésiter les ressorts antagonistes des armatures, dont la tension varie considérablement avec la température et l'humidité de l'air. On peut également conseiller l'emploi d'électro-aimants robustes qui, pour un courant de faible débit, puissent accomplir cependant un travail considérable, tout en conservant de faibles dimensions, afin de pouvoir avec un générateur moyen actionner sûrement un grand nombre de cadrans. Ces conditions, indispensables pour obtenir un bon résultat, démontrent que les électro-aimants à armatures polarisées sont seuls capables de constituer de bons récepteurs. »

Horloges secondaires à déclenchement électrique. — Lorsque les dimensions des horloges secondaires dépassent certaines limites, le courant électrique venant de l'horloge-mère n'a plus à lui seul la force de les actionner directement. On emploie alors un mouvement d'horlogerie dont le moteur est un poids semblable à ceux des horloges de clocher. Une détente électrique, dont l'électro-aimant est en relation avec l'horloge-mère, déclenche à intervalles réguliers les rouages. Ceux-ci font parcourir aux aiguilles une division du cadran, puis s'arrêtent automatiquement. Le poids doit être remonté à périodes fixes. La figure 168 représente une

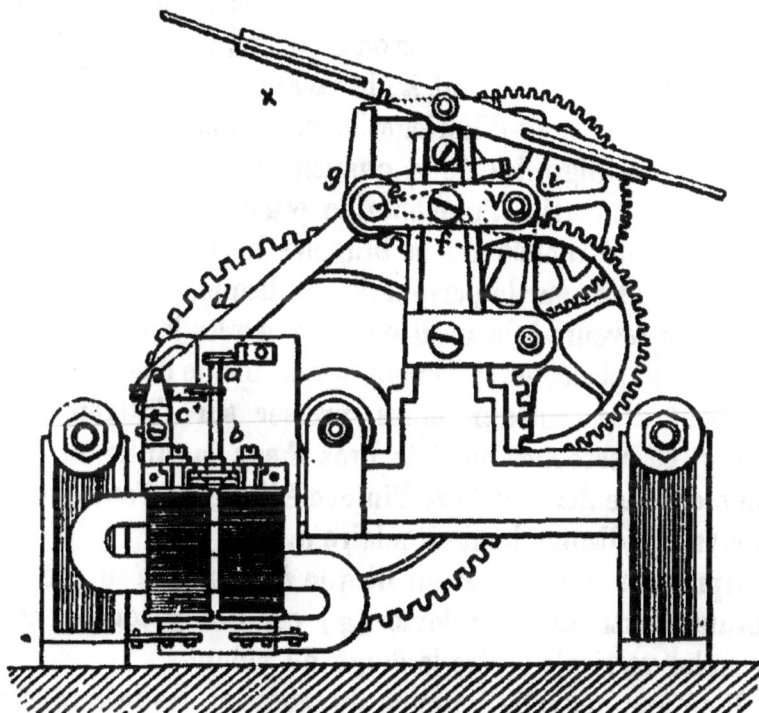

Fig. 168. — Horloge à déclenchement électrique.

horloge de ce genre, munie d'une détente électrique à armature polarisée.

Sur l'axe *b* de cette détente se trouve un disque demi-circulaire *a*, sur lequel repose l'un ou l'autre des bras articulés d'un levier double *c*, mobile autour d'un axe *e*. Ce même levier retient, par une saillie de forme convenable, un bras *d* mobile autour de l'axe *e*; celui-ci porte un second

11

bras *f*, sur lequel repose en *f*, et par l'intermédiaire d'une goupille, un levier *g* en forme d'équerre qui tourne à frottement doux sur l'axe *e*, et dont la branche verticale retient le doigt *h* calé sur l'axe du volant X. Lorsqu'un courant excite l'électro-aimant de la détente, son armature se déplace d'un pôle à l'autre et fait tourner l'axe *b* et avec lui le disque demi-circulaire *a*; celui-ci laisse tomber le levier double et le bras *d*; le levier en équerre, poussé par le bras *f*, laisse échapper le doigt *h*; le volant, et avec lui les rouages du mouvement d'horlogerie, entrent en rotation et font avancer les aiguilles de la quantité voulue. La chute du bras *d* a fait sortir, d'une entaille pratiquée dans le disque *i*, l'extrémité repliée de la branche horizontale du levier qui glisse alors sur la périphérie du disque, et est ainsi empêché de revenir à la position où il arrête le doigt *h*. Une goupille *v*, placée latéralement sur ce même disque *i*, vient, au bout d'un certain temps, presser sur l'extrémité du bras *f*, et recrocher ainsi le bras *d* sur la saillie du levier double, et ce dernier (par l'intermédiaire de l'autre de ses bras) sur le disque demi-circulaire *a*.

Après un tour entier du disque *i*, l'entaille se présente devant l'extrémité du levier *g*; celui-ci y tombe, et sa branche verticale arrête le doigt du volant.

Pour une nouvelle émission du courant, les mêmes effets se répètent, et les aiguilles, animées de mouvements intermittents, parcourent successivement toutes les divisions du cadran.

Un appareil tel que celui qui vient d'être décrit peut être mis en relation mécanique avec un mouvement de sonnerie à poids frappant les heures et les quarts d'heure.

La plus grande horloge de clocher du continent, celle de la tour Saint-Pierre, à Zurich, a été munie par M. Hipp d'une détente analogue à celle de la figure 168, in-

tercalée dans le réseau des horloges électriques de la ville;
elle marche avec la même quantité de courant que celle
qui suffit aux petits compteurs électro-chronométriques de
25 centimètres de diamètre. Ses quatre paires d'aiguilles
pèsent 4 quintaux, et le diamètre de chacun de ses cadrans
est de 10 mètres.

On peut employer, pour produire le déclenchement
d'horloges à poids, des électro-aimants à armatures plates;
c'est le système employé par MM. Gondolo, Kaiser et La-
garenne. Dans les horloges de clocher construites par ce
dernier, c'est le courant électrique qui remonte le poids
moteur, et cette action se produit pendant les soixante secondes qui séparent deux déclenchements successifs, au
moyen d'un électro-aimant spécial.

Ce dispositif est bien combiné, à part l'emploi des électros à armatures plates, qui ont le grave défaut de consommer
cinq ou six fois plus d'électricité pour le même travail que
les armatures polarisées.

Les horloges mères. Dans un système de distribution de
l'heure par l'électricité, on désigne sous le nom d'horloges
mères, les régulateurs placés au centre horaire et ayant
pour but de distribuer l'heure aux cadrans secondaires appelés aussi compteurs électro-chronométriques, et dont il
a été question plus haut. Ces horloges peuvent avoir pour
moteur soit un poids soit un ressort, et, par suite, être purement mécaniques, soit une pile et un électro-aimant, et
constituer ainsi une pendule électrique. Leur principale
qualité doit être d'indiquer l'heure avec une rigoureuse
précision, de façon à transmettre des indications sûres à
tous les cadrans placés dans leur dépendance.

L'appareil de distribution du courant, ou *émetteur*, ne doit
pas influencer la marche de l'horloge mère et sa construction
doit être particulièrement soignée pour assurer constam-

ment un bon contact. C'est la partie la plus délicate de l'horloge, car c'est de l'émetteur que dépend la régularité de succession des émissions du courant moteur; s'il est en mauvais état et qu'il se produise des ratés par défaut de contact, les compteurs électrochronométriques cessent d'être d'accord avec l'horloge mère. Il faut que l'interrupteur n'offre aucune résistance au passage du courant, de manière à éviter toute étincelle de rupture pouvant amener l'oxydation des surfaces ; aussi est-ce pourquoi on a fait ces surfaces en or ou en platine, métaux très peu altérables.

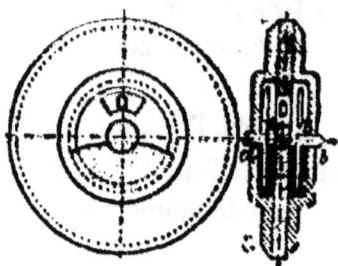

Fig. 169. — Émetteur de courant Napoli.

Certains inventeurs, tels que MM. Leclanché, Napoli et Liais, ont même proposé d'employer, comme contact, du mercure, sous forme de deux nappes, qui, en l'état ordinaire, sont tenues à part l'une de l'autre dans deux compartiments séparés d'une sorte de petit barillet (fig. 169), mais se mêlent ensemble à travers une ouverture au moment où le courant doit passer. Toutefois le meilleur système est encore celui de Hipp, qui s'est voué à l'étude de la transmission électrique de l'heure, et est parvenu à établir un ensemble presque parfait d'indicateurs horaires ainsi actionnés par des piles primaires.

L'émetteur ou *Interrupteur* de Hipp est constitué (fig. 170) par une série de lamelles légères *a*, *a'*, *a''*, juxtaposées sur un seul couteau platiné *b* qui leur sert d'axe commun; un deuxième couteau *c* forme la seconde partie de l'appareil. Les résultats obtenus avec ce système dépassent tout ce qui a été donné jusqu'ici, et, après des années de service, représentant des millions d'émissions de courant, les surfaces de contact restent nettes et brillantes, ce qui doit être attribué, d'après l'ingénieur Favarger, au fait suivant : le plan des lamelles *a a'* n'est pas si rigoureusement parallèle au couteau *c* que celui-ci les touche toutes en même temps; il commencera par entrer en contact avec l'une d'elles, la plus élevée, puis avec la seconde, puis avec la troisième. A la fin du contact, un phénomène analogue se produit en sens inverse, le couteau *c* abandonnant successivement les trois lamelles. Or, la légèreté des lamelles est assez grande pour qu'un contact partiel avec une seule d'entre elles ne permette pas au courant de passer avec son maximum d'intensité ; ce maximum n'est atteint que peu à peu, et à mesure qu'un plus grand nombre de lamelles étant touché, la valeur de la pression au contact est devenue suffisante. De même, le courant ne cesse de passer complètement qu'après avoir possédé

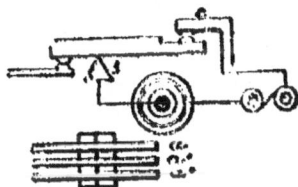

Fig. 170. — Interrupteur électrique de Hipp.

des intensités de valeur intermédiaires. L'émission acquiert ainsi une forme ondulatoire particulièrement propre à la suppression de l'effet nuisible de l'extra-courant.

« Il ne suffit pas, ajoute M. Favarger dans l'étude si complète qu'il a publiée sur les applications de l'électricité à la chronométrie, il ne suffit pas que l'interrupteur fonctionne bien, électriquement parlant, il faut encore que son jeu mécanique soit sans reproche. Combien d'inventeurs ont négligé ce point essentiel ! Un bon régulateur à poids ou à ressorts est donné ; on veut en faire l'horloge mère d'un réseau de cadrans secondaires; rien de plus simple en apparence : une goupille est adaptée à la roue d'échappement, un ressort à la platine, et voilà l'interrupteur qui, fermant le circuit à chaque seconde ou à chaque minute, est chargé

de fournir les émissions de courant. Au bout de quelques
jours de fonctionnement, on s'aperçoit que le régulateur dont
la marche était auparavant irréprochable, n'est plus susceptible d'être réglé; il avance ou retarde sans causes connues,
il s'arrête même quelquefois ; quant aux contacts, ils sont
des plus capricieux; bref, c'est un insuccès complet! C'est
le moment alors de bien se pénétrer des axiomes suivants :
Pour avoir un appareil à contacts agissant sûrement et

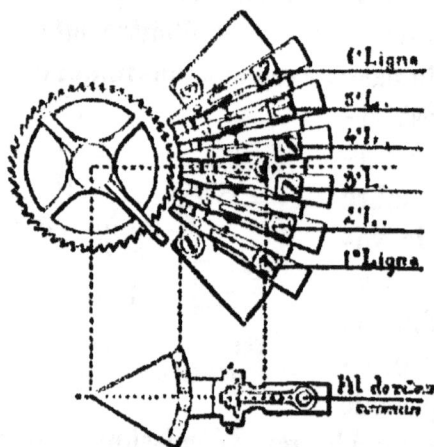

Fig. 171. — Groupement des conducteurs-
horloges secondaires, suivant Hipp.

surtout sans causer au-
cune mauvaise influence
sur la marche de l'hor-
loge mère, ou bien il
faut adapter l'émetteur
de courant à un mouve-
ment d'horlogerie indé-
pendant de l'horloge ré-
glante et déclenché aux
moments voulus par le
jeu de cette dernière;
ou bien n'employer
comme horloges mères
que des pendules élec-
triques. En dehors de
ces deux alternatives qui, toutes deux, peuvent d'ailleurs
donner de bons résultats, il n'y a pas de succès durable possible. »

Dans son système d'unification de l'heure M. Hipp a
employé comme horloge mère sa pendule électromagnétique
dont nous avons donné la description dans la première
partie de cette étude, et il a ajouté à son émetteur un *commutateur inverseur de courant* capable de changer à
chaque minute le sens de ces émissions. La figure 171
montre le mode de groupement employé pour le branche-

ment des conducteurs se rendant aux compteurs secondaires. Les interrupteurs sont munis d'un dispositif évitant les effets nuisibles de l'extra-courant. Avec six appareils de ce genre, une horloge-mère peut actionner jusqu'à 150 compteurs électrochronométriques.

Lorsque le réseau des cadrans secondaires atteint des proportions plus considérables, l'horloge mère doit être construite en conséquence, et c'est dans cette intention que M. Hipp a imaginé un régulateur à poids qui déclenche à chaque minute un mouvement d'horlogerie chargé d'opérer les émissions et les renversements du courant.

L'horloge mère se compose donc alors de trois parties principales :

1° Le régulateur proprement dit, qui consiste en un pendule *c* (fig. 172) battant la seconde et compensé au mercure, et en un mécanisme d'échappement à ancre *b*;

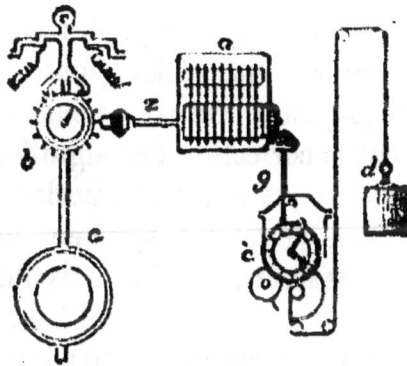

Fig. 172. — Horloge mère de Hipp.

2° Un mouvement d'horlogerie *c*, mis en mouvement par le poids moteur *d*, lequel est réglé par un pendule à force centrifuge ou par un volant à ailettes ;

3° Un appareil à contacts *a* portant les interrupteurs et les renverseurs de courants. Ces trois parties sont solidaires les unes des autres.

Remise à l'heure électrique. — Au lieu de créer des systèmes de pendules ayant pour moteur l'électricité en place d'un ressort, ou bien de faire marquer l'heure à distance par des cadrans en relation télégraphique avec un régulateur, certains inventeurs ont eu l'idée de conserver les indicateurs horaires purement mécaniques tels qu'ils étaient, et d'employer l'électricité à corriger simplement les écarts dus soit à l'isochronisme incomplet du pendule, soit aux influences atmosphériques impressionnant ces horloges et causant des irrégularités de marche.

Deux moyens ont été proposés et tous deux expérimentés pour obtenir de l'électricité ce réglage qu'on demande habituellement à l'horloger. Dans le premier système, dit de *remise à l'heure*, où les cadrans secondaires sont des horloges mécaniques ordinaires avec échappement à ancre ou à cylindre et dans lesquelles le courant correcteur envoyé à de grands intervalles (toutes les six heures ou toutes les vingt-quatre heures), a pour fonction d'opérer instantanément la correction des aiguilles en les amenant à la même position que celles de l'horloge directrice.

Dans le second système, dit par synchronisation, les cadrans secondaires sont des horloges mécaniques à ressorts moteurs et à régulateur; le courant correcteur envoyé par l'horloge mère agit directement sur le pendule en retardant ou accélérant ses oscillations, suivant que le compteur secondaire avance ou retarde sur la pendule correctrice. Ici, les émissions de courant sont plus fréquentes; elles ont ordinairement lieu toutes les secondes ou toutes les demi-secondes, plus rarement toutes les minutes, et elles ont pour effet de synchroniser absolument les oscillations des pendules de tous les indicateurs secondaires en les faisant battre en même temps que le pendule de l'horloge mère.

Il est bon de noter en passant que tous ces systèmes ont été appliqués soit indépendamment les uns des autres, soit combinés ensemble de manière à réunir les avantages qui caractérisent chacun d'eux.

Voici les différentes méthodes qui ont été proposées pour

atteindre la réalisation du principe de remise à l'heure.

Les organes électro-magnétiques, soumis à l'action du courant correcteur, peuvent réagir soit sur les aiguilles de l'horloge à régler, soit sur son échappement, soit sur son balancier.

Voici comment Bréguet effectue la correction pour les aiguilles : l'axe de l'aiguille des minutes est, derrière le cadran, pourvu d'un bras (fig. 173), qui tourne avec lui. Ce bras peut être saisi par les goupilles de deux roues engrenant l'une avec l'autre et entrant en mouvement lorsque le rouage indépendant (Bréguet emploie le mécanisme de la sonnerie) qui les commande est déclenché par l'électro-aimant correcteur. Cette opération a pour résultat d'amener le bras, et par suite l'aiguille des minutes, exactement sur la partie du cadran correspondant à l'heure à laquelle se produit l'émission du

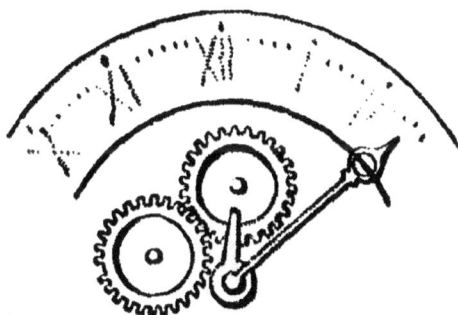

Fig. 173. —Schéma de la remise d'heure de Bréguet.

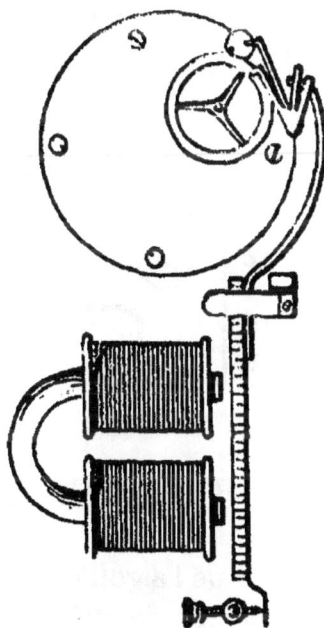

Fig. 174. — Déclenchement de Bréguet.

courant venant de l'horloge mère. La figure 174 indique la disposition de l'électro-aimant correcteur, et celle des levlers, chargés d'arrêter on de libérer le dernier mobile du rouage actionnant les roues correctrices,

Dans un système de M. Collin-Wagner (fig. 175), l'horloge à régler a la tendance d'avancer sur l'horloge mère.

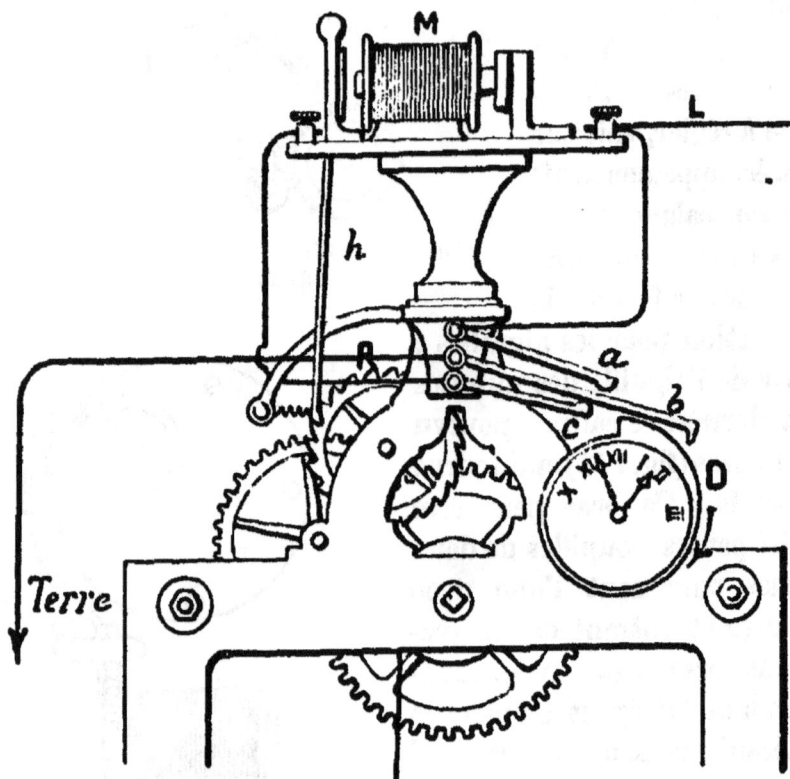

Fig. 175. — Remise à l'heure électrique système Collin-Wagner.

Sur l'axe de l'aiguille des minutes est fixé un limaçon D, à la périphérie duquel frotte continuellement le levier *b*, lorsque celui-ci est sur la partie saillante du limaçon, il est en contact avec un second levier *a*, en sorte qu'un courant venant de l'horloge mère par la ligne L passe directement dans la terre par L *a b*, sans entrer dans l'électro-aimant M. Mais au moment où le levier *b* tombe dans l'entaille du limaçon, c'est-à-dire au moment où l'aiguille des minutes de l'horloge à régler atteint le midi du cadran, il quitte le levier *a* et entre en contact avec le levier *c*. Le courant venant de L est alors obligé de passer par l'électro-aimant M en suivant le chemin LM *c b* Terre. M devenant actif attire son armature et produit, par l'intermédiaire du long levier *h*, l'arrêt de la roue d'échappement R. Le pendule de l'horloge (non représenté dans la figure) oscille à vide (c'est-à-dire sans que la roue R échappe) jusqu'à ce que le courant de la ligne ait été interrompu par l'horloge régulatrice. Lors de cette interruption, qui a lieu au moment où l'aiguille de cette horloge arrive à son tour au midi du cadran, le levier *h* rend sa liberté à la roue R, et le mouvement des aiguilles de l'horloge réglée recommence comme auparavant.

Pour éviter l'inconvénient de l'avance à donner aux horloges réglées sur l'horloge régulatrice, M. Collin a imaginé un système de remise à l'heure pour les retards, lequel, combiné avec celui que nous venons de décrire, permet de corriger les écarts dans les deux sens. Il arrive à ce résultat en déplaçant longitudinalement, au moyen d'un électro-aimant spécial, l'axe de la fourchette d'échappement, opération qui a pour effet de laisser défiler la roue d'échappement jusqu'à ce qu'une des chevilles de cette roue, plus longue que les autres, vienne buter l'une des palettes de la fourchette ainsi écartée, et amène l'aiguille au midi du cadran ; dès lors, cette aiguille se trouve arrêtée jusqu'à ce que l'horloge régulatrice, en coupant le courant correcteur, ait permis à la fourchette de reprendre sa position normale.

Parmi les systèmes de remise à l'heure chez lesquels le courant correcteur agit directement sur le pendule, mentionnons un dispositif dû, cette fois encore, à M. Collin-Wagner. Là, le pendule, réglé sur l'avance, est arrêté par son extrémité au moyen d'un électro-aimant, jusqu'à ce que l'horloge régulatrice, en coupant le courant le laisse repartir à l'heure juste. Ce système a été appliqué en 1880 à Dresde, par le Dr Uldricht qui l'a emprunté à notre compatriote.

Un autre dispositif, également très simplifié, de remise à l'heure est celui qui a été essayé par M. Borrel, successeur de Wagner. La roue d'échappement est à chevilles et porte sur son contour extérieur deux dents dont nous verrons plus loin l'utilité. Le cadran récepteur est réglé avec 6″ d'avance par heure. Quand le centre horaire envoie le courant correcteur, l'électro-aimant devient actif et attire à lui un bras de levier dont la tête descend ; la première cheville vient buter dessus et produit l'arrêt de la roue d'échappement. Le pendule oscille à vide tant que le courant passe, puis reprend sa marche une fois que le levier s'est détaché, la remise à l'heure se trouvant effectuée. Cette disposition limite l'étendue de la correction à un demi-tour de la roue d'échappement, soit 30 secondes. Aussi est-il nécessaire, afin de ne pas laisser le récepteur galoper à l'avance et d'assurer la correction progressive d'une avance exceptionnelle, de mettre sur le champ de la roue d'échappement, en arrière de la goupille normale, une ou deux chevilles de sûreté sur lesquelles l'arrêt puisse se faire si la première a dépassé le levier au moment où il s'abaisse. La goupille normale ne vient naturellement buter que quand l'aiguille du cadran arrive à la 60e seconde. Si, par suite d'une légère différence, le levier laissait passer la cheville sans faire l'arrêt, cet arrêt aurait lieu forcément sur la goupille suivante, et l'erreur peu importante qui en pourrait résulter serait ainsi corrigée.

Remise à l'heure par synchronisation. — Lorsque les émissions du courant correcteur envoyé par l'horloge mère se produisent à intervalles rapprochés et réagissent directement sur les pendules des horloges secondaires, ces pendules influencés à chaque seconde ou à chaque minute battent synchroniquement avec le pendule de l'horloge mère. Tel est le principe de la synchronisation.

La figure 176 montre une disposition très simple d'un

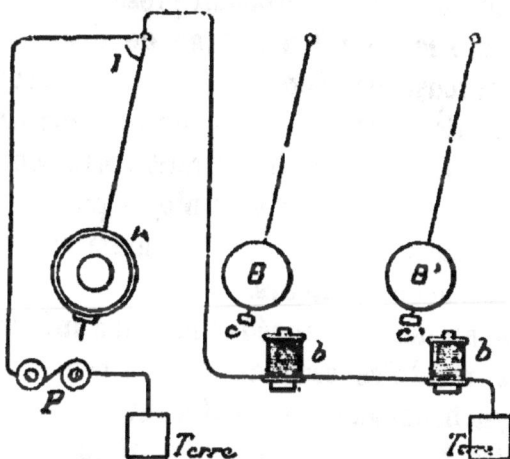

Fig. 176.

dispositif basé sur ce principe. Le pendule A de l'horloge mère est pourvu d'un interrupteur I qui ferme à chaque oscillation le circuit de la pile P sur des électro-aimants *b b'* placés au-dessous des pendules B, B' des cadrans secondaires. Ces électros, rendus actifs pendant tout le temps que dure l'émission du courant correcteur, influencent les armatures *c, c'* adaptées à l'extrémité inférieure des pendules oscillants B, B'. Si la durée du passage du courant est convenablement réglée, tous les pendules des cadrans secondaires sont rendus solidaires de l'horloge mère et battent synchroniquement avec lui.

Cette disposition de l'électro varie avec les inventeurs; ainsi, tandis que M. Vérité n'en emploie qu'un seul, Brégnet en utilise deux, pour attirer alternativement les armatures des pendules à régler. Dans les deux cas, le rôle du courant correcteur est de donner une impulsion accélératrice au balancier du cadran à régler, et cela au moment où il atteint ses écarts extrêmes si celui-ci est en retard, et, au contraire, à le retenir s'il est en avance sur le pendule de l'horloge directrice.

Les systèmes de synchronisation présentent sur ceux de remise à l'heure le grand avantage de distribuer l'heure avec une rigoureuse précision, mais, par contre, ils ont l'inconvénient de mettre à contribution dans une mesure exagérée la pile fournissant le courant correcteur, en sorte qu'il est de toute nécessité de n'employer pour cette application que des piles à grand débit et aussi constantes que possible, ou des accumulateurs.

Cependant, au lieu de procéder par une influence constante sur les pendules secondaires, on peut n'envoyer le courant de synchronisation qu'à des intervalles assez éloignés, toutes les heures, par exemple. Alors la consommation d'électricité est beaucoup moindre, et des éléments Leclanché à grande surface peuvent suffire. Enfin, lorsque le courant chargé de maintenir le synchronisme acquiert une certaine intensité, il peut à lui seul entretenir le mouvement des cadrans secondaires, et de correcteur il devient moteur. C'est d'après ce principe que M. Liais a construit ses compteurs électro-chronométriques à pendule, dans lesquels le courant passant toutes les secondes entretient les oscillations d'un pendule battant la demi-seconde et réagissant au moyen d'un rochet et de cliquets d'impulsion sur les aiguilles du cadran.

Terminons en disant que l'on peut également synchro-

niser les horloges mères des centres horaires par un moyen
analogue. A Berlin fonctionne depuis plusieurs années un
système de six pendules électriques dites *normales*, réglées
par un régulateur placé à l'Observatoire, et qui constituent les centres secondaires d'un ensemble de distribution de l'heure semblable à celui dont on peut voir le plan
figure 177. Ces pendules intermédiaires réglées par l'horloge
mère et réglant les compteurs secondaires sont de véritables

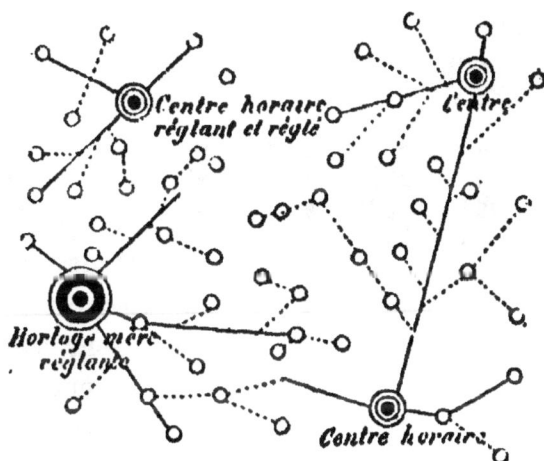

Fig. 177.

translateurs de l'heure ; aussi est-ce là le nom qui leur
a été donné. (horloges mères à translation). Elles sont
aujourd'hui adoptées dans plusieurs villes d'Europe et
donnent des résultats très satisfaisants qui constituent jusqu'à présent la meilleure solution du difficile problème que
nous venons d'étudier.

Réseaux de distribution de l'heure. — I. *La ligne.* — Nous
devons dire maintenant quelques mots de la ligne et du mode
de groupement employé pour les récepteurs secondaires. Le
mode le meilleur paraît être la *dérivation*. Si, par exemple, nous représentons la pile motrice en *a* (fig. 178), l'in-

terrupteur en *b*, la ligne par *c*, les électros par *d' d''*, les récepteurs devront être branchés sur des dérivations *c' c''*, reliées à la terre par des plaques *f f''*, et le courant traversera en même temps et parallèlement tous les électros. On peut aussi, il est vrai, grouper tous les cadrans *en tension* (fig. 179). Alors les électro-aimants des récepteurs *d d' d''* sont placés les uns à la suite des autres sur le même fil, de sorte que le courant de la pile *a* les traverse successivement, mais le premier mode d'assemblage présente bien plus d'avantages : d'abord, avec les cadrans associés en dérivation, on peut en enlever plusieurs sans troubler

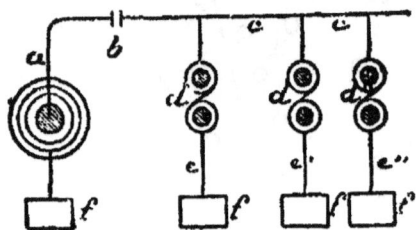

Fig. 178. — Montage en dérivation.

aucunement la marche de ceux qui doivent continuer à fonctionner, ce qui n'est pas le cas avec le montage en tension, dans lequel tous les récepteurs sont solidaires les uns des autres.

De plus, le courant qui suffira à actionner une vingtaine de cadrans en dérivation pourra à peine en faire mouvoir deux ou trois en tension, ce qui s'explique par la résistance des électro-aimants qui s'additionne dans le dernier mode de groupement.

Il est cependant souvent nécessaire, dans un réseau de compteurs électrochronométriques disposés parallèlement, *d'équilibrer* les dérivations de telle sorte que chaque cadran reçoive la même quantité de fluide que son voisin. Quand les distances qui séparent les cadrans l'un de l'autre sont considérables, les résistances des dérivations peuvent être très différentes; il est alors nécessaire d'établir dans les récepteurs les plus rapprochés du générateur électrique des résistances calculées d'après la longueur des fils se rendant aux cadrans plus éloignés. La fabrication de ces petits rhéostats est très simple et peut être exécutée par le premier ouvrier électricien ou horloger venu.

En général on ne se sert, pour la transmission de l'heure électrique, que d'un seul fil, comme en télégraphie; la terre sert de fil de retour commun à toutes les dérivations. Si le fil employé pour les lignes du réseau a une grande conductibilité, si la résistance des électro-aimants des récepteurs est choisie assez grande, si la distance qui sépare de l'horloge mère le cadran le plus éloigné n'est pas très considérable, si enfin les récepteurs sont assez sensibles pour fonctionner avec des intensités de courant légèrement différentes, on peut négliger complètement les résistances compensatrices.

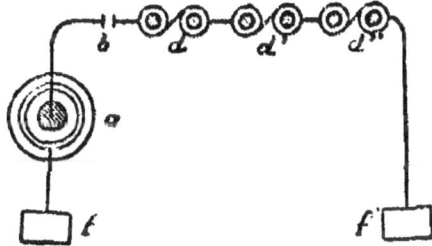

Fig. 179. — Montage en tension.

Ces conditions sont remplies avec les compteurs de Hipp lorsqu'on adopte pour les lignes du fil en bronze silicieux de 2 milimètres de diamètre, et pour chaque récepteur une résistance intérieure de 150 ohms, et lorsque la distance maxima des récepteurs au régulateur horaire central ne dépasse pas trois kilomètres. Les différences d'intensité du courant varient alors de 4 à 5 milliampères; c'est dire qu'elles n'ont aucune mauvaise influence sur la marche du réseau, puisqu'un récepteur de Hipp peut supporter des variations de courant allant jusqu'à 18 et 20 milliampères.

Tels sont les points à ne pas perdre de vue pour les canalisations d'heure électrique, mais il est vrai qu'on

12

peut également utiliser, si on en a l'occasion et la faculté, d'autres moyens de transmission. Ainsi M. Reclus s'est servi d'une canalisation de lumière électrique pour éviter les frais de fils conducteurs.

DEUXIÈME PARTIE.

LE MÉCANICIEN-AMATEUR.

CHAPITRE VII.

L'ATELIER.

Outillage pour le travail du bois et des métaux. — Conseil pour la menuiserie, conduite et choix des outils. — Apprentissage : travail du tour, de la machine à découper. — Outillage pour le travail des métaux : étau, forge, etc. — Soudures et brasures.

Le goût des travaux manuels, disions-nous, dans une étude publiée dans notre journal la *Maison Illustrée*, a pris depuis quelques années surtout, en France comme à l'étranger, une extension considérable, et chacun, dans la mesure de ses aptitudes, de ses moyens, et surtout de son goût et de ses préférences, aime à faire une foule de petits ouvrages. Mais c'est surtout aux amateurs d'études scientifiques que les travaux manuels sont le plus utiles, car ils leur permettent d'augmenter leur outillage, et, par suite, d'élargir considérablement le cercle de leurs expériences et de leurs travaux. L'amateur intelligent et adroit décuple ainsi ses moyens d'action. Il acquiert en même temps l'adresse nécessaire pour la pratique. C'est dans l'atelier de l'amateur qu'on fait le plus utile stage pour réussir une foule d'études scientifiques : astronomie, chimie, physique, électricité, chronométrie, etc., etc. Et pourrait-il en être autrement ? Le physicien et le chimiste, qui ne sauraient préparer aucune expérience sans le concours du menuisier ou de l'ajusteur, se trouveraient bien souvent arrêtés dans leurs travaux.

Cependant l'amateur, quels que soient ses goûts particuliers, ne doit pas se cantonner dans une spécialité qui limite ses travaux et le condamne à la monotonie d'une production sans utilité. Ce n'est, en effet, que par l'assemblage judicieux des produits de différents arts : menuiserie, découpage, tour, galvanoplastie, mécanique, serrurerie, etc., que l'on peut espérer donner à une œuvre un véritable cachet d'originalité et d'élégance. Or, ce résultat n'est pas aussi difficile à atteindre qu'on le pense généralement. Avec de la méthode et de l'attention, on fait promptement ces divers apprentissages indispensables, car beaucoup d'arts manuels ont plusieurs points de contact, et qui en connait un, peut, avec de la bonne volonté, en acquérir un second et, plus facilement encore, s'en assimiler un troisième.

Ayant constaté le succès obtenu, dans notre livre l'*Ingénieur-Électricien*, par le chapitre la *Maison de l'Électricien-Amateur*, nous avons pensé à réunir ici tout ce qui concerne l'atelier du *Mécanicien-Amateur*. Mais, ainsi que nous venons de le démontrer, comme il est de toute nécessité que ce mécanicien sache aussi manier la scie et le rabot du menuisier, nous sommes obligé de condenser dans ce chapitre tout ce qui a trait au travail du bois et des métaux. Dans un chapitre suivant, nous montrerons alors quelles applications l'horloger amateur peut faire de la chronométrie à son intérieur. On ne niera pas qu'il soit indispensable de savoir faire une boîte, tourner un cylindre de cuivre, souder un morceau d'acier, avant de vouloir fabriquer un réveille-matin électrique ou ajuster les rouages d'une pendule.

Nous rappellerons donc, en premier lieu, les principales notions du travail manuel du bois et des métaux.

I. — Outillage du menuisier.

Cet outillage varie d'importance, suivant le genre de travaux que l'on veut exécuter. Nous donnerons donc deux listes, l'une énumérant les outils indispensables, l'autre plus complète détaillant tous les instruments que l'on doit rencontrer dans un atelier bien monté.

PREMIÈRE LISTE. — Outillage sommaire.

1 établi, 1 boîte, caisse ou armoire contenant 1 marteau, 1 paire de tenailles, 1 scie à demande, 1 scie à araser, 1 scie à refendre, 3 ciseaux à bois, 1 gouge, 2 bédanes, 1 rabot, 1 riflard, 1 guillaume, 1 varlope, 1 trusquin, 2 bouvets, 1 vilebrequin avec son assortiment de mèches et de tarières, 1 râpe à bois demi-ronde, 1 compas, 1 règle plate, 1 mètre articulé, 1 équerre ou sauterelle, 1 meule, 1 pierre à huile, 2 vrilles.

DEUXIÈME LISTE. — Outillage complet.

1 établi avec le valet et le maillet, 2 marteaux : un de menuisier, un de tapissier, 1 paire de tenailles, 2 pinces plates de grandeurs différentes, 2 pinces rondes, 1 pince à couper, 1 scie à découper, 1 scie à chantourner, 1 scie à araser, 1 petite scie à main (égohine), 1 bocfil, 1 varlope,

22.

1 riflard, 1 rabot américain tont en fer, 2 bouvets d'assemblage, 12 oiseaux à bois, 6 gouges, 3 bédanes, 12 vrilles, 1 oiseau à froid, 1 tamponnoir, 1 vilebrequin avec son assortiment de mèches, 2 tournevis, 2 râpes à bois.

Cet assemblage d'outils est exclusivement réservé au travail du bois. Quand on veut également travailler les métaux, il faut y joindre les instruments suivants :

4 limes : une demi-ronde à gros grain, une plate et une demi-ronde à grain fin, une triangulaire dite *tiers-point*,

    1 règle,

2 équerres : une à angle droit et une à onglet,

    1 mètre, 1 compas, 1 fil à plomb, 1 niveau d'eau,

    1 hachette,

    1 drille et ses mèches,

    1 trusquin, 1 boîte d'onglets,

    1 chasse-clou, 1 poinçon à tracer,

    1 petit étau d'horloger,

    1 filière et ses tarauds,

    1 clé anglaise,

    1 cisaille, 1 plane,

    1 fer à souder, 1 chalumeau,

    1 râcloir, 1 couteau de peintre,

    1 meule à repasser, 1 pierre à l'huile,

    1 bain-marie à colle forte,

    1 crayon plat de menuisier,

    1 boîte à compartiments pour les clous.

Ainsi qu'on le voit, la personne désireuse de se mettre à l'ouvrage pour son plaisir ou son amusement, pourra choisir entre ces deux outillages, l'un sommaire et l'autre plus compliqué. Entre les deux il y a une marge suffisante pour que chacun puisse, de sa propre initiative, faire telle ou telle modification qu'il jugera nécessaire. Pourtant on devra peu s'écarter des deux combinaisons ci-dessus : moins que la première serait insuffisant ; plus que la seconde, ce serait alors excès et encombrement.

Choix et emploi des outils. L'Établi. Choisir un établi à plateau épais sec et lourd, car on ne peut rien faire de bien avec un établi léger vacillant au moindre mouvement. La vis en fer pour pression est préférable à la vis en bois et ne coûte pas plus cher. Le *valet* est une pièce en fer en forme d'I renversé : il sert à maintenir le morceau de bois que l'on manipule ; il se serre et se desserre d'un coup de maillet.

Rabots. Le rabot, le riflard et la varlope sont le même outil, mais de taille différente et dont le montage diffère. Le riflard sert à dégrossir, on lui donne assez de fer pour enlever de larges copeaux ; la varlope sert à dresser et à planer, elle doit avoir moins de fer et une *lumière* plus étroite. Son contre-fer doit s'appliquer exactement sur le fer et affleurer presque le tranchant pour enlever des copeaux très minces.

Bouvets. Ces outils servent à préparer les assemblages ; le bouvet double, notamment, est très commode, car l'un de ses fers creuse la rainure tandis que l'autre taille la languette.

Scies. Il en existe de plusieurs modèles : La *scie à refendre* sert à débiter le bois et les planches ; elle doit avoir beaucoup de voie. La *scie à chantourner* est employée au découpage ; elle peut contourner les courbes, sa lame étant fort étroite. Elle doit avoir moins de voie que la précédente et être montée sur pivots, — à demande, comme on dit, — pour tourner facilement dans les cercles de petit rayon. La *scie à araser* ou à *tenons* à lame *fine* ayant peu de voie, est employée surtout pour les ajustages. Elle peut être montée sur attache fixe, ou mieux à demande, pour plus de commodité dans le travail.

Ciseaux. Il faut plusieurs grandeurs de ciseaux à bois, depuis deux centimètres jusqu'à 8 au plus. Pour tailler des mortaises, il faut un *bédane*, sorte de ciseau quadrangulaire à double décroissance, c'est-à-dire dont la partie tranchante est la plus large de l'outil. La *gouge* est un ciseau de forme de demi-cylindre avec un biseau tranchant.

Pour débiter le bois que l'on veut travailler ensuite à la scie, au ciseau, au tour ou à la machine à découper, on se sert d'une *hache* à main, puis d'une *plane*, outil appelé aussi couteau à deux mains. Lorsqu'on a donné au morceau l'ébauche de la forme qu'il doit avoir, on enlève les angles et les aspérités à l'aide de la *râpe à bois*.

Pour percer des trous dans le bois, il faut employer des *vrilles*, ou des *tarières* pour les trous de grand diamètre. L'outil ordinaire du menuisier est le *vilebrequin*, trop connu pour que nous ayons à le décrire. Cet outil à percer le bois peut recevoir plusieurs modèles de mèches suivant le genre de trou que l'on veut obtenir. — Les modèles les plus usités sont la *tarière en hélice*, qui enlève un copeau roulé; la *mèche à trois pointes*, qui fait un trou régulier et avance rapidement; la *mèche cuiller*, cannelée dans le sens de sa longueur, et à bout relevé; la *tarière Sorby* triangulaire, et la *fraise* qui sert à égaliser en tronc de cône l'entrée des trous percés à l'aide des autres mèches.

Les outils accessoires du menuisier-amateur sont le mètre, le Té à dessiner et l'équerre, le fil à plomb, le compas, l'équerre à onglet, la sauterelle, le trusquin pour tracer les parallèles, un compas d'épaisseur, la meule et la pierre à affûter.

Travail du bois; conseils pratiques. — Lorsqu'on veut exécuter une pièce en bois, il est bon, auparavant, de la dessiner et de figurer exactement les assemblages. La connaissance du dessin linéaire est donc indispensable et il faut savoir se servir tant bien que mal de la règle et du crayon avant d'aborder le travail manuel. Faire ses des-

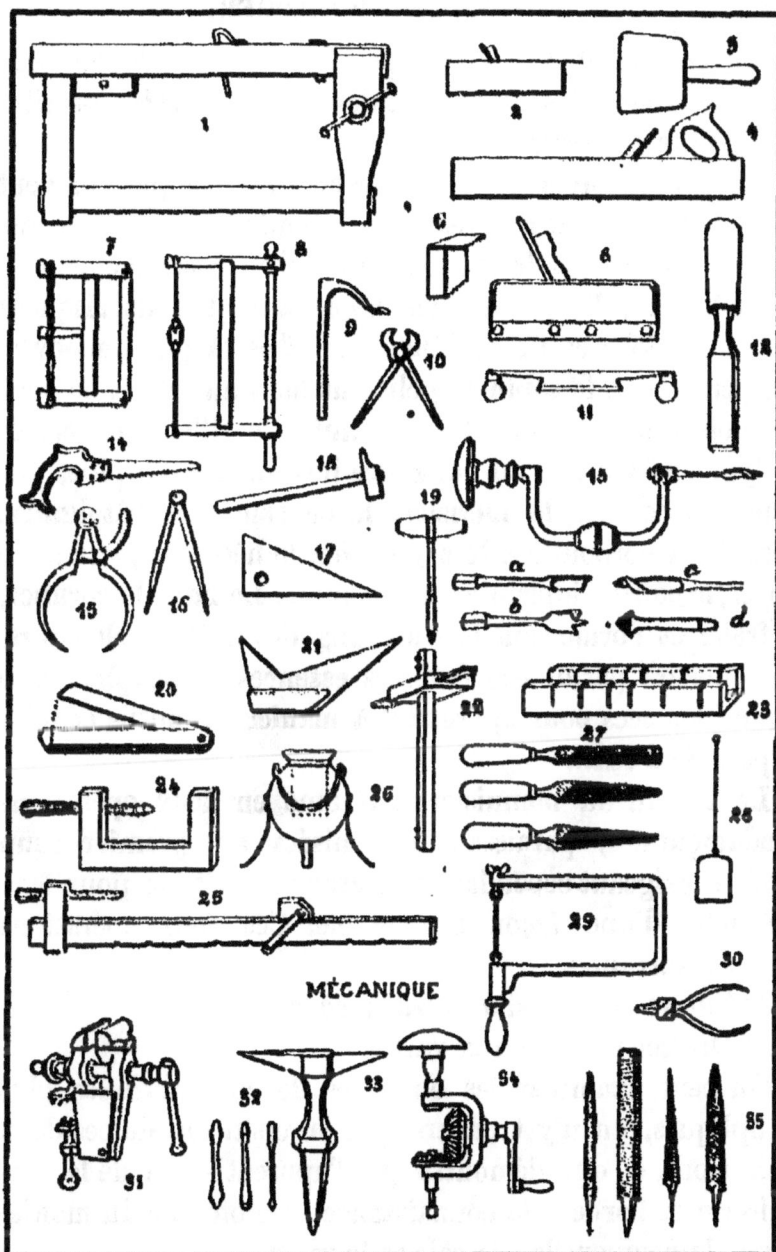

MÉCANIQUE

1 Établi, — 2 Rabot, — 3 Maillet, — 4 Varlope, — 5 Cale à dents — 6 Guillaume, — 7 Scie à tenons, — 8 Scie à demande, — 9 Valet, — 1o Tenailles, — 11 Plane, — 12 Bédane, — 13 Vilebrequin, a mèche cuiller pour vilebrequin, b mèche américaine, c tarière Sorby, d fraise à bois, — 14 Égohine, — 15 Compas d'épaisseur, — 16 Compas pointes sèches, — 17 Équerre, — 18 Marteau. — 19 Vrille, — 20 Sauterelle, — 21 Équerre d'onglet, — 22 Trusquin, — 23 Boite à onglets, — 24 Presse à bois, — 25 Serre-joints, — 26 Pot à colle, — 27 Râpes à bois, — 28 Fil à plomb, — 29 Bocfil à découper, — 30 Pinces plates, — 31 Étau d'horloger, — 32 Forets. — 33 Bigorne, — 34 Porte-foret, système Lenain. — 35 Limes de diverses formes.

sins avec autant de soin que possible et *à l'échelle*, en mentionnant toutes les dimensions des pièces des *cotes* inscrites aux points nécessaires.

Choisir ensuite avec soin l'essence de bois que l'on veut travailler : les bois à fibres serrées tendres ou durs, comme le peuplier, le buis, le chêne se travaillent assez facilement, à condition qu'ils soient bien secs, sans quoi ils risquent de se gondoler et de se déjeter une fois la pièce achevée. Le peuplier et le sapin se polissent bien au rabot ; ce sont des bois tendres comme le marronnier, le tilleul, le tremble et l'ypréau. On met au rang des bois durs l'aubépine, l'alizier, le cerisier, le merisier, le charme, le châtaignier, l'érable, le cornouiller, le cognassier, le hêtre, le platane, le noyer, le poirier, le prunier, le sycomore. Le buis, le cormier, le frêne et l'orme sont mis au rang des bois les plus durs. On choisira parmi ces diverses essences le peuplier et le sapin bien secs pour apprendre à manier ses outils et faire sa période d'essai.

Le travail du menuisier se résume en deux opérations fondamentales, paraissant fort aisées au premier coup d'œil et exigeant cependant une grande habitude pour être exécutées d'une façon convenable. Ces deux opérations sont les suivantes :

1° Suivre la trace d'un trait avec la scie ;

2° Dresser un plan à la varlope.

On peut examiner les ouvrages de menuiserie les plus compliqués, on n'y trouvera que la répétition de ces deux opérations, ce qui démontre que l'apprentissage de la menuiserie se borne à la connaissance approfondie du maniement de deux outils : la scie et le rabot.

Pour suivre rigoureusement avec la scie un trait marqué sur le bois sans mordre ni en dedans ni en dehors il faut se garder d'appuyer sur l'outil, qui doit mordre de lui-même et sans pression. Quand on s'est rendu compte de l'exactitude de ce principe, on arrive promptement à guider la scie à sa volonté et à suivre le trait.

Lorsqu'on dégrossit une planche quelconque, on l'attaque d'abord avec le riflard, puis on donne moins de fer et on termine de dresser le plan à la varlope. Ce dernier outil doit mordre sans pression et sans effort en produisant des copeaux presque droits. Il faut porter toute son attention à maintenir la varlope bien horizontalement pendant toute sa course (le débutant a une tendance à abaisser alternativement chaque main). Sans cette précaution, la planche se gauchirait, la varlope se creuserait, il n'y aurait plus moyen d'obtenir un résultat convenable. Si l'on sent qu'il faut une certaine pression pour faire mordre la varlope (ou le rabot), c'est un signe que le fer ne coupe plus, et il faut lui donner un coup d'affûtage sur la pierre à huile, ou mieux sur la meule.

Quand on travaillera du sapin ou un bois analogue, prendre bien garde aux nœuds et aux fentes, qui jouent souvent des tours désagréables aux meilleurs ouvriers. Ne pas, s'attaquer, au début, aux bois très durs, loupes d'orme ou de frêne, ce serait du temps perdu; on n'arriverait à aucun résultat satisfaisant.

Les assemblages. Dans les travaux de menuiserie, les assemblages varient, suivant qu'ils ont pour objet de réunir les extrémités des diverses pièces composant les bâtis ou cadres, ou bien de réunir sur toute leur longueur deux feuilles de même épaisseur composant un panneau. On compte trente-cinq sortes d'assemblages, dont les plus usités sont :

1° L'assemblage carré à moitié bois, le plus ancien et le plus grossier de tous.

2° L'assemblage à anglet ou onglet à moitié bois qui est plus spécialement employé pour les lambris.

3° L'assemblage à tenon et mortaise, employé presque uniquement pour les meubles.

4° L'assemblage par enfourchement, d'une grande solidité, usité pour les armoires et autres meubles à panneaux.

5° L'assemblage par emboîture qui, composé d'une rainure et d'une languette fabriquées à l'aide d'un bouvet, réunit deux pièces de bois sur toute leur longueur.

6° L'assemblage à queue d'hironde qu'on emploie surtout pour les tiroirs et pour les boîtes d'ébénisterie.

7° L'assemblage à tourillons, dans lequel on remplace les tenons pris dans la masse par une simple cheville ou goujon.

Un ustensile indispensable au menuisier est le *pot à colle forte* contenant une dissolution de colle forte de Givet, faite au bain-marie et assez claire. On étend cette colle avec un pinceau sur les morceaux à réunir et on les serre fortement à l'aide d'une *presse à bois* ou d'un *serre-joint* (ou *sergent*) suivant leurs dimensions.

Découpage du bois. Cette opération est devenue une récréation très répandue par suite de la création, par quelques mécaniciens, d'un outillage spécial très bien compris. Au début on traçait le dessin sur la planche soit au crayon, soit par un procédé de décalque quelconque et on le découpait au bocfil. Aujourd'hui, on choisit le modèle qu'on désire reproduire dans l'une des collections de journaux de découpage se publiant à Paris, et on le colle à l'aide de gomme arabique très claire sur la feuille de bois. Il faut choisir de préférence, pour cet usage du bois blanc ou du noyer débité en planches de quelques millimètres d'épaisseur pour le placage. Ces bois, plus faciles à mettre en œuvre que tous les autres, peuvent être teints ou vernis en diverses couleurs imitant les bois des îles les plus recherchés.

Le dessin étant reproduit, collé ou décalqué sur la planche, on perce des trous dans tous les endroits vides soit avec un simple *drill* ou porte-foret, ou mieux avec une petite machine à percer qui va plus vite. On peut utiliser aussi l'archet et le touret des horlogers ou le tour à bois si on en a un.

Les machines à découper sont aujourd'hui très répandues et bien préférables au *bocfil* d'un maniement beaucoup plus difficile. On en vend des modèles très simples se manœuvrant au pied, ce qui permet d'avoir les deux mains libres pour diriger le travail, et que l'on peut recommander aux débutants.

Les scies à découper sont de petites lames très fines, à dents plus ou moins rapprochées et à voie variable suivant le genre de travail à exécuter. Elles coûtent de 30 à 50 centimes la douzaine. On engage leurs deux extrémités dans les mordaches dont le bocfil ou la machine à découper sont pourvues, en s'arrangeant pour leur donner une tension modérée ; si cette tension est trop grande, on risque de briser la lame ; si elle n'est pas suffisante, le travail n'est pas régulier, l'expérience indiquera quel est le degré convenable.

Le choix des scies doit dépendre du genre d'ouvrage à exécuter : plus elles sont grosses, plus on avance vite, mais le trait est plus gros ; il faut les prendre *carrées*, c'est-à-dire aussi larges qu'épaisses pour pouvoir tourner facilement surtout dans les angles.

On peut classer les machines à découper en deux catégories : les machines à pédales simples et celles à volants. Dans l'un et l'autre système, le mouvement est donné avec le pied, en sorte que les mains sont libres pour manœuvrer l'objet à découper, ce qui est un grand avantage quand on a affaire surtout à de grands morceaux.

Nous ferons une recommandation aux amateurs qui voudraient faire l'acquisition d'une de ces machines, c'est de choisir un système dans lequel la scie descende perpendiculairement; car, dans quelques-unes que nous avons eu occasion de voir, la scie décrit une courbe, très faible il est vrai, mais qui est cependant sensible lorsque le morceau à découper a de l'épaisseur.

Pour notre part, nous ne sommes pas partisan des machines à volant; en effet, lorsque la machine est lancée, si votre scie s'engage, on casse forcément, ou la scie, ou le morceau à découper; avec la pédale simple, on obtient peut-être moins de vitesse, mais on est plus maître de son coup de scie, que l'on peut arrêter au tiers ou au quart sans difficulté.

Bien qu'avec la machine on puisse découper une certaine épaisseur, nous engageons cependant les amateurs à ne pas en abuser : souvent il arrive que l'on entreprend de découper deux ou trois morceaux ensemble, et qu'au bout d'un instant on s'en repent. Quand il y a trop d'épaisseur, on fatigue davantage et la scie n'avance pas; nous disons ceci en thèse générale, sans préciser d'épaisseur; c'est à l'amateur à étudier la force de sa machine. Avec certaines machines, on peut découper très facilement un centimètre et même plus, tandis que d'autres ne peuvent attaquer que du bois de quatre à cinq millimètres.

L'une des machines à découper les plus perfectionnées est celle représentée par notre fig. 215. Elle permet de découper facilement et sans déformation du dessin des planches de cinq centimètres d'épaisseur et des métaux de un centimètre en plaques. Au lieu de pédales, elle est pourvue d'étriers qui donnent une force bien plus considérable et plus de régularité.

Avec la machine à découper comme avec le bocfil, il

Fig. 215. — Machine à découper perfectionnée Tiersot, à étriers remplaçant la pédale.

faut à chaque fois qu'un vide du dessin est découpé démonter la lame et la repasser à travers un des trous percés au drill pour continuer l'opération. On découpe tous les petits trous avant d'arriver aux grands ; cette précaution évite souvent de casser la pièce.

Quand on veut découper plusieurs épaisseurs de bois à la fois et suivant un même dessin, on réunit les planchettes ensemble à l'aide de pointes fines à placage enfoncées dans les parties vides du dessin. Celui-ci est collé ou décalqué sur la planche supérieure. On peut obtenir un résultat satisfaisant avec les machines à mouvement rectilignes, mais la déformation des dernières plaques est à craindre quand on emploie le bocfil.

Les pièces une fois découpées, on les décloue ; le dessin est enlevé avec un râcloir plutôt qu'avec de l'eau, qui ferait gondoler le bois, puis on les polit avec soin à la lime et au papier de verre gros et fin ; enfin, en dernier lieu, on les vernit, soit au pinceau avec les vernis à l'alcool qu'on trouve dans le commerce, soit au tampon, ce qui est beaucoup mieux et n'exige qu'un peu de patience. On procède ensuite au montage, qui doit s'effectuer pièce par pièce et avec très grand soin pour ne rien casser. Les assemblages peuvent être faits par l'une des méthodes que nous avons indiquées plus haut, puis réunis à la colle-forte. Les découpages se prêtent à une multitude d'effets décoratifs et constituent une récréation très agréable.

Travail du bois sur le tour. — Le tour le plus simple, celui qui convient le mieux aux amateurs qui ne veulent pas dépenser une trop forte somme est le *tour bidet*, composé de trois pièces fixées sur une sorte d'établi ou *banc de tour.* La première de ces pièces est la poupée, sorte de pied double en fonte portant l'arbre de transmission avec ses poulies et dont l'une des extrémités est disposée pour recevoir les mandrins et les plateaux supportant les pièces. L'autre poupée est appelée pointe et l'arbre qu'elle porte est pourvu d'un volant de manœuvre. La troisième pièce est le support ou *guide de tour*. Ces trois pièces sont mobiles le long de la fente séparant les deux *jumelles* du banc de tour. On les fixe en position en serrant fortement les vis dont la partie inférieure de ces poupées est pourvue.

Le mouvement est communiqué à la pièce à tourner à l'aide d'une pédale articulée entre les jambes du tour, et sur laquelle on presse du pied. Ce mouvement est transmis à un volant par une bielle et une manivelle fixée sur l'axe de ce volant, lequel porte également des poulies de diamètres inégaux. Une corde à boyau sert de courroie de transmission et se place sur l'une ou l'autre des poulies pour donner enfin le mouvement de rotation à l'arbre de la poulie.

Il existe cent manières d'utiliser un tour : ainsi on peut fixer la pièce à travailler sur la pointe de la poupée à l'aide d'une griffe à trois pointes, ou la serrer dans des mandrins de formes diverses qu'on visse sur l'extrémité de cette poupée. On peut aussi monter l'outil sur cette poupée et appuyer la pièce sur le guide ; enfin, il y a une foule de combinaisons pour obtenir de cet outil universel tous les résultats possibles.

Lorsqu'on se borne à tourner des pièces cylindriques, le morceau est fixé sur la poupée à l'aide d'une griffe dite aussi *queue de cochon*, comme il vient d'être dit et serré sur le nez du tour à l'aide du volant. On dégrossit d'abord à l'aide d'une gouge, qui sert également à ébaucher ensuite les profils que l'on veut donner à la pièce. Le *bédane* et le *grain d'orge* permettent d'obtenir les profonds creux, le *ciseau* ou *fermoir* s'emploie pour les surfaces unies et pour terminer le travail.

Quand on veut réserver le centre de la pièce, on la monte

sur un mandrin et on la fixe à l'aide d'une espèce de mastic composé de blanc d'Espagne, de résine et de suif et appelé *mastic de tourneur*. Le grain d'orge sert surtout pour le découpage net d'une circonférence, comme, par exemple celle d'un plateau de guéridon.

Il faut une certaine habitude pour *centrer* rapidement une pièce sur le tour. Ordinairement on trace aux deux extrémités de la pièce deux cercles d'égal diamètre et affleurant partout les bords du morceau préalablement équarri à la hache et dégrossi à la plane. Les centres de ces cercles servent de repère et on y enfonce les deux pointes du tour lui servant de pivot.

La manœuvre des outils à tourner, et notamment du fermoir, nécessite une certaine habitude pour éviter les entailles et les éclats dans la pièce. Il y a là un apprentissage à faire, mais comme l'opération du tournage n'a rien de désagréable ou de particulièrement difficile, on peut arriver rapidement à éviter les écueils dus la plupart du temps à une trop grande précipitation.

Le tour a été beaucoup perfectionné surtout dans ces derniers temps : c'est une machine-outil d'une utilité presque universelle et dont il serait bien difficile de se passer, car elle permet d'obtenir avec une précision mathématique une foule de résultats industriels. On doit donc recommander sa pratique à tous les amateurs qui trouveront facilement dans le commerce et à tous prix des tours aussi perfectionnés qu'ils le désireront.

Le mécanicien amateur. OUTILLAGE. — Le travail du mécanicien se divise en deux parties qu'il doit connaître parfaitement sous peine d'être incomplet : c'est la forge et l'ajustage, comprenant le travail à l'étau et la conduite des machines-outils. Un parfait mécanicien doit être forgeron et ajusteur, et l'amateur doit réunir ces deux qualités.

L'outillage de la forge se compose : en premier lieu de la *forge* avec son *soufflet*, de *l'enclume* avec son assortiment de *marteaux* et de *masses*, puis des pinces outils à main, *pinces à mors plat* ou *coupantes*, *tenailles*, *tisonniers*, *broches*, *chasse-rondes* carrées et à biseau, *mandrins*, *étampes*, *tranchets*, *perçoirs* et *ciseaux à froid* ou *burins*.

A moins d'un cas spécial, l'amateur n'aura pas à sa disposition de forge maréchale, aussi lui conseillons-nous d'utiliser de préférence le modèle de forge portative tel qu'on en trouve maintenant dans le commerce. Ces forges lui donneront pleine satisfaction et il en pourra choisir de la grandeur et de la disposition qu'il voudra, suivant le travail en vue. Ces forges s'alimentent de *houille maréchale*, variété de charbon grasse et collante qui établit en s'agglutinant par la combustion une voûte très favorable pour concentrer la chaleur. Avant la *chaude*, on détache de la voûte les parties les plus calcinées pour former le fond du foyer sur lequel on place le fer à chauffer au dessus de la tuyère amenant l'air, de telle façon que celui-ci traverse le charbon enflammé puis se réfléchit sur la voûte avant de venir en contact avec le métal qu'il n'oxyde plus que faiblement.

Le fer étant ainsi chauffé se travaille sur l'enclume. On lui donne toutes les formes voulues sur les bigornes à l'aide des outils cités plus haut.

Dans le cas où la pièce à obtenir doit être faite en fonte, l'amateur doit en confier l'exécution à une fonderie. Il exécute donc, ou fait exécuter par un modeleur-mécanicien, le modèle en bois des pièces à fabriquer, détaillées en autant de morceaux qu'il est nécessaire pour avoir un moulage et un démoulage faciles. Nous n'avons pas à décrire ici le travail du mouleur et du fondeur ; ces opérations n'ayant rien à voir avec ce que l'on peut exécuter soi-même, et nous en arriverons au travail de l'ajustage.

Au sortir de la forge ou de la fonte, les pièces ne sont qu'à l'état d'ébauche grossière et elles exigent une main-d'œuvre assez compliquée pour remplir le but qu'on en attend. C'est cette main d'œuvre qui constitue le *travail de l'étau* ou à *l'établi*.

L'étau est l'outil indispensable du mécanicien : il se compose de deux mâchoires articulées à leur partie inférieure et dont l'une est mobile sur une vis attachée à l'autre mâchoire laquelle est pourvue d'une pointe s'allongeant verticalement jusqu'au sol. Un fort ressort maintient l'écartement des mâchoires quand la vis est desserrée. L'étau est fixé par une presse au bord de l'établi. Il existe de nombreux modèles d'étaux, suivant l'importance des pièces qu'ils sont appelés à maintenir. Le plus petit est *l'étau à agrafe* employé surtout par les horlogers ; l'étau parallèle est également d'une excellente disposition. Au lieu que la mâchoire mobile décrive un arc de cercle en s'ouvrant, elle se desserre le long d'une vis et parallèlement au mors. Enfin l'étau à main est d'une très grande commodité pour le travail des petites pièces telles que celles qui sont en usage dans l'horlogerie.

L'étau sert à maintenir la pièce à œuvrer ; les limes servent à dresser celle-ci et à la dégrossir.

Il existe de nombreuses formes de limes motivées chacune par un emploi particulier. Citons la *lime plate* à main, la *lime bâtarde*, taillée sur trois côtés seulement, la lime *demi-ronde*, le *tiers-point* ou *trois-quarts*, triangulaire, la *queue de rat* conique et pointue, la lime *coutelle* ou à pignon, mince d'un côté et servant à fendre les têtes des vis, enfin les *sciottes* qui ne sont taillées que sur l'épaisseur. Ces limes se font de différentes grandeurs (15 à 30 centimètres) et s'emmanchent dans un morceau de bois tourné pourvu d'une virole de serrage.

La pratique de la lime pour le dressage des pièces métalliques demande un apprentissage, et on ne devient ajusteur qu'à la condition de savoir parfaitement se servir de cet outil que, jusqu'ici, rien ne remplace.

Pour percer des trous dans les métaux, le mécanicien se sert de forets, lames d'acier trempées très dur, affûtées sur leurs deux côtés et mises en rotation soit à l'aide d'une machine, soit d'une sorte de vilebrequin appelée porte-foret. En ce qui concerne le travail des petites pièces de mécanique, nous recommandons les petites machines à percer que l'on trouve chez tous les marchands d'outillage et qui permettent d'obtenir des trous très réguliers et rapidement creusés. Les porte-forets peuvent recevoir des mèches de différents calibres, de même que le *drill*, mais leur maniement est plus incommode.

Beaucoup de pièces doivent être ajustées et fixées par pas de vis.

Les vis sont obtenues, soit à la filière, soit sur le *tour à fileter*. Pour établir les filets d'un écrou à l'intérieur d'un cylindre creux on se sert de *tarauds* en acier dur creusant les filets.

Comme outils accessoires de l'atelier du mécanicien amateur on peut mentionner les pinces coupantes, le marteau, les tournevis, les alésoirs, les clés à écrous, le pied à coulisse, le compas d'épaisseur, les burins et les mandrins, la meule, la presse de serrurier, et avant tout le *tour*, sans lequel on ne peut arriver à établir quantité de pièces mécaniques. Aujourd'hui, on trouve à bon marché des tours à métaux perfectionnés, de véritables bijoux ne déparant nullement un intérieur et nous ne saurions trop les recommander avec leur outillage perfectionné aux personnes qui nous lisent. Le tour est une machine de première utilité et que rien ne peut remplacer, tandis qu'il remplace une foule d'autres outils plus rudimentaires.

Découpage des métaux. De même que le bois, les métaux peuvent se travailler au bœfil et à la machine à découper.

Lorsqu'il n'y a qu'une ou même deux feuilles de cuivre, la pointe les perce aisément ; mais s'il y en a un plus grand nombre, l'opération devient plus difficile. En ce cas, on peut percer le trou d'avance, ou bien, après avoir enfoncé la pointe de manière à traverser seulement la première plaque de bois, on la coupe avec des tenailles ou des pinces à la hauteur voulue, pour qu'elle ne fasse que traverser le tout, puis, par un coup sec, le marteau l'enfonce ; il ne faut pas craindre de multiplier ces points d'attache ; plus le cuivre sera maintenu, moins il y aura de grincements.

Soudures. — Nous ne reviendrons pas sur ce que nous avons déjà dit au sujet de la pratique des soudures. On sait qu'il est nécessaire de posséder, pour ce travail, différents produits, comme la résine, le chlorure de zinc, le chlorhydrate d'ammoniaque, qui servent à assurer la prise de la soudure sur le métal. Le principal outil est le *fer* qui sert à opérer le contact des pièces et à l'échauffer. C'est un morceau de cuivre triangulaire emmanché au bout d'une tige de fer. On en fait de toutes les dimensions, de manière à ce qu'ils soient en rapport avec la grandeur du travail à exécuter. Les *fers à souder* sont chauffés, soit dans un fourneau à charbon de bois soit sur le gaz. Ils servent aussi à opérer ce que l'on désigne sous le nom de *brasure*.

Brasure. — Lorsqu'une pièce de fer plus ou moins ouvragée vient à se rompre, on ne peut souder ensemble les morceaux, car la chaude et le martelage les déformeraient ; l'ouvrier les réunit alors par une *brasure*.

En général, *braser* deux pièces de métal, c'est les réunir par la fusion d'un métal ou d'un alliage plus fusible ; cet intermédiaire auquel on a recours porte d'ailleurs le nom de *soudure*, et l'on donne souvent le même nom à l'opération elle-même, ce qui, pour le fer et l'acier, expose à la confondre avec la soudure faite au blanc soudant.

Quels que soient les métaux à réunir, pour qu'une brasure réussisse, il faut, avant tout, que les surfaces à braser ne soient ni oxydées ni salies d'une manière quelconque. Au besoin donc, le fer, l'acier ou le cuivre sont nettoyés proprement à la lime, tandis que des métaux plus mous, tels que l'étain, le plomb et le zinc, peuvent être raclés au couteau, et quelques-uns décapés avec des acides. Il faut, en outre, opérer la brasure à l'abri du contact de l'air, afin d'éviter l'oxydation des surfaces à réunir; c'est pour ce motif qu'avant d'opérer, on recouvre celle-ci de borax ou de colophane, suif, etc., ou de chlorure de zinc obtenu en mettant quelques rognures de zinc dans une capsule de terre contenant de l'acide chlorhydrique. Il faut, on le comprend, que la brasure ait assez d'étendue pour que l'alliage qui se forme donne un joint suffisamment résistant. La nature des soudures varie d'ailleurs, ainsi que nous l'avons vu, avec les métaux à braser.

Le fer et l'acier se brasent avec le cuivre ou le laiton ; pour les métaux plus fusibles, on emploie généralement des soudures composées d'étain et de plomb, soudures dont la fusibilité varie en sens inverse de la quantité de plomb qu'elles renferment.

Le plus souvent, on emploie des fers à souder que l'on porte à une *température* suffisamment élevée ; dans d'autres cas, on fait usage d'un chalumeau ou d'une lampe à vapeur d'alcool.

Pour braser ensemble deux pièces de fer ou d'acier, on rapproche d'abord les morceaux et on les maintient l'un contre l'autre avec du fil de fer ou par quelque autre moyen; on humecte ensuite la soudure (cuivre ou laiton), réduite

en copeaux et presque pulvérulente, avec une pâte formée
de borax en poudre et d'eau, et on applique le mélange sur
la joint ; finalement, les parties à braser sont présentées à
l'action du feu de forge ou à la flamme du chalumeau jusqu'à ce que la soudure fonde. Celle-ci coule alors dans le
joint et opère la réunion des deux pièces ; on retire aussitôt
du feu, et, après avoir laissé refroidir, il ne reste plus qu'à
nettoyer à la lime toutes les bavures et parties de soudure
adhérentes au métal en dehors du joint.

Pour les fortes pièces, au lieu de braser à nu comme on
vient de le dire, l'ouvrier enveloppe les bouts à joindre et
la soudure qui les recouvre d'une espèce de manchon en
mortier de terre glaise ; dès que la terre est rouge, il tourne
doucement pour égaliser la chaude et retirer du feu quand
il se dégage une flamme bleu-violet annonçant la fusion de
la soudure. Quel que soit, au surplus, le procédé suivi, un
joint brasé ne présente jamais la solidité d'un joint soudé
au blanc soudant.

Soudure du cuivre. — Il est quelquefois nécessaire, lorsqu'on a soudé du cuivre, de colorer la soudure de la même
teinte que l'objet entier.

On arrive à ce résultat en mouillant la soudure, après
l'avoir égalisée à la lime, avec quelques gouttes d'une solution saturée de sulfate de cuivre et la touchant avec une
baguette de fer ou d'acier. La soudure, se recouvre ainsi
d'une couche de cuivre très mince que l'on peut rendre
plus épaisse en renouvelant l'opération.

Si, au lieu de la couleur du cuivre, on veut avoir la
couleur du laiton, il faut, après avoir cuivré la soudure
une première fois, se servir d'une solution saturée de 1
partie sulfate de zinc et 2 parties sulfate de cuivre et employer une baguette de zinc.

Si l'on veut dorer la soudure, il faut encore commencer

par la cuivrer, puis la recouvrir d'un peu de gomme ou colle et d'or en poudre, et enfin polir au brunissoir après séchage.

Soudure à basse température. — A employer pour les objets qui ne peuvent subir une température élevée. Dans un mortier en porcelaine on mélange du cuivre en poudre avec de l'acide sulfurique concentré. Ce cuivre s'obtient en précipitant une dissolution de sulfate par le zinc.

On prend de 30 à 36 parties de cuivre, suivant le degré de dureté que l'on désire, et l'on ajoute, en remuant toujours, 70 parties de mercure. Quand l'amalgame est achevé, on lave à l'eau chaude pour enlever tout l'acide, puis on laisse refroidir.

Quand on veut se servir de cette composition, on la chauffe jusqu'à consistance de la cire, de manière à pouvoir l'étendre sur les surfaces à réunir. En refroidissant, elle adhère très fortement.

Soudure pour le fer et l'acier simplement chauffés au rouge :

Borax en petits morceaux......	25 grammes.	
Limaille d'acier...............	25	—
Sel ammoniac..................	7	—
Baume de copahu..............	22	—

Faire cuire le tout à une douce chaleur dans un vase de fer jusqu'à consistance dure, la masse est réduite en poudre et conservée au sec.

CHAPITRE VIII.

MÉCANIQUE ET HORLOGERIE D'AMATEUR.

Exemple d'une construction mécanique, opérations à exécuter. — Travail de la forge, de l'étau, de l'établi, montage et ajustage. — Construction des automates. — Électricité, premiers principes, outillage de l'électricien. — Galvanoplastie, outillage, bains, connaissances générales. — Horlogerie de l'amateur. Description des pièces constituant un mécanisme d'horlogerie. — Mise d'aplomb et mise en marche. — Soins à donner à sa montre, à sa pendule. — Rectification de la sonnerie. — Réveille-matin électrique. — Du feu par le briquet électro-chronométrique.

Nous venons de voir quel est l'outillage nécessaire aux amateurs, de plus en plus nombreux chaque jour, et qui désirent, soit comme récréation soit par nécessité et pour réaliser une idée, établir eux-mêmes une pièce de mécanique. Supposons donc que l'amateur auquel nous nous adressons est parvenu à acquérir l'habileté manuelle nécessaire pour mener son travail à bien et, qu'après avoir gâché un certain nombre de morceaux de bois ou de métal, il lui est possible d'entreprendre, avec chance de succès, un ouvrage plus ou moins compliqué.

Lorsqu'on veut s'occuper de mécanique ou d'horlogerie, il est indispensable, nous le répétons, d'avoir quelques notions de dessin linéaire. Il n'est pas de rigueur de dessiner comme un ingénieur sortant de l'École Centrale, mais il est bon

de savoir tenir un crayon et un tire-ligne, prendre une mesure avec exactitude et manier le compas. Le dessin linéaire
est surtout une œuvre de soin et, avec un peu de persévérance,
on obtiendra bien vite un résultat satisfaisant. D'ailleurs
ce genre de dessin est maintenant enseigné dans toutes les
écoles, et il suffit d'en avoir une teinture légère pour
établir le plan de la pièce qu'on veut édifier.

Comme nous nous occuperons d'horlogerie un peu plus
loin, nous donnerons ici comme exemple de construction
mécanique le montage d'un modèle de machine à vapeur
verticale, qui montrera comment, en procédant du simple
au composé, on peut venir à bout d'ajuster les pièces paraissant les plus compliquées.

On établit d'abord le dessin en élévation et en plan de
la machine complète en marquant à l'encre rouge les dimensions de chacune des pièces, quand le dessin est fait
à l'échelle et non de la même grandeur que la machine à
exécuter. Cet ensemble une fois posé, on dessine sur des
feuilles détachées chacune des pièces, — d'abord la pièce
complète, puis à côté, chacun des morceaux devant la constituer, avec les *cotes*. Autant de pièces autant de dessins.

Les grandeurs étant ainsi bien déterminées, on peut se
mettre à l'œuvre, le dessin est le guide du mécanicien.

Dans une machine à vapeur fixe, nous avons deux pièces
principales : le générateur ou chaudière, et le récepteur ou
mécanisme moteur.

L'épaisseur de la tôle d'une chaudière est calculée suivant le diamètre que doit avoir cette chaudière et la pression
qu'elle aura à subir pendant le fonctionnement. Quand on
emploie une bonne qualité de tôle d'acier, 2 ou 3 millimètres
suffisent pour un modèle. Cette tôle est roulée en cylindre
à l'aide d'une machine à cintrer puis les deux coutures rivées à chaud et rabattues. Le *ciel* ou dessus est ensuite

rapporté par les mêmes procédés, ainsi que le fond. La fig. 216 montre l'emplacement des rivets et le mode d'assemblage des pièces.

Ordinairement, quand la chaudière ne dépasse pas 20 centimètres de diamètre, son fond ne porte qu'un trou central, par où passe le tuyau de la cheminée. Au-dessus de 20 centimètres, la plaque reçoit un nombre plus ou moins grand de tubes débouchant dans la cheminée (c'est le genre de chaudière dit type locomotive) ou bien la plaque supporte des tubes sertis et contenant l'eau (type multitubulaire, tubes Field).

En résumé, et lorsqu'il ne s'agit que d'un modèle, le procédé le plus simple est le meilleur, et un tube unique suffit. D'ailleurs, il est bien rare qu'un amateur fabrique sa chaudière lui-même : ce travail de chaudronnier est exécuté à bon compte par un ouvrier de cette profession et évite ainsi une opération f ..tidieuse. Il suffit de remettre le dessin coté à l'ouvrier.

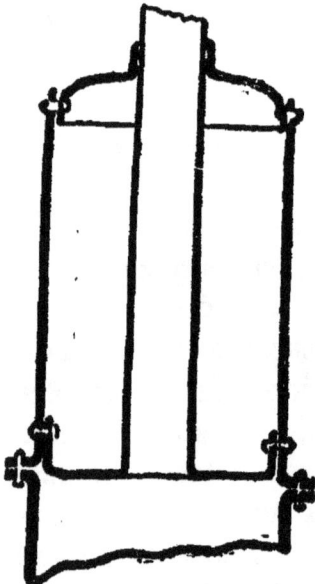

Fig. 216.

Le fourneau est ordinairement en fonte et pourvu d'un rebord extérieur pour se boulonner au rebord inférieur de la chaudière. Deux ressauts sont ménagés intérieurement pour servir de support à la grille et au cendrier. Trois pattes en équerre sont ensuite rivées extérieurement pour surélever le tout et le boulonner au socle supportant tout le mécanisme (fig. 217.)

Ce socle doit être en fonte. On en établit le modèle en bois en ayant soin de ménager les portées par où doivent passer les tiges des boulons ; on fait fondre à la fonderie, puis on ébarbe et polit la pièce à la lime après avoir percé les trous qu'elle comporte.

Il est préférable d'établir le mécanisme moteur à part, plutôt que de le fixer à la chaudière. Mais avant de s'occuper de cette partie, il faut terminer la chaudière en la garnissant de ses appareils de sûreté et de sa tuyauterie.

Les appareils de sûreté se composant du *manomètre,* du *niveau d'eau,* des *robinets de jauge,* et des *soupapes.* Il faut

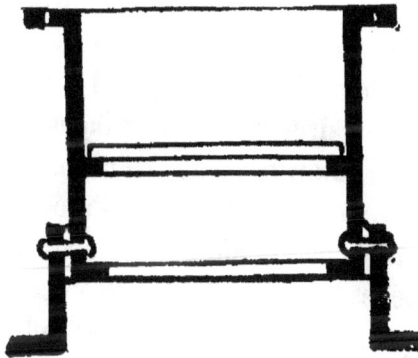

Fig. 217.

ajouter à cette liste la *pompe alimentaire :* le *souffleur* et le *sifflet.*

On trouvera toutes ces pièces, brutes ou finies, et de toutes les grandeurs, chez beaucoup de marchands d'appareils de démonstration à Paris et dans la plupart des grandes villes. Il suffira donc de se les procurer pour gagner du temps et de les poser, ce qui s'effectuera en perçant, dans la tôle de la chaudière, des trous du diamètre voulu à l'aide d'un foret, et de tarauder ce trou. Les robinets, etc., étant filetés suivant le même pas se visseront dans ces trous. Il n'est pas besoin de recommander une grande justesse d'exécution ; on comprend qu'elle est indispensable.

L'aménagement de la chaudière achevé, on s'occupe du moteur auquel on peut donner toutes les positions imaginables, pour agir soit verticalement de haut en bas ou de bas en haut, soit horizontalement. Le support du cylindre varie donc suivant cette position ; en général on le dispose sur un socle en fonte, boulonné sur la plaque supportant déjà la chaudière et à côté de celle-ci.

On achètera encore les pièces constituant le cylindre et les accessoires, en fonte brute, à moins qu'on ne préfère fabriquer le modèle en bois et faire fondre. Un cylindre à vapeur se compose de six pièces : le *cylindre proprement dit*, ses *plateaux de dessus et de dessous*, la *coquille*, la *cuye* et le *plateau de dessus du tiroir* (fig. 218, 219, 220 et 221). On commencera par dresser les deux faces du cylindre à la lime, puis on rode et on procède à l'alésage du vide intérieur sur le tour, à l'aide de forets et d'alésoirs.

L'alésage terminé, et le vide et les faces polies au papier de verre, on perce les lumières d'admission et d'échappement à travers la masse du métal ; ce travail est celui qui demande le plus de soin et d'attention. Une fois qu'il est achevé, on perce dans les faces, et aux places déterminées, les trous au travers desquels doivent passer les tiges des boulons d'assemblage des plateaux. Enfin on tourne l'extérieur du cylindre et on le polit.

Le plateau de dessus est percé pour donner passage à la tige du piston, le vide alésé et l'extérieur tourné ; le plateau de dessous est également tourné, mis en place et boulonné. Il ne reste plus qu'à ajuster le tiroir, dont le presse-étoupes est d'abord percé et alésé, et à mettre en place le piston qui doit glisser à frottement doux dans son cylindre et son presse-étoupes.

L'extrémité de la tige du piston s'articule ordinairement sur une pièce en acier travaillée à la forge et appelée *crosse*.

Cette pièce glisse entre les deux côtés d'un cadre appelé *glissière*, qu'on fait venir de fonte avec la platine de dessus du cylindre. Quand on préfère employer une bielle en fourche, la crosse est serrée à chaud sur la tige, et pourvue de deux tourillons s'engageant dans les trous de la bielle, dont l'autre extrémité ou *tête* est engagée dans le vilebrequin de l'arbre.

Cet arbre doit être fait en acier ; on le forge d'abord sur l'enclume pour lui donner sa forme, puis on le dresse de face et on le tourne avec soin. On le polit enfin au papier de verre et au papier émeri fin, après avoir ménagé le logement de la clé pour le serrage du *volant* et de la *poulie*.

On met en place sur le socle les *paliers* qui doivent supporter l'arbre. Ces paliers sont fondus en deux pièces, terminés à l'étau, et garnis de coussinets en bronze. Le *chapeau* (partie supérieure), est

Fig. 218, 219, 220, 221.

rattaché à la partie inférieure à l'aide de deux écrous.

Le volant de fonte tourné étant claveté sur l'arbre et le cylindre boulonné à son support, on ajuste les excentriques préparés d'avance et qui doivent conduire soit le tiroir, soit la pompe alimentaire. Il ne reste plus qu'à placer la tuyauterie : le tube d'amenée de vapeur taraudé sur un robinet droit, et le tube d'échappement débouchant dans la cheminée.

Telles sont les diverses opérations à exécuter pour mener à bien ce travail si compliqué du montage d'une machine à vapeur complète. Nous en avons esquissé seulement les

grandes lignes, il est vrai, mais nous pensons cependant avoir atteint le but que nous nous étions proposé et qui était de démontrer qu'il faut tout attendre de la méthode, du soin, de la patience et de la dextérité manuelle. Quand on sait bien se servir de ses outils et qu'on va doucement et soigneusement en besogne, on peut être certain du succès. Les brouillons seuls gâtent tout, et quand on sait bien limer un écrou et tourner un cylindre sans rien perdre ni gâter on est capable de réussir les ajustages les plus compliqués.

La construction des automates n'est pas plus difficile et ce sont toujours les principes les plus élémentaires de la mécanique qui sont mis à contribution. Voici le moyen d'en édifier d'assez simples, le rossignol chantant et le fumeur.

Pour fabriquer le rossignol (ou tout autre oiseau chantant), il faut d'abord se procurer la dépouille d'un oiseau quelconque, plus une cage et le petit instrument en forme de pipe métallique, que l'on vend dans les bazars et qui reproduit le chant de l'oiseau par l'effet d'un simple sifflet.

L'oiseau doit être perché sur une sorte de tronc d'arbre collé sur le fond de la cage. Ce tronc est creux et renferme un petit soufflet, relié par un tube de caoutchouc au tuyau du sifflet. Dans le socle on dissimule un mouvement d'horlogerie dont le dernier mobile commande un treuil auquel est attaché un fil qui passe sur une poulie et est fixé par son autre extrémité à la partie supérieure du soufflet chargé d'un poids assez lourd.

Il est facile de concevoir le fonctionnement de l'appareil fig. 222 : le mouvement étant remonté, le treuil tourne et enroule le fil qui force le soufflet à se distendre et à se gonfler d'air. Arrivé à l'extrémité de sa course, une came ou une détente débraye le treuil ; le poids force le soufflet à se dégonfler, l'air expulsé traverse le sifflet et l'oiseau paraît chanter. Quand le soufflet est vide, la détente remet le treuil en action, et les mêmes effets se reproduisent, tant que le ressort, se débandant, fonctionne.

On peut ajouter une roue à six dents sur l'axe de l'échap-

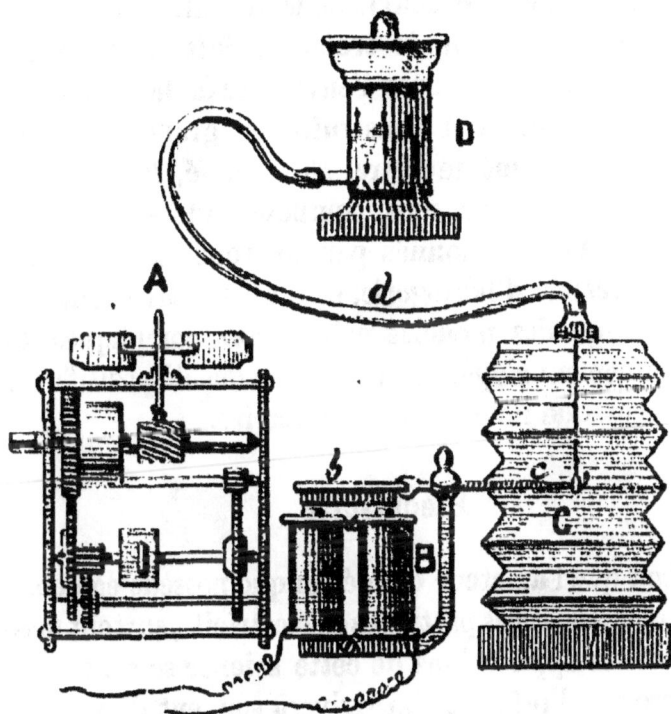

Fig. 222. — Mécanisme d'automate A : Mouvement d'horlogerie, — B Électro-aimant, — b Armature, — C Soufflet, — D Sifflet, — d Tube amenant l'air.

pement et, montant la mandibule inférieure du bec de l'oiseau sur une charnière, on peut le faire ouvrir et fermer rapidement à l'aide d'un simple morceau de fil de fer communiquant de cette roue à la charnière.

Fumeur. — Ayant une poupée ou une statuette creuse, on peut la faire fumer par un mécanisme analogue et trois leviers conduits par des roues à cames. La fumée est produite par le mélange de dix gouttes d'ammoniaque et dix gouttes d'acide chlorhydrique versées dans une soucoupe dissimulée dans le socle. Le mouvement d'horlogerie étant en action, un premier levier fait pivoter le bras de l'automate autour de la charnière de l'épaule, écartant la pipe ou le cigare de la bouche ; un deuxième levier fait ouvrir celle-ci et tourner les yeux, enfin le troisième fait fonctionner le soufflet et chasse la fumée par l'ouverture de la bouche. L'amateur peut s'amuser à construire un grand nombre de petits appareils du même genre. En résumé, les automates les plus compliqués ne sont composés que de leviers de grandeur calculée, actionnés par des roues à cames mues par un fort ressort d'horlogerie, et il est relativement facile d'en construire des modèles même assez compliqués dont le fonctionnement s'opère toujours par des dispositifs analogues à ceux que nous venons de décrire.

Électricité.

Il est bon que l'amateur de mécanique possède également quelques connaissances pratiques en électricité, surtout maintenant que les applications de cette science se sont multipliées presque à l'infini. Il lui arrivera souvent d'avoir, soit une sonnette électrique à entretenir, un allumoir à alimenter ou de petites opérations de galvanoplastie à exécuter. Il nous faut donc, pour être complet, dire quelques mots ici des principales notions que nos lecteurs peuvent avoir oubliées, et qui leur seront très utiles souvent pour mener à bien leurs travaux de construction. Tout s'enchaîne, et, quand on veut faire des sciences, il faut savoir se passer des ouvriers ; à moins qu'on ne soit riche, il faut se servir soi-même, — c'est même souvent le seul moyen pour être

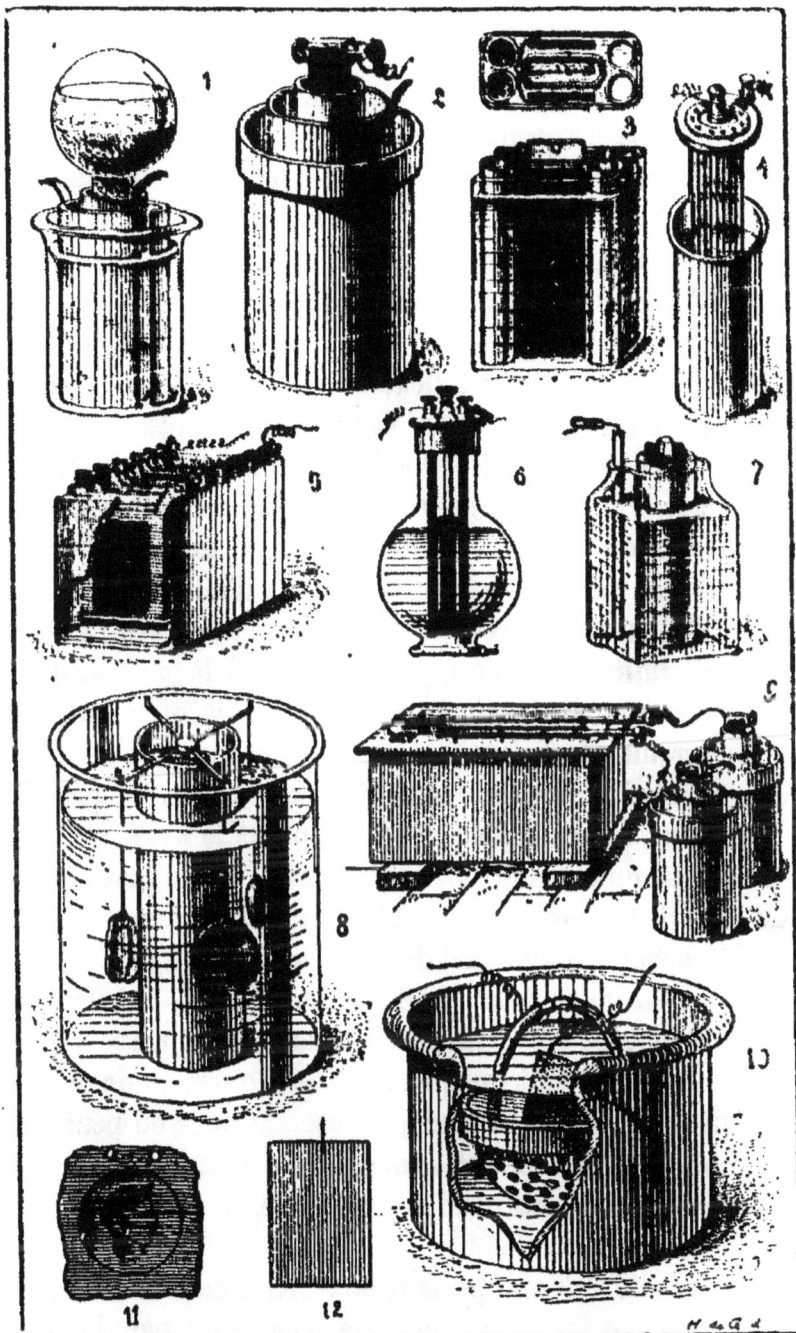

1 Pile à ballon, — 2 Pile Bunsen, — 3 Pile impolarisable Baudet, — 4 Pile chromique, modèle de l'auteur. — 5 Accumulateur à 12 plaques, — 6 Pile Grenet au bichromate, — 7 Pile Leclanché, — 8 Bain galvanoplastique, — 9 Appareil composé, — 10 Appareil pour nickeler, — 11 Moule, — 12 Anode.

entièrement satisfait. Sans aller jusqu'à **dire, comme Franklin**, qu'il est nécessaire de savoir scier une **planche avec une** vrille et percer un trou avec une scie, on peut affirmer qu'il est bon de savoir manier tous les outils et être, suivant le cas, menuisier, tourneur, forgeron, ajusteur et même électricien. D'ailleurs, en ce qui concerne les travaux d'amateurs ce dernier métier n'a rien de bien difficile : il demande seulement du soin et de la réflexion.

Ce qui effraie souvent les personnes désireuses de se fabriquer des pièces d'électricité et qui ne sont pas versées dans cette science, ce sont les termes barbares qu'on emploie pour désigner les unités en usage. Mais à une science nouvelle il faut des mots nouveaux et, d'ailleurs, les plus essentiels peuvent être expliqués en quelques lignes. Ce sont : 1° le *volt*, unité de tension, correspondant à la hauteur d'une chute d'eau en hydraulique ou à l'*atmosphère* de pression ou kilogramme par centimètre carré, en physique ; 2° l'*ampère*, unité d'intensité représentant le *volume*, la **quantité** d'électricité traversant un conducteur ; 3° le *watt*, **unité de** travail obtenu en multipliant la pression **par l'intensité**. Il faut près de 10 watts pour représenter 1 **kilogrammètre**. Un cheval-vapeur, 75 kgm. est de 736 watts. Enfin et 4° l'*ohm*, unité de résistance évaluant la difficulté opposée à la marche d'un courant par le métal ou le corps qu'il traverse. Ces différents termes sont indépendants de la question de temps ; ordinairement on les entend par seconde, mais on peut dire aussi *ampère-heure* ou *watt-heure*, pour dire un ampère pendant une heure, un watt pendant une heure, un kilogrammètre, un cheval-heure, etc.

L'électricité a des rapports très étroits avec la mécanique ; c'est une autre forme de l'énergie, s'évaluant par d'autres termes mais en corrélation directe avec ceux-ci. Nous en donnerons plusieurs preuves par la suite.

Le courant peut être engendré par divers moyens, chimiques, thermiques, mécaniques, etc. Cette dernière méthode est la plus économique, mais l'amateur, qui n'aura besoin la plupart du temps que d'une petite quantité d'électricité pourra employer les piles chimiques de préférence aux dynamos.

La pile à ballon (fig. 1, pl. VI) se charge à l'aide de sulfate de cuivre dont on remplit le bocal supérieur. Elle donne avec économie un courant très constant pendant plusieurs mois; on peut l'utiliser quand on a besoin d'un courant faible et de longue durée, comme en télégraphie ou en horlogerie électrique.

La pile Bunsen (fig. 2) se charge d'acide azotique dans le vase poreux, d'eau acidulée sulfurique (au dixième) dans le vase de grès. Elle est énergique mais répand des vapeurs nitreuses désagréables. Le modèle de 20 centimètres de haut peut développer jusqu'à 10 ampères dans une tension de 1 volt 7, soit 17 watts pendant 10 à 12 heures.

Les piles au bichromate sont avantageuses par suite de leur grande énergie, mais leur courant est très variable. C'est pour parer à cette inconstance qu'on leur a donné mille formes différentes. Quand il s'agit d'expériences de courte durée, le modèle Grenet, dit *pile*-bouteille (fig. 6, pl. VI) est très commode; pour la galvanoplastie la pile dite impolarisable de G. Baudet est préférable, son courant ayant une durée de près de 100 heures. La *pile chromique* (fig. 4) a l'avantage d'une très grande intensité allant jusqu'à 20 ampères par décimètre carré de surface de zinc. Enfin le modèle à treuil de G. Trouvé est d'un maniement très commode.

Les piles Leclanché (fig. 7) conviennent pour tous les usages intermittents, car elles se polarisent en quelques mi-

14

nutes lorsqu'on les fait travailler à pleine charge. C'est dire
qu'elles ne conviennent nullement pour l'éclairage électrique, mais bien pour les sonnettes, les téléphones et tous les
appareils n'usant de courant que pendant un temps très
court, quoique aussi souvent qu'on voudra. Ces piles se char-
gent avec du sel ammoniac dissous dans l'eau (100 gr. par
litre).

Les *accumulateurs* (fig. 5) sont de véritables réservoirs
d'électricité. Le courant qu'on leur fournit s'y emmagasine
et peut en être tiré ensuite à volonté. Ils sont composés de
lames ou d'oxydes de plomb baignant dans de l'eau acidulée
sulfurique. Ils peuvent retenir jusqu'à 4000 kilogrammètres
d'énergie par kilogramme de plomb. Quelles que soient les
dimensions d'un accumulateur, sa tension normale est toujours de 2 volts.

Galvanoplastie.

Outillage du galvanoplaste. — Il se compose d'un générateur d'électricité, qui peut être une pile hydro-électri-
que ou un accumulateur. De toute façon, il faut deux éléments associés en *tension*, c'est-à-dire par leurs pôles contraires, afin d'obtenir une force électromotrice suffisante
pour produire la décomposition des bains métalliques. Les
piles Daniell ou Bunsen sont les meilleures pour cet emploi, les modèles au *bichromate* n'ont pas assez de durée ni
de constance pour être recommandés pour cette application.

Il faut aussi une cuve rectangulaire, en grès, porcelaine,
verre, faïence dure ou gutta-percha ; en bois doublé intérieurement d'une couche de gutta, de glu marine ou de
feuilles de plomb verni pour les grands bains. (Ne jamais

doubler les cuves avec du fer, du zinc, ou de l'étain.) Deux baguettes en laiton reposent sur les bords de la cuve et communiquent, l'une avec le pôle positif, ou *charbon*, de la pile, l'autre avec le pôle négatif ou *zinc*. On suspend à la tige positive une plaque de cuivre ou d'argent appelée *anode*, destinée à entretenir la solution du bain de cuivrage ou d'argenture. Quant à la seconde tige, on y accroche le moule à reproduire, de manière à ce qu'il soit en face et à quelques centimètres seulement de la plaque métallique.

Quand on désire reproduire un objet quelconque par la voie galvanoplastique, il faut en prendre un moule, ce qui s'obtient avec toutes les matières plastiques, telles que le plâtre, la gutta-percha, la cire, etc. Ces moules, une fois bien secs, sont recouverts de plombagine pulvérisée que l'on étend avec une brosse douce. Cette couche de plombagine a pour but de rendre conductrice la surface du moule, de permettre au dépôt métallique de se faire sous l'influence de l'électricité, et de rendre facile, en dernier lieu, le décollement du moule et du métal déposé.

La métallisation du moule étant achevée, on peut *mettre au bain*. La composition de ce bain varie, suivant que l'on veut obtenir un dépôt de cuivre ou d'un autre métal.

La galvanoplastie a été d'un heureux secours, principalement pour l'imprimerie, en permettant de transformer en un cliché résistant les planches gravées ne pouvant supporter un long tirage sans s'écraser. On a transformé des gravures en taille-douce, sur cuivre ou sur acier, en clichés en relief pouvant être tirés en typographie. Pour les bois gravés, on prend une empreinte en gutta-percha et on reproduit par un dépôt cuivreux la matrice qui a servi d'original. On est même parvenu à transformer une plaque daguerrienne en cliché typographique, en l'attaquant au moyen de l'acide chlorhydrique froid, qui dissout le mercure et respecte l'argent de la plaque. Enfin un grand nombre de procédés, dus à Smée, à Dulos, à Coblence, utilisent la galvanoplastie dans l'art de la gravure.

Aujourd'hui la galvanoplastie et ses dérivés, l'électrométallurgie et l'électro-chimie, sont des sciences entrées dans la pratique courante de l'industrie et dont les affaires se chiffrent par millions tous les ans. On reproduit par la galvanoplastie tous les objets, quels qu'ils soient ; feuilles d'arbres, fleurs, insectes, qui deviennent ainsi de ravissants objets d'art, dont on a pu voir de très curieux spécimens à l'Exposition Universelle de 1889.

Par voie de dépôt électro-chimique, on arrive au *cuivrage* à grande épaisseur des objets en métal, en bois, etc. C'est par la méthode électrolytique que s'opère le cuivrage des candélabres et de tous les becs de gaz de la ville de Paris.

Pour la galvanoplastie des petites pièces, l'appareil se compose toujours : 1° de la source d'électricité, plus ou moins puissante, ordinairement une batterie de piles Daniel couplées en quantité ; 2° de la cuve électrolytique, remplie d'un bain chimique, et dans lequel on suspend les pièces à recouvrir de métal (fig. 9 Pl. VI). Quelle que soit l'opération qu'on ait en vue : moulage, métallisation, électrotypie, etc., le bain est toujours à peu près le même, et il est ordinairement préparé ainsi qu'il suit :

On place dans un vase une certaine quantité d'eau, à laquelle on ajoute, par petites quantités à la fois, et en agitant constamment, 8 à 10 pour 100 en volume, d'acide sulfurique ; on fait ensuite dissoudre dans cette eau acidulée autant de sulfate de cuivre qu'elle en peut prendre à la température ordinaire, et agitant. Le bain saturé doit avoir une densité de 1, 21 ; il s'emploie toujours à froid et doit être maintenu saturé par l'addition de cristaux ou l'emploi d'anodes convenables.

Cuivrage. — La galvanoplastie consiste à reproduire, à l'aide d'un moule, une pièce quelconque, de manière à en obtenir une exacte reproduction; le cuivrage, la dorure, l'argenture se bornent à recouvrir d'un autre métal cette pièce, sans vouloir en tirer un autre exemplaire.

On emploie toujours, pour cuivrer, un sel double, à froid ou à chaud, dans un bain dont la composition varie su... .. la nature du corps à recouvrir. Ordinairement, on fait dissoudre de l'acétate de cuivre dans 5 litres d'eau ; de l'ammoniaque dans 20 litres. On mélange, et il doit se produire une décoloration. Si elle ne se produit pas, on ajoute du cyanure de potassium jusqu'à ce que cette décoloration soit obtenue.

Les bains les plus vieux sont toujours ceux qui marchent le mieux. Il faut agiter les objets le plus possible. Quand le bain est par trop vieux, on le remonte en ajoutant de l'acétate de cuivre et du cyanure de potassium par poids égaux.

Nickelage galvanique (1). — C'est une opération qui se répand beaucoup surtout maintenant que le prix du nickel a considérablement diminué. Il s'applique principalement sur le cuivre, le bronze, le maillechort, le fer, la fonte et l'acier qu'il protège contre l'oxydation tout en leur donnant un poli magnifique.

D'après M. Gaiffe, après avoir dégraissé et décapé les pièces comme cela se pratique ordinairement, on fait dissoudre à saturation, dans de l'eau distillée chaude, du sulfate double de nickel et d'ammoniaque exempt d'oxydes et de matières étrangères. On compose la dissolution de 1 partie de sulfate double de nickel et d'ammoniaque et 10 parties d'eau distillée en poids. On filtre aussitôt après que

(1) Hospitalier. *Formulaire de l'Électricien.*

le mélange est refroidi, puis on met au bain. On suspend les pièces à des crochets de cuivre nickelé et on plonge une plaque de nickel dans le bain pour servir d'anode.

Avant d'immerger les pièces on les passe un instant au bain de décapage, ainsi que nous l'avons dit plus haut, et on procède comme pour la galvanoplastie ordinaire.

Bien des formules de bains de nickelage ont été proposées, nous en citerons encore deux qui donnent de bons résultats.

1° *Procédé de Roseleur*.

Sulfate double de nickel et d'ammoniaque.	400 grammes
Carbonate d'ammoniaque..............	300 —
Eau distillée......................	10 litres

La dissolution est faite à chaud. Les pièces sont frottées d'abord dans une bouillie chaude de blanc d'Espagne, d'eau et de carbonate de soude, jusqu'à ce qu'elles soient mouillées par l'eau, ce qui prouve un dégraissage parfait. On décape ensuite s'il est besoin, on passe vivement dans l'eau distillée et on met au bain. Les anodes sont mises en place, on fait passer le courant et on agite le bain pour obtenir un dépôt régulier. Si le courant est trop fort, ce qui s'aperçoit lorsque le nickel se dépose sous forme de poudre noire, on enlève une ou deux piles. Il faut une heure ou deux pour une épaisseur moyenne, cinq ou six heures pour une couche épaisse.

Au sortir du bain, les pièces sont rincées à grande eau, séchées dans la sciure de bois et enfin polies sur une mèche en lisière de drap, trempée dans une bouillie d'huile et de poudre à polir, tournant rapidement à l'aide d'un tour ou par tout autre moyen.

Le bain suivant permet également d'obtenir un bon dé·pôt de nickel en peu de temps avec une faible puissance électrique :

Sulfate de nickel pur...............	1 kilog.	000
Tartrate d'ammoniaque neutre......	0 —	725
Acide tannique à l'éther..........	0 —	005
Eau distillée.....................	20 litres	

Le tartrate neutre d'ammoniaque s'obtient en saturant une dissolution d'acide tartrique par l'ammoniaque; de même le sulfate de nickel doit être exactement neutralisé Le dépôt obtenu est blanc, doux, homogène et, quelle que soit son épaisseur, il n'écaille pas ni ne produit de rugosités à la surface. Ce bain se remonte indéfiniment en y ajoutant les mêmes produits et dans les mêmes proportions, et il peut être employé à la reproduction galvanoplastique des pièces en nickel.

Sonnettes électriques. — Nous donnerons ici le moyen de faire répéter aux sonneries qu'on peut posséder, l'heure sonnée par la pendule. Il suffit de relier toutes les sonnettes électriques d'un appartement ou d'une maison au pôle d'une pile. L'autre fil se rend à l'horloge et est attaché de façon à être en rapport avec le marteau de la sonnerie. Le timbre métallique possède la continuation du fil qui se rend ensuite aux sonnettes. On comprend de suite qu'à chaque fois que le marteau est déclenché pour sonner les heures et les demies, et qu'il vient toucher le timbre, le circuit se trouve fermé par ce contact, le courant passe dans les fils et toutes les sonnettes répètent ensemble chaque heure. La première personne venue peut installer elle-même la pile et les fils en suivant ces indications et avoir ainsi l'heure, — *de auditu* et non *de visu*, par exemple, — dans toute une vaste maison.

Horlogerie de l'amateur.

Aujourd'hui, tout le monde possède une montre, — plus ou moins bonne, — dans son gousset, et une pendule sur sa cheminée ; souvent aussi un coucou et un réveille-matin, instrument utile au premier chef. Chacun doit savoir, au moins d'une façon générale, de quoi se composent ces appareils de mesure, et comment ils fonctionnent. C'est pourquoi nous rappellerons ici, pour les amateurs, les notions fondamentales qu'une personne intelligente peut facilement deviner par elle-même.

Tout indicateur du temps se compose de trois pièces essentielles : le *moteur*, le *régulateur* et l'*échappement*.

Le moteur ordinaire des coucous et des grosses horloges est un poids suspendu au bout d'une corde enroulée autour d'un treuil ; pour les pendules et les montres, c'est toujours un ressort, longue lame d'acier roulée sur elle-même comme un colimaçon et enfermée dans une boîte cylindrique appelée *barillet.* Le ressort est le seul genre de moteur qui puisse remplir les conditions de durée nécessaire pour les appareils d'horlogerie. Il développe une force décroissante en se débandant et c'est lui qui fait tourner les différents engrenages en agissant à intervalles mesurés par le *régulateur* et transmis par l'*échappement* qui sert d'intermédiaire.

Comme on le voit, le ressort n'est pas à proprement parler un moteur, mais bien un accumulateur qui permet d'emmagasiner une force mécanique que l'on peut dépenser ensuite à volonté. Dans les premiers instants où il commence à se dérouler, la force qu'il développe est maximum, puis elle décroît et devient nulle quand la lame a repris sa forme ordinaire.

La loi de variation d'action du ressort qui se déroule est

complexe, mais il est bien évident qu'elle doit avoir des limites assez écartées pour un ressort de même épaisseur, dans toute sa longueur et qu'on lui donne au laminoir. Cette épaisseur ne dépasse pas d'ailleurs en général (de 1 à 3 dixièmes de millimètre). On a remédié à ce défaut en donnant à la lame d'acier une épaisseur plus grande à l'extrémité située près de l'axe.

Le ressort est vendu au client tout préparé, et s'il le désire, enfermé dans son barillet, de telle façon qu'il n'y a qu'à le mettre en place. On le remonte à l'aide d'une *clé à carré* entrant bien exactement sur le *canon* de l'arbre. La force emmagasinée par la lame d'acier, est donc empruntée aux muscles de l'horloger. On a calculé que des ressorts pesant au total 1 kilogramme peuvent rendre 20 kilogram-mètres d'énergie. Ce sont donc de très mauvais accumula-teurs de force, et dont l'emploi est limité par suite aux petites pièces d'horlogerie. Cependant il donne beaucoup plus de commodité que les poids comme force motrice; aussi doit-on le préférer à ceux-ci.

La seconde pièce de tout mécanisme d'horlogerie est le régulateur ou *balancier* dont le rôle consiste à régler l'action de la force motrice agissant sur les engrenages en ne la laissant travailler qu'à intervalles mesurés. La suspension s'opère sur un couteau triangulaire en acier, comme dans les balances, soit sur une lame d'acier flexible reposant sur deux triangles que l'on peut rapprocher à volonté. On règle la longueur du pendule et, par suite, la durée de son oscillation, en haussant ou en abaissant la lentille pesante le long de la tige à l'aide d'une vis de rappel.

Dans les montres, le pendule oscillant est remplacé par le *spiral*, petit ressort muni d'un volant régulateur, qui joue, le même rôle que le balancier des horloges et règle la dépense de force motrice.

L'*échappement* est la troisième pièce complétant les appareils de chronométrie. Son but est de procurer entre le dernier rouage et le régulateur une action réciproque par suite de laquelle le balancier rend ce mouvement uniforme, tandis que, d'autre part, une partie de la force motrice communique à ce balancier une impulsion sans laquelle son mouvement s'arrêterait à la longue.

Il existe, ainsi que nous l'avons dit au début de cet ouvrage, un grand nombre de modèles différents d'échappement créés et perfectionnés pour éviter l'usure et assurer une marche régulière. Les deux systèmes les plus communs et qu'on rencontre le plus sont l'échappement à ancre et l'échappement à cylindre, employés dans les montres comme dans les pendules.

Le mouvement du barillet, qui tourne par l'effort du ressort intérieur tendant à se dérouler, est transmis par plusieurs trains d'engrenages à l'aiguille des minutes, et l'échappement est intercalé pour agir sur le dernier mobile. L'aiguille des heures, qui tourne douze fois moins vite que l'autre, est commandée par un train spécial constituant la *minuterie*. La sonnerie forme un mécanisme séparé, ayant son barillet spécial.

La fig. 223 montre la vue d'un mécanisme de sonnerie dit *à chaperon*, dans lequel deux trains d'engrenages commandés par un barillet spécial actionnent deux fois par tour la queue du marteau frappant les heures et les demies sur le timbre. On emploie également beaucoup, dans les pendules, le mécanisme de sonnerie dit *à râteau*, dans lequel la pièce principale est une sorte de râteau mobile sur la roue de compte.

Quand on met une pendule à l'heure et que la sonnerie est dérangée et sonne l'heure aux demies, on fait faire vivement un tour à la grande aiguille, sans donner le temps à la sonnerie de fontionner, avant que l'on soit revenu sur le midi. Les horlogers emploient un moyen bien plus simple, mais qui demande une certaine connaissance des pièces du mouvement ; ils lèvent une petite détente qui se trouve près du marteau, autant de fois qu'il faut faire sonner d'heures pour rattraper celle actuelle.

La grande aiguille d'une pendule ordinaire ne doit jamais être tournée en arrière sous peine de déranger les effets de sonnerie. Il faut donc se résigner à tourner à droite jusqu'à l'heure véritable, en ayant soin de s'arrêter aux heures et aux demies pour donner à la pendule le temps d'accomplir ses fonctions.

On fait depuis longtemps des mouvements qui ne mécomptent pas

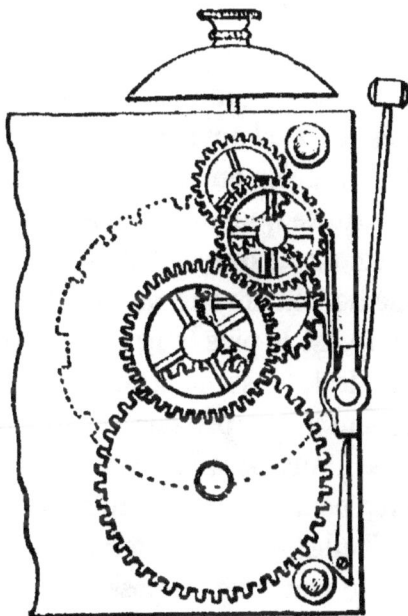

Fig. 223. — Mécanisme de sonnerie à chaperon.

Ils ne sont préférables aux autres qu'à la condition que l'horloger qui termine le mouvement corrigera un certain défaut inhérent à la nature de cette invention. Lorsque par une cause quelconque la sonnerie cesse ses fonctions avant celles du mouvement, la détente peut s'engager dans une pièce appelée *limaçon* et faire ainsi arrêter la pendule même lorsqu'elle est remontée de nouveau. Il faut dans ce cas avoir recours à l'horloger.

Mise en marche et soins à donner aux pendules. — On

commence par raccrocher le balancier, qui a été enlevé pour le transport, et on le place avec soin, ses deux crochets sur les tenons de la suspension, puis on revisse le timbre de sonnerie quand il a fallu l'enlever.

On met ensuite la pendule d'aplomb, opération qui diffère complètement du *calage* devant simplement empêcher la pendule de vaciller sur son support. Voici comment nous avons décrit ce petit travail dans un précédent ouvrage (1) :

« Lorsqu'une pendule est d'aplomb, les deux coups frappés par l'échappement sont d'égale durée ; c'est-à-dire que le balancier emploie le même temps pour ses oscillations de droite que pour celles de gauche. Mais si ces coups sont inégaux de durée et boiteux en quelque sorte, il faut y remédier en levant la pendule avec des cales du côté où le coup est le plus long. Les horlogers, pour obtenir ce même résultat, faussent la fourchette ; cette opération ne peut être exécutée que par des mains expérimentées.

« Dans tous les cas, un mouvement brusque au balancier pourrait occasionner des dommages. »

Telles sont les connaissances qu'il est indispensable à toute personne de posséder sur les appareils usuels d'horlogerie. Nous y ajouterons quelques conseils sur l'entretien et la régularisation des pendules et des montres, à l'usage des amateurs qui ne sont pas horlogers mais désirent, ce qui est possible, et même relativement facile, entretenir leurs appareils horaires en bon état, sans le secours d'un praticien.

La montre n'est qu'une réduction du mécanisme des horloges et pendules, et est composée des mêmes pièces. Elles sont pourvues du ressort spiral faisant office de balancier et de l'encliquetage permettant de les remonter et de bander les ressorts sans pour cela en arrêter le fonctionnement.

---

(1) *Les industries d'amateurs.* 1 vol. par **H.** de Graffigny.

Le système est absolument le même, mais en plus petit, que celui qui est appliqué aux horloges.

Entretien d'une montre (1). — Lorsque vous êtes en possession d'une bonne montre, vous devez, pour en obtenir de bons résultats, vous conformer aux préceptes suivants :

1° Remonter votre montre tous les jours à la même heure. Cette opération se fait généralement à l'instant où l'on se couche. En prenant sa montre pour s'en débarrasser, il doit plus facilement venir à la pensée de la remonter ;

2° On doit éviter de déposer une montre sur un marbre ou près de tout autre corps froid. La brusque transition de température, en contractant les métaux, peut souvent faire casser un ressort. Ensuite le froid coagule les huiles, et les rouages, devenus moins libres, ne conservent plus à la montre sa même régularité ;

3° Lorsque l'on quitte sa montre, on doit avoir soin de la suspendre de manière à ce qu'elle conserve la position verticale qu'elle avait dans la poche. La différence entre ce que les horlogers appellent le *plat* et le *pendu* peut, en une nuit, causer à certaines montres une grande variation ;

4° En suspendant votre montre, assurez-vous qu'elle ne peut vaciller, car, dans certains cas, le mouvement du balancier peut imprimer à la montre des oscillations qui troublent considérablement sa marche ;

5° Si l'on veut conserver longtemps la propreté de sa montre, il faut s'assurer d'abord que la boîte ferme hermétiquement, puis ne la mettre que dans une poche en peau. Les poches de toile et celles de coton, surtout, dégagent par le frottement un duvet qui entre dans les montres même les mieux fermées ;

6° Ne remontez jamais votre montre en plein air. La

(1) *Industries d'Amateurs*, op. cit.

poussière, soulevée par le vent, peut entrer dans les trous des remontoirs et causer promptement des avaries;

7° La clef d'une montre doit être petite afin de pouvoir sentir facilement la résistance de l'arrêtage; on peut alors s'arrêter à temps pour ne rien forcer. Il faut aussi que le carré soit très bien ajusté sur celui de la montre; s'il est trop grand, il peut en même temps, causer au carré du remontoir un dégât dont la réparation est très coûteuse.

Une montre ne peut aller indéfiniment sans être réparée. Au bout d'un certain temps, les huiles se sont séchées et le corps solide qui en résulte, ainsi que la poussière et l'usure, viennent apporter un trouble dans les parties mobiles de la montre. Les fonctions devenues irrégulières finissent souvent par cesser complètement leur service.

Une personne qui, possédant une bonne montre, désire la conserver telle, doit la faire nettoyer tous les deux ou trois ans au plus tard. Mais il faut avoir soin de ne confier cette réparation qu'à des mains sûres; un ouvrier inhabile peut, par un coup de maladresse, causer un grand préjudice à la montre, même la mieux construite.

Une économie mal entendue porte quelquefois à s'adresser à des ouvriers médiocres, et par cette raison qu'on n'a pas confiance en leur travail, on débat avec eux un prix déjà très modéré. Il est rare qu'on n'obtienne pas la réduction demandée. Malheur alors à la montre réparée dans de telles conditions!

On croit assez généralement qu'un horloger indélicat peut substituer à certaines pièces d'une montre des pièces d'une qualité inférieure. Cette substitution ne s'est peut-être jamais faite par cette simple raison qu'en dehors des difficultés qu'elle présenterait, elle ne pourrait offrir aucun profit à son auteur.

Avance et retard. — Il existe dans toutes les montres un

limbe ou cadran d'avance et retard, sur lequel est un index mobile. Les deux mots *Avance* et *Retard*, gravés à chaque extrémité de ce limbe, ne laissent aucun doute sur la direction à donner à l'aiguille, pour obtenir de la montre une marche plus lente ou plus rapide. On comprend facilement que si la montre avance, on doive pousser l'index (fig. 223) vers le retard, et réciproquement. Cette opération doit s'exécuter avec beaucoup de soin et de circonspection, en raison de la susceptibilité et de la fragilité de ces organes régulateurs. Il serait impossible de donner aucun renseignement sur le rapport pouvant exister entre les degrés du cadran et les variations de la montre ; ce n'est donc que par tâtonnements que l'on peut arriver à trouver le point précis qui doit amener l'heure à sa plus grande régularité.

Fig. 223.
Raquette
d'avance et de
retard.

Lorsqu'une montre n'a qu'un faible écart, on se contente de pousser l'index d'un degré. L'on attend alors vingt-quatre heures pour juger de l'effet, et l'on agit ensuite selon le résultat obtenu. Dans le cas où la variation serait plus grande, comme, par exemple, dix minutes d'avance en un jour, on doit pousser l'index au bout du retard, sauf à revenir le lendemain sur ses pas.

Mais si, dans cet état, la montre avançait encore, il faudrait que ce fût l'horloger qui se chargeât de la régler.

Nous terminerons ce chapitre en indiquant quelques constructions chronométriques que tous les amateurs pourront reproduire, notamment les réveille-matin électriques et différents autres appareils usuels aussi simples :

Voici d'abord un réveil électrique fort simple, mais qui a servi avec succès. Il se compose (fig. 224) d'une sonnerie ordinaire avec pile, d'une horloge simple et du petit appareil

suivant. Sur un petit socle de bois, on dresse une tige de
cuivre d'une longueur suffisante. Sur cette tige, peut glisser à frottement dur une tige de fil de cuivre coudée.
Dans la branche horizontale glisse, également à frottement
dur, une autre tige de cuivre coudée à son extrémité sur
une longueur de 2 centimètres environ. On place ce petit

Fig. 224. — Réveil électrique.

appareil devant l'horloge, en disposant la tige de telle
sorte que la partie coudée se trouve sur le parcours de la
petite aiguille, tandis que la grande passera librement au-

dessus. On relie la tige au pôle négatif de la pile, et l'on met une des bornes de la sonnerie en communication avec une des pièces métalliques de l'horloge. L'autre borne de la sonnerie est reliée au pôle positif de la pile.

De la sorte, si l'on place le coude de la tige en face d'une heure quelconque, la grande aiguille passera librement au-dessus à chaque tour ; mais quand la petite aiguille arrivera à l'heure choisie, elle rencontrera la tige, fermera le circuit et fera marcher la sonnerie.

Si ce petit appareil est légèrement construit, il ne gênera en rien la marche de l'horloge, surtout si on l'ôte aussitôt qu'on est réveillé.

M. Huche a imaginé un dispositif peu compliqué, qui permet, avec deux réveille-matin ordinaires, d'obtenir une tasse de café bouillant au moment où l'on est éveillé par le bruit de la sonnette électrique commandée par l'un des réveils.

On doit retirer les sonneries des deux réveils employés et les remplacer par une simple plaque de cuivre jaune, de telle façon que quand le mouvement se déclanche pour son-ner, la communication est établie entre les pièces de l'ap-pareil. Tout près de la mèche d'un fourneau à pétrole, on dispose un fil ou une spirale de platine en communication avec les deux pôles d'une pile ordinaire (1).

Dans le circuit de la sonnerie électrique, intercalons un réveil, et dans le circuit du fourneau, l'autre réveil.

1° Le soir, avoir soin de mettre sur le fourneau le bal-lon rempli à moitié d'eau et communiquant, par le tube recourbé, avec le réservoir à café d'une cafetière ordinaire (*pour cela, on perce un trou dans le couvercle de la cafetière et on y introduit une branche du tube*) ;

_____

(1) Voy. notre livre l'*Ingénieur Électricien*, 9ᵉ édition.

2° Mettre le réveil, communiquant avec le fourneau, à
6 heures moins 1/4 ;

3° Mettre celui qui communique avec la sonnerie, à
6 heures juste.

Quand ce dernier vous réveillera le lendemain matin,
vous n'aurez qu'à sauter du lit et à vous servir une tasse
de café qui sera bouillant, car celui-ci sera confectionné
sans que vous y songiez.

Voici ce qui se sera passé pendant votre sommeil :

A 6 heures moins 1/4, le premier réveil a établi la communication entre la pile et le fil de platine ; celui-ci a rougi
suffisamment pour enflammer la mèche du fourneau. L'eau
du ballon s'est échauffée et la vapeur, n'ayant aucune issue,
s'est accumulée au-dessus du liquide jusqu'au moment où
la tension de cette vapeur, dépassant la pression atmosphérique, a refoulé l'eau bouillante par le tube, jusqu'à la
cafetière. Mais il faut que le tube arrive à quelque distance
du fond du ballon (2 ou 3 centimètres) afin qu'il reste toujours un peu d'eau dans le ballon, pour éviter la casse de
celui-ci.

Allumage des foyers. — L'électricité peut être appliquée
très utilement à l'allumage des foyers ordinaires, tels que
les cheminées ou les poêles.

Quand il gèle à — 15°, on ne saurait qualifier de sybari-
tisme la précaution qui consiste à allumer son feu avant
de sortir du lit. Dans d'autres cas, il peut être utile, sans
exiger la présence d'un homme qui n'intervient que pour
poser une allumette, d'allumer un feu préparé la veille
au soir, soit pour le chauffage d'un atelier avant l'arrivée
des ouvriers, soit pour la mise en pression d'une machine à
vapeur.

Supposons pour un instant qu'une mèche stéarinée soit
passée sous la grille, et aboutisse à la lampe d'un allu-

meur-extincteur ; il n'en faudra pas plus pour effectuer l'allumage à distance.

Mais voici une solution plus pratique, qui rappelle la mise à feu des fourneaux de mine. Un fil de platine droit, de $5^{m}/^{m}$ de longueur et $\frac{1}{20}$ de millimètre de diamètre, est soudé à l'extrémité de deux fils de cuivre, nus, de 10 centimètres de longueur. On empâte ce fil dans un peu de poudre à canon délayée dans la gomme arabique, et le tout est placé dans un tube de papier, qu'on remplit avec un mélange de salpêtre et de charbon, en des proportions telles que le mélange brûle sans déflagration violente.

Le courant, lancé par une horloge à l'heure voulue, aura pour effet de rougir le fil de platine, qui mettra le feu à la poudre et, par suite, au combustible qui l'entoure.

C'est, en somme, l'artifice employé pour la déflagration à l'instant fixé, des torpilles et autres machines infernales du même genre. Il peut être appliqué dans un grand nombre de cas analogues et l'exemple que nous donnons peut être imité dans bien des conditions similaires.

CHAPITRE IX.

RECETTES ET PROCÉDÉS.

Tours de main, secrets d'ateliers, connaissances pratiques, renseignements scientifiques et techniques, formules, compositions diverses qui peuvent être utiles aux horlogers et aux mécaniciens.

ANCIENNES MESURES FRANÇAISES.

LONGUEURS.

1 toise....	=	6 pieds....	=	1,94904 mètre.
1 pied.....	=	12 pouces...	=	0,32484 —
1 pouce...	=	12 lignes...	=	0,02707 —
1 ligne....	=	12 points...	=	0,00256 —

SUPERFICIES.

1 toise carrée......	=	8,7987 mètres carrés.
1 pied carré.......	=	0,1055 —
1 pouce carré......	=	7,3278 centimètres carrés.

VOLUMES.

1 toise cube.......	=	7,4089 mètres cubes.
1 pied cube.......	=	0,03428 —
1 pouce cube......	=	19,8365 centimètres cubes.

POIDS.

1 livre.....	=	16 onces....	=	0,48951 kilogramme.
1 marc....	=	8 — ...	=	0,244753 —
1 once.....	=	8 gros.....	=	30,590 grammes.
1 gros.....	=	72 grains...	=	3,820 —
1 grain....................			=	0,053 —

MONNAIES ÉTRANGÈRES.

Belgique, Grèce, Italie, Suisse. — Ces quatre nations sont

constituées depuis 1880 à l'état d'Union pour ce qui re
garde les espèces monnayées d'or et d'argent.

Allemagne. — Monnaie de compte : *Reichs-mark* de 100
pfennigs = 1^{fr},2345. Les pièces d'or sont de 20, 10 et 5
marks ; les pièces d'argent de 5, 2, 1, 1/2 et 1/5 mark.

Valeur au pair :

		Franc.
1 *mark*	=	1,11
1 *pfennig*	=	0,011

Angleterre. — Monnaie de compte : *Souverain* ou livre
sterling = 25^{fr},22. La livre vaut 20 *shillings*, le shilling
vaut 12 *pence.* Les monnaies d'or sont le souverain et le
demi-souverain. Les monnaies d'argent sont la couronne
de 5 shillings, la 1/2 couronne, le florin de 2 shillings, le
shilling, les pièces de 6, 4, 3, 2 pence et 1 penny.

		Francs.
1 *livre* ou *souverain*	=	25,22
1 *shilling*	=	1,26
1 *penny*	=	0,105

On compte aussi quelquefois par *guinées* = 21 shillings
= 26^{fr},48.

Autriche. — Monnaie de compte : *Florin* de 100 kreut-
zers = 2^{fr},4691 ; 8 florins = 20 fr.; 4 florins = 10 fr.;
1 ducat = 11^{fr},85.

Espagne. — Monnaie de compte : 1 *peseta* = 1 fr.; 1 *real*
= 1/4 de peseta.

Pays-Bas. — Monnaie de compte : *Florin* de 100 cents
= 2^{fr},10.

Portugal. — Monnaie de compte : *Milreïs* = 5^{fr},60.

Russie. — Monnaie de compte : *Rouble* de 100 kopecks
= 4 fr.

Suède et *Norvège.* — Monnaie de compte : *Krona* de
100 ore = 1^{fr},3888.

15.

Indes anglaises. — *Roupie* = 2^{fr},3757.

États-Unis. — Monnaie de compte : *Dollar* de 100 cents = 5^{fr},1825.

Brésil. — Monnaie de compte : *Milreïs* = 2^{fr},83.

FUSION.

La température de fusion des principaux corps usuels, est la suivante :

Le mercure — 40°.

La glace à 0°.

Le sel marin à + 29°.

Le suif à + 24°.

La cire jaune à 61°.

La cire blanche à 69°.

Le soufre à 111°.

L'étain à 228°.

Le plomb à 326°.

Le zinc à 360°.

L'argent à 1000°.

La fonte blanche à 1100°.

La fonte grise à 1200°.

L'or à 1250°.

L'acier à 1350°.

Le fer doux à 1500°.

Le platine à 2000.

COEFFICIENTS DE DILATATION LINÉAIRE DE QUELQUES SOLIDES

POUR 1° ENTRE 0° ET 100° C.

(D'après Hospitalier.)

CORPS	COEFFIC.	CORPS.	COEFFIC.
	0, 0000		0, 0000
Acier	11500	Glace de — 27 à — 1 . . .	51813
— trempé	12250	Granit	08625
Aluminium	22239	Gypse	14010
Argent	19097	Marbre blanc	10720
Bois de sapin	03520	— noir	04260
Brique	05502	Or	15136
Bronze	18492	Platine	08842
Charbon de bois de		Plomb	28484
sapin	10000	Spath fluor	20700
Cuivre jaune (laiton)	18782	Verre en tubes	08969
— rouge	17182	— en verges pleines .	09220
Étain	21730	— en règle	08613
Fer	11821	— glaces (St-Gobain) .	08909
— en fil	14401	— flint	08167
Fonte	11100	Zinc	29680

POIDS SPÉCIFIQUES (*Wurtz et Rankine*).

POIDS EN GRAMMES D'UN CENTIMÈTRE CUBE A 0° C.

(D'après Hospitalier.)

Métaux.

Iridium		22,88
Platine	21 à	22
Or	19 à	19,6
Plomb		11,4
Argent		10,5
Bismuth		9,82
Cuivre martelé		8,9
— laminé		8,8
— fondu		8,6
Cadmium laminé		8,69
Nickel fondu		8,57
Laiton fondu	7,8 à	8,4
— en fils		8,54
Acier	7,8 à	7,9
Fer		7,8
Étain	7,8 à	7,5
Zinc		7,19
Fonte		7,0
Sélénium noir		4,8
— rouge		4,8
Aluminium laminé		2,67
Magnésium		1,74
Sodium		0,97
Lithium		0,59
Maillechort		8,62
Bronze d'aluminium		7,7

Bois.

Acajou	0,56 à	0,85
Chêne	0,61 à	1,17
Ébène	1,12 à	1,21
Écorce de liège		0,24

Sapin	0,49 à	0,66
Noyer	0,68 à	0,92
Peuplier	0,89 à	0,51
Buis de France	0,91 à	0,98
Buis de Hollande		1,33
Poirier	0,66 à	0,76

Isolants.

Flint	3,0 à	3,5
Crown		2,5
Verre vert		2,64
Ardoise		2,8
Marbre		2,7
Paraffine		0,87
Quartz		2,65
Porcelaine	2,15 à	2,8
Ivoire		1,8
Silice		1,8
Poix		1,65
Goudron		1,02
Caoutchouc de Hooper		1,18
Gutta-percha	0,97 à	0,98
Caoutchouc		0,93
Ébonite		1,15
Soufre octaédrique		2,07
— prismatique		1,97
Résine copal		1,05
Cire		0,96

Liquides.

Mercure	13,596
Brome (à 15°)	2,99

Sulfure de carbone.....	1,263	**Substances diverses.**	
Eau de mer..........	1,026		
Eau (à 4°)...........	1,000	Charbon Carré.........	1,62
Huile d'olive..........	0,915	— de cornue.....	1,91
Naphte..............	0,848	Diamant.............	3,5
Alcool pur...........	0,791	Coke.......... 1,0 à	1,66
Pétrole.............	0,878	Glace (à 4°)..........	0,92
Éther...............	0,716	Neige non tassée.......	0,10

COMPOSITION POUR DÉROUILLER LE FER ET L'ACIER.

Argile bien tenace........	50 parties.
Brique pilée.............	25 —
Émeri fin..............	6 —
Pierre ponce pulvérisée....	6 —

On réduit toutes ces substances en poudre très fine, ou les mélange, et, à l'aide d'un peu d'eau, on en forme une pâte ferme, qu'on roule en bâtons et qu'on laisse bien sécher. On frotte les pièces métalliques rouillées avec cette composition, jusqu'à ce qu'on ait fait disparaître toute trace d'oxydation.

VERNIS NOIR D'ANILINE.

Noir d'aniline...........	4 parties.
Gomme laque...........	6 —
Alcool à 90°.............	90 —

On dissout le noir dans 60 gouttes d'acide chlorhydrique concentré et 15 grammes d'alcool, on ajoute alors la solusion alcoolique de gomme laque. Ce vernis est d'un beau noir et peut s'appliquer sur les métaux, le bois, le cuir.

Procédé pour distinguer l'acier du fer. — Il suffit, pour cela, de tremper un petit bout de bois ou de plume dans l'acide azotique et d'en toucher l'objet à essayer. On lave ensuite la partie touchée avec de l'eau. Si c'est du fer, la tache sera claire ou légèrement blanchâtre; si c'est de l'acier, la tache sera noire.

Caractères du bon acier. — 1° Trempé à un faible degré

de chaleur, il acquiert une grande dureté; 2° sa dureté est uniforme dans toute la masse ; 3° après la trempe, il résiste au choc sans se rompre et ne perd sa dureté que par un recuit très intense ; 4° il se soude avec facilité, ne se fendille pas, supporte une chaleur très élevée; il présente, dans sa cassure, un grain très fin et bien égal, il possède une grande pesanteur spécifique.

Moyens pour graver sur l'acier. — On chauffe légèrement le métal et on le couvre d'une couche de cire, on flambe ensuite à la flamme d'une chandelle ou d'une lampe fumeuse, afin de noircir le métal et de mieux voir les traits que l'on trace sur ce fond noir soit avec une pointe, soit avec une plume. Cela fait, on passe sur les parties mises à nu, de l'acide azotique du commerce étendu de deux fois son volume d'eau, en ayant soin que la couche liquide qui recouvre la gravure présente une certaine épaisseur. Au bout de trois minutes, l'opération est terminée, il ne reste plus qu'à laver à grande eau et à essuyer avec soin.

Ce procédé ne peut être employé lorsqu'il s'agit de produire les traits fins et délicats que comporte la gravure exécutée sur des planches d'acier. On opère alors de la manière suivante : après avoir recouvert la planche d'un vernis spécial, on enlève sur ce vernis les lignes du dessin, et l'on fait agir sur les parties ainsi découvertes, un mordant spécial. Voici quelques formules de mordants employés :

MORDANT POUR LA GRAVURE SUR ACIER.

Eau distillée...:.........	15 parties.
Alcool...................	2 —
Acide nitrique.	1 —
Nitrate d'argent.........	1 gramme par litre du mordant.

MORDANT DE TURRELL.

Acide pyroligneux...........	4 grammes.
Alcool à 90°...............	1 —
Acide azotique.............	1 —

On mélange d'abord l'acide pyroligneux et l'alcool ; puis on ajoute l'acide azotique. Ce liquide est laissé en contact avec l'acier, de une minute et demie à quinze minutes, suivant la profondeur que l'on désire avoir.

MORDANT DE DELESCHAMPS (glyphogène).

Acétate d'argent............	8	grammes.
Alcool rectifié.............	500	—
Eau distillée	500	—
Acide azotique pur..........	260	—
Éther azoteux.............	64	—
Acide oxalique.............	4	—

En laissant ce liquide en contact avec le métal pendant une demi-minute, on produit les tons légers. On peut le faire servir deux ou trois fois, mais il faut éviter de verser sur la planche le dépôt qui s'est formé par suite de l'action du mordant sur le métal.

Trempe de l'acier. — Lorsqu'on porte l'acier à une température rouge et qu'on le refroidit ensuite brusquement, il éprouve le phénomène de la *trempe.* Cette opération communique aux outils d'acier une dureté qui leur permet de diviser les matières les plus dures, l'acier lui-même, tout en conservant leur forme et la vivacité de leur tranchant. La trempe exige des soins particuliers, mais elle ne présente point pourtant les difficultés que la routine, les préjugés ont accumulés autour d'elle. Elle ne dépend que de deux choses : 1° de la nature du liquide dans lequel on plonge l'outil ; 2° du degré de chaleur que l'on doit donner à l'acier, degré qui varie avec la nature du métal, sa qualité, etc.

L'eau pure et fraîche est le seul liquide qu'on doive employer pour tremper, elle donne aux outils le maximum de dureté et de ténacité ; quelquefois pourtant on peut y mêler quelques gouttes d'acide nitrique ou d'acide sulfurique, mais c'est une pratique à laquelle il faut n'avoir recours que rarement, car le surplus de dureté qu'acquiert l'outil dans ces conditions est le plus souvent accompagné d'une grande fragilité. Le mercure est avantageux pour les burins et les forets d'une petite dimension, il donne au métal une grande dureté sans lui faire perdre de sa ténacité. Lorsqu'il s'agit de donner à l'acier une dureté moyenne, on se sert avec avantage de bains d'huile, de suif, ou de cire, on peut employer ces substances soit prises isolément, soit combinées dans certaines proportions. On communique une excellente trempe aux scies, ressorts, hameçons, aiguillons, poinçons, en se servant d'un mélange formé de

Huile de baleine . . . .   2 parties
Suif   2   —
Cire   1   —

L'eau de savon faible permet d'obtenir une trempe à peine sensible, le phénomène de la trempe cesserait même d'avoir lieu complètement si l'eau était trop chargée de savon.

Recuit. — Quel qu'ait été le liquide employé pour la trempe, le métal serait trop cassant et on ne pourrait pas l'employer aussitôt après cette opération. Aussi, pour atténuer cette dureté, doit-on *recuire* l'acier après la trempe.

Pour exécuter méthodiquement l'opération du recuit, on soumet l'outil à un feu assez vif, après toutefois qu'on a éclairci sa surface sur la meule de grès ou d'émeri. Au fur et à mesure de la chauffe du métal, le brillant disparaît et fait place à des teintes colorées qui se succèdent toujours dans l'ordre suivant :

Jaune paille, jaune citron, jaune d'or, orangé, pourpre : gorge de pigeon, bleu riche, bleu terne, gris.

La dureté à conserver à l'outil varie suivant les couleurs que l'on apprécie à l'œil. Plus on chauffe et moins l'acier sera dur. Ordinairement les pièces à faire *revenir*, — c'est le terme technique, — sont disposées sur une couche de sable étendue sur une plaque de tôle posée au-dessus de charbons ardents. Aussitôt le point de recuit atteint, on trempe l'outil ou la pièce dans l'eau pour obtenir juste l'effet désiré.

Composition pour recouvrir l'acier. — MM. Hirsch et Cie indiquent le procédé suivant pour revêtir les lames de couteaux en acier dur d'une substance qui les protège contre les acides, les alcalis et la vapeur d'eau. Tout d'abord, on couvre les lames de vernis de copal ou d'asphalte et on les sèche à une température élevée ; ensuite on les plie dans un papier imprégné de chromate de chaux, et puis on les soumet à une très forte pression. Après cela, on porte sur les lames la composition de :

Argile de porcelaine	50	parties
Laque	10	—
Sandaraque	8	—
Élémi	3	—
Coton-poudre	2	—
Camphre	1/2	—
Huile de *Larandula spica*	5	—

Le tout délayé dans 100 parties d'alcool. Quand les lames sont à demi sèches, on les remet sous pression, et quand elles sont parfaitement sèches, on les polit.

Procédé pour damasser l'acier. — Pour damasser une forte lame, par exemple, il faut, après l'avoir forgée, la laisser refroidir lentement, afin que le carbone s'y répartisse inégalement ; puis, avant de la tremper, on plonge cette lame dans un acide capable de dissoudre le fer à la surface ; le carbone, mis à nu, forme des veines plus ou moins grises, suivant qu'il est plus ou moins abondant.

Moyen de jaunir ou de bleuir l'acier. — Quand on a trempé une pièce d'acier on la fait *revenir*, comme on dit en terme de métier, c'est-à-dire qu'on adoucit plus ou moins sa trempe suivant l'usage auquel elle est destinée. Quand on n'a qu'un petit nombre de pièces, on chauffe une barre de fer ; cette barre étant rouge, on la dépose au-dessus d'un vase plein d'eau ; la pièce à faire revenir ayant été préalablement bien polie avec du papier d'émeri fin, on la place sur la barre de fer en ayant bien soin que la partie polie ne soit pas en contact direct avec le rouge : l'acier s'échauffe, devient jaune pâle, jaune foncé et enfin bleu ; aussitôt qu'il a la coloration voulue on le fait tomber vivement dans le vase. C'est de cette manière que l'on bleuit les vis que l'on met aux articles d'une certaine valeur et dont la tête est apparente.

Soudure de l'acier à lui-même. — Pour souder l'acier avec lui-même ou avec le fer, il est nécessaire d'apporter à l'opération des soins particuliers, de manière à ne pas altérer la qualité du métal. Dans le premier cas (souder deux pièces d'acier ensemble), on saupoudre la pièce de grès ou de verre pilé pour éviter l'oxydation produite par une température trop élevée qui déterminerait dans la masse des fissures et des gerçures irréparables. Voici les formules de quelques mélanges que l'on peut essayer dans cette circonstance :

		Grammes.
Nº 1.	Borate de soude (*borax*)....	500
	Sel ammoniac.............	250
	Alcool à 90°.............	50
Nº 2.	Borate de soude concassé ..	500
	Limaille d'acier...........	125
Nº 3.	Borate de soude fondu.....	500
	Limaille de fer...........	500
Nº 4.	Acide borique............	35
	Sel marin décrépité........	30
	Ferrocyanure de potassium (*prussiate jaune*)........	27
	Colophane..............	8

	Acide borique............	42
Nº 5.	Sel marin décrépité........	85
	Ferrocyanure de potassium	4
	Carbonate de soude desséché	8

Le nº 5 est spécialement employé pour souder l'acier avec lui-même.

Le *Mémorial industriel* indique la poudre suivante pour faciliter la soudure de l'acier ou avec le fer :

On prend 500 grammes de borax,
     70 —   de sel ammoniac,
     70 —   de prussiate de potasse,
     85 —   de limaille de fer non rouillée.

On pile le mélange dans un mortier, de manière à le réduire en poudre, et on le verse dans un creuset en tôle. On ajoute de l'eau jusqu'à ce qu'on obtienne une bouillie épaisse et on place le creuset sur un feu de bois, en remuant constamment et en ayant soin que le creuset ne soit en contact qu'avec la flamme. On obtient ainsi une matière semblable à la pierre ponce, mais présentant des nuances vertes et grises. On la laisse refroidir, on la pulvérise et on peut s'en servir immédiatement.

On a réussi à souder ainsi des tiges de piston de 0m. 065 de diamètre.

Régénération de l'acier brûlé. — Lorsque l'acier fondu s'est trouvé exposé à une température trop élevée, il lui arrive de perdre la finesse de son grain et la malléabilité qui le caractérise. Pour lui rendre ses qualités premières, le *régénérer,* en un mot, on le fait chauffer au rouge cerise et on le plonge une ou deux fois dans une solution composée de 200 grammes de gomme arabique pour un litre d'eau. Une autre procédé est de tremper l'acier dans un bain composé de suif de mouton, d'huile de colza et de

noir de fumée. Mais le plus simple est indiqué par Mal-
berg, qui dit qu'il suffit de plonger la pièce chauffée, à
quatre ou cinq reprises différentes, dans l'eau bouillante.

Pour repolir l'acier rouillé. — Lorsque les pièces d'acier
d'une machine sont rouillées, ceux qu'on charge de les nettoyer prennent habituellement de la brique pilée, de la
pierre ponce, de la terre jaune, du papier de verre ou du
papier émeri. Ces matières enlèvent effectivement la rouille,
mais elles laissent des raies à la place, et l'acier ayant perdu
son poli, est vite rouillé de nouveau. Voici une formule de
pâte dont l'emploi enlève la rouille et redonne à l'acier le
poli qu'il avait reçu primitivement : cyanure de potassium,
15 grammes; savon gras, 15 grammes; blanc de Meudon,
30 grammes; eau en quantité suffisante pour amalgamer
ces matières et en former une masse épaisse; mouiller
d'abord l'acier avec une solution de 15 grammes de cyanure
dans 30 grammes d'eau, puis frotter avec la pâte. On indique le pétrole comme un excellent moyen à employer
contre la rouille. Les pièces rouillées, mises en contact avec
le pétrole, en sont finalement dégagées, mais restent grasses.

VERNIS POUR L'ACIER.

Mastic en grains.........	30 grammes.
Camphre...............	15 —
Sandaraque.............	180 —
Élémi.................	125 —
Alcool à 90°...........	1.000 —

Faites dissoudre.

On vernit à froid. Ce vernis préserve les objets de la
rouille et permet d'apercevoir leur éclat métallique.

Recettes pour la trempe de l'acier. — Nous avons dit que
les soi-disant recettes secrètes pour améliorer la trempe
n'avaient aucune valeur réelle; cependant, en voici deux

préconisées par des chimistes en renom; nous les donnerons donc ici, tout en laissant la responsabilité à leurs auteurs.

Le premier procédé est dû à M. Chevalier. On prend 500 grammes d'arcanson, 250 grammes d'huile de poisson et 125 grammes de suif bien blanc. On mélange à froid dans un vase en fer la résine et l'huile, puis on laisse s'opérer la combinaison à une douce chaleur sur un feu de charbon, en ayant bien soin toutefois qu'elle ne brûle pas et ne prenne pas feu. Lorsque la dissolution est complète, on fait fondre le suif à part et on l'ajoute. L'outil qu'il s'agit de tremper est chauffé au rouge sombre et plongé dans le mélange ci-dessus; puis on le porte de nouveau au rouge sombre, et on le trempe dans l'eau comme à l'ordinaire.

Le second procédé, dû à M. Legrip, chimiste et pharmacien, est le suivant. On prend :

Prussiate jaune de potasse......	125	grammes.
Carbonate de potasse..........	125	—
Savon vert de potasse.........	250	—
Axonge ou graisse de porc......	250	—

On pulvérise les sels, on les mêle au savon; on verse dessus l'axonge fondue; on triture jusqu'à refroidissement, et on conserve. La pièce d'acier à tremper, chauffée au rouge presque blanc, est plongée dans cette pâte, puis remise au feu jusqu'au rouge cerise; elle est alors trempée simplement dans l'eau.

Mastic métallique (amalgame de cuivre, alliage plastique). — Pour réunir des pièces métalliques dont la soudure au feu présenterait des inconvénients, on se sert d'un amalgame de cuivre fait avec du cuivre pur et très divisé, tel qu'on l'obtient par la réduction du sulfate de cuivre, par des rognures de zinc.

On prend de 20 à 36 parties de cuivre divisé, suivant la dureté qu'on désire donner à l'alliage, on le délaye dans une quantité d'acide sulfurique suffisante pour former une bouillie épaisse, puis on y incorpore, par trituration, dans un mortier, 70 parties de mercure. La masse est molle, elle se durcit au bout de quelques heures. Pour en faire usage, on la chauffe à 100° et on la broie dans un mortier de fer chauffé jusqu'à 150°; ce mastic prend alors la consistance de la cire, il est d'autant plus dur qu'il contient plus de cuivre, il adhère très fortement après son durcissement.

Ciment servant à réunir les pièces métalliques. — Voici une formule pour composer un ciment qui devient très dur et sert à réunir entre elles toutes sortes de pièces métalliques :

On mêle et on moule bien fin et à parfaite homogénéité :

Limaille de fer..............	16 parties.
Chlorhydrate d'ammoniaque en poudre (sel ammoniac).....	2 —
Fleur de soufre..............	1 —

Quand on veut s'en servir, on ajoute pour chaque kilogramme de ciment : 10 à 12 kilogrammes de limaille de fer neuve; on mélange le tout avec de l'eau, et l'on fait fondre jusqu'à consistance pâteuse. On applique bien chaud sur les morceaux à réunir.

Ciment employé par les bijoutiers. — On fait dissoudre de la colle de poisson préalablement ramollie par l'eau, dans la plus petite quantité d'alcool à l'aide d'une douce chaleur. Dans 60 parties de solution on fait dissoudre 0,5 de gomme ammoniaque, et on y ajoute une solution de 2 de mastic dans 12 d'alcool fort; on conserve en flacon bien bouché. Pour s'en servir on le fait ramollir au bain-marie.

Ciment à la glycérine. — On obtient un ciment très résis-

tant en mélangeant 50 grammes de litharge avec 5 centimètres cubes de glycérine. Si l'on augmente la proportion
de la glycérine, le ciment prend plus lentement et il est
moins dur. La masse durcit plus rapidement si l'on ajoute
un peu d'eau au mélange de glycérine et de litharge.

Colle pour le bois et les métaux. — Pour coller les objets
en bois avec d'autres en métal, en verre ou en pierre, on
ajoute à une solution de colle forte, de consistance convenable, de la terre tamisée, jusqu'à ce que le mélange devienne épais comme un vernis. On enduit alors de cette
masse, encore chaude, les surfaces que l'on veut réunir et
on les presse l'une contre l'autre. Après le refroidissement et
la dessiccation, l'adhérence est aussi complète que possible.

Le *mastic d'Ellsner* pour coller des objets en bois avec
d'autres en métal, en verre ou en pierre, est composé de
colle forte bouillie avec de l'eau et épaissie avec une
quantité suffisante de sciure de bois tamisée : on l'emploie
à chaud.

Glu marine. — La *glu marine* est une substance destinée
surtout à joindre et faire adhérer les bois qui doivent séjourner sous l'eau; mais elle peut s'appliquer aussi à ceux
qui restent exposés à l'air sec ou humide.

La glu marine est composée de naphte brun ou huile essentielle de goudron, de caoutchouc et de gomme-laque associés de la manière suivante : le caoutchouc, découpé en
minces lanières, est mis en macération dans l'huile de
naphte, et on en favorise la dissolution par la chaleur et
par l'agitation. Les proportions employées sont de 34 pour
100 d'huile essentielle et de 3 à 4 de caoutchouc; la dissolution, lorsqu'elle a la consistance d'une crème épaisse, est
additionnée de 62 à 64 pour 100 de gomme laque réduite
en poudre. Le tout est chauffé, soit à feu nu, soit à la vapeur dans un vase de fer ou de cuivre, et agité convena-

blement avec une spatule jusqu'à ce que la fusion soit bien complète et le mélange bien intime. On coule la composition sur des plaques de métal ou un dallage, et la matière refroidie forme des gâteaux présentant pour la consistance quelque analogie avec le cuir ; c'est ainsi que la glu marine est conservée pour l'usage.

Pour faire usage de cette colle, on la porte, dans un vase de fer, à la température de 120 degrés environ, et on l'applique chaude, à l'aide d'une brosse, sur les surfaces que l'on veut réunir, en ayant soin de l'étendre en couches uniformes. Comme la température de la colle s'abaisse aussitôt qu'elle est étendue et qu'elle durcit, il faut la ramollir en passant dessus des fers chauds, mais dont la température ne soit pas trop élevée, car on brûlerait la colle. On plonge de suite les parties soudées et bien maintenues dans l'eau froide.

Des expériences ont constaté que les objets soudés avec cette matière se brisaient toujours ailleurs qu'à l'endroit de la soudure.

ENCAUSTIQUE AYANT L'ÉCLAT DU VERNIS.

Cire jaune............... 100 grammes.
Litharge en poudre...... 120   —

On fait fondre la cire, sur un feu doux, dans un vase de cuivre, et l'on ajoute alors la litharge en agitant constamment. Lorsque la cire a pris une couleur marron, on laisse refroidir. Le lendemain, on sépare le culot qui est formé par la litharge, on prend 500 grammes de la cire restante, on la fait fondre et l'on y ajoute 1 kilogramme d'essence de térébenthine.

ENCAUSTIQUE AU PÉTROLE.

Cire blanche............. 1 partie.
Huile de pétrole......... 8   —

On fait fondre, dans un vase de terre, sur un feu doux. On passe, sur le bois, une légère couche de cette composition, pendant qu'elle est encore chaude ; l'huile s'évapore en laissant une couche très mince de cire qu'on polit, en la frottant légèrement avec un morceau de drap sec.

ENCRE POUR ÉCRIRE SUR LE FER-BLANC.

Acide azotique............	10 parties.
Eau......................	10 —
Cuivre..................	1 —

Se servir d'une plume ordinaire ferme. Dissoudre le cuivre dans l'acide azotique et ajouter l'eau quand le cuivre est dissous. Si le fer-blanc est enduit de matière grasse qui refuse l'encre, on le frotte d'abord avec un linge imprégné de blanc d'Espagne sec.

Encre pour écrire sur le verre. — Faire dissoudre à une douce chaleur 5 parties de copal en poudre dans 32 parties d'essence de lavande, et colorer par du noir de fumée, de l'indigo ou du vermillon.

Encre pour graver sur le verre. — On sature l'acide fluorhydrique du commerce par de l'ammoniaque, on ajoute un volume égal d'acide fluorhydrique et l'on épaissit avec un peu de sulfate de baryte en poudre fine. On peut écrire avec une plume métallique ; l'encre mord presque instantanément ; il suffit de laver à l'eau.

Nettoyage du bronze, cuivre, acier, etc. — Prenez 1 once d'acide oxalique, 6 onces de terre pourrie, 1 once d'huile douce et de l'eau en quantité suffisante pour faire une pâte de ce mélange. Appliquez cette composition sur l'objet à nettoyer et frottez jusqu'au poli avec de la flanelle ou de la peau souple.

Dorure artificielle du fer et de l'acier. — Plonger le fer ou l'acier dans une dissolution aqueuse de deutosulfate de cuivre. En le retirant, il paraîtra doré. Passer au vernis.

Donner au cuivre l'aspect du platine. (L. de Combettes.) — Décaper la pièce et la plonger, jusqu'à ce qu'elle ait pris l'aspect du platine, dans un bain composé de :

Acide chlorhydrique........	1 litre.	
Acide arsénieux...........	250 grammes.	
Acétate de cuivre	45	—

Sécher en brossant avec de la mine de plomb anglaise.

Dévisser une vis rouillée. — Il suffit de chauffer la tête de la vis. On fait rougir au feu l'extrémité d'une tige de fer plate et on l'applique pendant deux ou trois minutes sur la tête de la vis rouillée. On peut alors la retirer aussi facilement que si elle venait d'être mise en place.

Laquage en couleur des bronzes. — Les bruns s'obtiennent par immersion dans une solution de nitrate ou de perchlorure de fer; le degré de la solution détermine l'intensité du ton. Les violets se produisent avec une solution de chlorure d'antimoine; le brun chocolat, en frottant le bronze avec du peroxyde de fer humide et en le polissant ensuite avec une très mince quantité de graphite porphyrisé. Pour avoir le vert olive, noircir d'abord la surface du bronze en l'immergeant dans une solution de perchlorure de fer et d'arsenic, polir ensuite à la brosse avec du graphite, chauffer légèrement et laquer avec un composé fait d'une partie de gomme-gutte, d'une partie de vernis de laque et de quatre parties de curcuma.

Bronzage des médailles. — A la Monnaie de Paris, on bronze les médailles en les faisant bouillir, pendant un quart d'heure, dans la dissolution suivante :

Vert-de-gris pulvérisé.....	500 grammes.	
Sel ammoniac pulvérisé...	475	—
Vinaigre fort............	160	—
Eau	2 litres.	

16

L'opération s'exécute dans une casserole en cuivre non étamé ; on sépare les médailles, les unes des autres, avec des baguettes de bois ou de verre.

BRONZAGE VERT ANTIQUE.

Vinaigre blanc	500	grammes.
Sel ammoniac	8	—
Ammoniaque liquide	15	—

On applique cette composition, au pinceau et à diverses reprises, sur l'objet à bronzer qu'on a préalablement bien nettoyé.

AUTRE BRONZAGE.

Vinaigre fort	1,000	grammes.
Sel ammoniac	30	—
Alun	15	—
Acide arsénieux	8	—

Opérez comme ci-dessus.

Pour *bronzer* le fer ou l'acier, on fait un mélange à parties égales de beurre d'antimoine et d'huile d'olives, et on l'étend avec un pinceau sur la pièce à bronzer. Celle-ci doit avoir été préalablement rendue brillante et surtout bien dégraissée, soit par l'acide nitrique bien étendu, soit par l'émeri. On laisse en contact pendant plusieurs heures, puis on frotte avec de la cire et l'on vernit au copal.

Étamage des cylindres et des globes de verre. — Pour étamer intérieurement les cylindres et les globes de verre, on se sert de l'alliage suivant :

Mercure	2	parties.
Bismuth	1	—
Plomb	1	—
Étain	1	—

On fait fondre l'étain et le plomb dans un creuset, on

ajoute le bismuth concassé en petits fragments et, quand le mélange des trois métaux est fluide, on y verse le mercure, en ayant soin de brasser avec une baguette de fer. On enlève les impuretés qui nagent à la surface et quand la température de la masse s'est suffisamment abaissée, on fait couler lentement et successivement cet amalgame, sur toute la surface interne des vases que l'on veut étamer et qu'on a eu soin de faire un peu chauffer. Cette surface interne doit être bien nette.

Alliage imitant l'argent. — On prend 190 grammes d'étain fin que l'on fait fondre dans un creuset chauffé au rouge et on y ajoute ensuite 60 grammes de métal de cloche concassé en petits morceaux de la grosseur d'une lentille ; il faut les jeter par petite quantité à la fois dans l'étain fondu et remuer avec une tige de fer jusqu'à parfaite fusion. On verse alors peu à peu dans le creuset 320 grammes d'étain fondu à part. Lorsque l'amalgame est bien fait, on le coule dans des moules en sable ou en cuivre. Ce métal peut servir pour fabriquer des services de table, des planches à graver la musique et même des bijoux.

Méthode pour masquer les soudures. — Sur les objets en métal les traces de soudure forment de véritables taches. La méthode suivante permet de leur donner l'aspect général de l'objet.

Pour les objets de cuivre, il faut préparer une dissolution concentrée de sulfate de cuivre (couperose bleue) et, au moyen d'une baguette, en appliquer une certaine quantité sur la soudure. En touchant ensuite ce point avec un fil de fer ou un fil d'acier, on cuivre le point touché, l'épaisseur du dépôt augmente en répétant plusieurs fois l'opération. Pour obtenir l'aspect du laiton il faut employer une dissolution saturée formée de une partie de sulfate de zinc et de deux de sulfate de cuivre, l'appliquer au point cuivré au préalable, et frotter avec un morceau de zinc. La couleur sera plus foncée en saupoudrant de poudre d'or et en polissant ensuite. Pour les objets en or ou en doublé, on cuivre d'abord la soudure, on la recouvre ensuite d'une mince couche de gomme ou de colle de poisson, puis on la saupoudre de limaille de bronze, et quand la gomme est sèche, on frotte énergiquement et l'on obtient ainsi un poli très brillant. On peut encore dorer par galvanoplastie, la coloration est ainsi plus uniforme.

Pour les objet en argent, on cuivre comme précédemment, puis on frotte avec une brosse trempée dans de la poudre d'argent, on passe ensuite au brunissoir, puis l'on polit de nouveau.

Colle non attaquable par les acides. — Une excellente formule de vernis pour enduire ou colle pour assembler des cuvettes photographiques, ou des cuves pour l'électrochimie, est la glu marine, dissoute dans un mélange d'éther, alcool et chloroforme; un peu épais, ce mélange s'introduit dans les joints comme la colle forte, les fait adhérer aussi solidement, et n'est pas attaqué par les acides; plus liquide, il forme un vernis très léger sur le bois poli et peu salissant ou attaquable.

Papier pour envelopper l'argenterie. — L'argent et d'autres métaux noircissent s'ils sont exposés à l'air chargé d'acide sulfhydrique ou d'acide sulfureux, ou à celui du gaz d'éclairage, toujours impur. M. Panningten recommande d'envelopper ces pièces métalliques dans du papier préparé comme il suit : on dissout 6 parties de soude caustique dans une quantité d'eau suffisante pour que la solution marque 20° Baumé; puis on fait bouillir cette solution pendant une heure avec 4 parties d'oxyde de zinc; on étend d'eau la liqueur jusqu'à ce qu'elle marque 10° Baumé et l'on s'en sert pour imprégner les papiers et les tissus destinés à envelopper l'argenterie, et à la préserver de l'action des gaz nuisibles.

Soudure de l'aluminium. — L'aluminium était jusqu'à présent d'un usage assez limité, par suite de la difficulté de le souder à lui-même ainsi qu'à d'autres métaux.

M. Bourbouze est l'inventeur d'un procédé qui permet d'effectuer facilement et couramment ces opérations. Ce procédé consiste à faire subir aux parties des différentes pièces que l'on veut réunir l'opération ordinaire de l'étamage; seulement, au lieu d'employer l'étain pur, on devra faire cette opération avec des alliages tels que étain et zinc, ou bien étain, bismuth, etc. On arrive à de bons résultats avec tous ces alliages; mais ceux auxquels on doit donner la préférence sont ceux d'étain et d'aluminium. Ils devront être préparés en différentes proportions, suivant le travail que l'on devra faire subir aux pièces à souder. Pour celles qui devront être façonnées après soudure, on devra prendre un alliage composé de 45 parties d'étain et 10 d'aluminium.

Les pièces qui n'auront à subir aucun travail après le soudage peuvent, quel que soit le métal à souder à l'aluminium, être solidement réunies avec la soudure tendre d'étain contenant moins d'aluminium. Cette dernière soudure peut être appliquée avec un fer à souder, en opérant comme on opère pour souder le fer-blanc, ou bien encore dans une flamme. L'une comme l'autre de ces soudures n'exige aucune préparation préalable des pièces; il suffit d'appliquer la soudure, de l'étendre à l'aide du fer à souder sur les parties qui devront être réunies.

Procédé pour colorer le cuivre et tous les objets nickelés. — On obtient facilement sur le cuivre, bien décapé, *onze colorations* diverses et *huit* sur le nickelage de tous métaux par le bain au trempé suivant :

16.

Acétate de plomb...... 20 grammes.
Hyposulfite de soude... 60   —

On fait dissoudre ces deux produits dans un litre d'eau ; on chauffe jusqu'à l'ébullition et on y trempe ensuite les pièces en cuivre préalablement décapées ou tous métaux nickelés. On obtient d'abord une couleur *grise* qui passe, en continuant l'immersion, au violet et successivement aux teintes marron, rouge, etc., pour arriver au *bleu,* qui est le dernier ton.

Il faut une certaine habitude pour obtenir, à point nommé, une teinte intermédiaire déterminée ; une fois obtenue, on passe dessus une couche légère de vernis mixtion blanc, qui a pour but de conserver la coloration.

Les produits entrant dans la composition de ce bain ne coûtant que cinq centimes par litre, le prix de revient est tout entier dans la main-d'œuvre et les soins exigés. Ce procédé est surtout appliqué pour la fabrication des boutons.

Teinte d'or sur argent. — Trempez la pièce d'argent pendant assez longtemps dans une faible solution d'acide sulfurique fortement imprégnée de rouille de fer.

Vernis résistant aux acides. — M. Mairesse, de Rouen, donne la formule suivante :

Chauffez le vernis goudron à 70 degrés, et ajoutez 100 pour 100 de chaux hydraulique, de ciment romain ou de ciment de Portland, en ayant soin d'agiter constamment. Ce mélange reste parfaitement liquide et constitue un vernis résistant aux influences atmosphériques, ainsi qu'à l'action des acides.

Bronzage du cuivre rouge. — Faites bouillir, dans un vase de cuivre non étamé, l'objet à bronzer, dans la dissolution suivante :

Sous-acétate de cuivre.........	250	grammes.
Carbonate de cuivre...........	250	—
Chlorhydrate d'ammoniaque	450	—
Acide acétique	100	—
Eau	2	—

Vernis noir brillant pour fer et acier. — Pour donner un beau vernis noir brillant aux objets en fer ou en acier poli, on les couvre d'une couche aussi mince que possible d'huile obtenue par la cuisson d'une partie de soufre et de dix parties d'essence de térébenthine. Cette huile a une couleur brunâtre. Lorsqu'on a peint les objets, on les chauffe au-dessus d'une lampe à esprit-de-vin ou à gaz, jusqu'à ce qu'ils deviennent d'un noir foncé et brillant.

Argenture au bouchon. — C'est par ce procédé que l'on donne leur teinte blanc d'argent aux cadrans d'horlogerie, aux limbes gradués des instruments de physique. Son nom lui vient de ce qu'on l'applique, sur le cuivre, par frottement avec le doigt ou un bouchon. La base des préparations employées pour cette argenture est presque toujours le chlorure d'argent. En frottant le métal, avec ce chlorure récemment précipité et humecté d'eau salée, l'argent revient à l'état métallique et forme une croûte très solide, qu'on obtient encore plus adhérente, en faisant rougir la pièce et en la brunissant. La friction doit être continuée jusqu'à l'apparition de l'argent.

Les recettes les plus usitées, d'après le Dr Héraud (1), sont les suivantes :

1		2		3	
Chlorure d'argent	3	Chlorure d'argent	1	Argent en poudre	1
Carbonate de potassium.	6	Crème de tartre..	3	Crème de tartre ..	2
Chlorure de sodium...	3	Sel marin	5	Sel marin	5
Craie	2				

Dans les deux premiers cas, on triture les substances

(1) Héraud, *Secrets de la Science et de l'Industrie.*

dans un mortier avec un peu d'eau, de manière à constituer
une pâte molle que l'on conserve dans un vase opaque et à
l'abri de la lumière. Dans le troisième, on malaxe le tout et
il se forme un précipité blanc d'argent que l'on conserve
aussi dans l'obscurité. Enfin on peut obtenir l'argent sous
forme de poudre en plaçant une tige de fer au milieu du
chlorure d'argent que l'on a mouillé avec de l'eau acidulée
chlorhydrique; le chlorure se décompose de proche en proche et au bout de quelque temps il ne reste plus qu'une
poudre grisâtre qu'il suffit de laver et de sécher.

On peut avantageusement remplacer le chlorure par le
cyanure d'argent, que l'on obtient en broyant ensemble
3 parties de cyanure de potassium et 1 partie d'azotate d'argent avec un peu d'eau. On a une bouillie épaisse que l'on
étend rapidement et uniformément sur l'objet à argenter, à
l'aide d'un morceau de laine. Enfin on peut aussi argenter en appliquant par le frottement, comme on fait du tripoli, une pâte composée comme suit sur les objets :

Craie fine.....................	5 parties.
Cyanure d'argent..............	2 —
Azotate d'argent cristallisé	2 —

On peut argenter rapidement, en se servant du procédé
suivant :

Nitrate d'argent...................	10 parties.
Cyanure de potassium	25 —
Crème de tartre	10 —
Blanc d'Espagne en poudre fine.....	100 —
Mercure métallique	1 —
Eau distillée	100 —

On fait dissoudre le nitrate d'argent et le cyanure, chacun dans la moitié de l'eau distillée ; on mélange les deux
liquides. D'un autre côté, on triture ensemble, dans un
mortier, la crème de tartre, le mercure, le blanc d'Espagne,

on délaye cette poudre dans une certaine quantité de liquide et on l'étend avec un pinceau sur l'objet à argenter.
Au bout de quelques minutes, on nettoye la surface, ainsi
recouverte, avec une brosse grossière, pour enlever la poudre, et l'opération est terminée.

Méthode d'argenture rapide. — Parmi les procédés d'argenture directe et rapide, celui de M. Ebermayer peut passer pour un des plus sûrs et des plus simples.

On commence par préparer de la façon suivante un précipité impalpable d'argent ; on prend :

> Acide nitrique............ 60 grammes.
> Argent.................. 20 —

Une fois la dissolution opérée, on mélange avec :

> Potasse caustique........ 20 grammes.
> Eau.................... 50 —

dans de l'acide chlorhydrique étendu ; puis, après les avoir
essuyés et séchés en les chauffant légèrement, on les plonge
dans la solution préparée ci-dessus, en remuant doucement
pendant quelques minutes. On les retire alors, on les sèche à
la sciure, puis on les frotte au blanc d'Espagne et à la peau.

Circuli-diviseur. — Le problème de la division des circonférences ou des angles en un nombre quelconque de
parties égales a été résolu pratiquement par M. Mora, pro-
fesseur de sciences à l'école Arago, au moyen de deux petits
instruments, qu'il a nommés circuli-diviseur et anguli-
diviseur, et qui s'appliquent, comme leur nom l'indique,
le premier à la division des circonférences et le second à la
division des angles.

Nous allons donner la description rapide du premier de
ces deux appareils.

Le circuli-diviseur se compose d'une règle horizontale
divisée en un certain nombre de parties égales. Elle porte,

à une de ses extrémités, une tige, terminée par une pointe
sèche que l'on place au centre de la circonférence qu'il s'a-
git de diviser. Un curseur, que l'on peut amener à coïncider avec les divisions de la règle, peut glisser le long de
cette règle et se fixer au moyen d'une vis de pression. Ce
curseur porte un axe sur lequel est montée une petite molette, qui peut tourner autour de cet axe et qui est munie,
en un point de sa circonférence, d'une petite pointe sèche
lui permettant de marquer un point sur le papier. Le rayon
de cette molette est égal à une division de la règle. Or, on
sait que le rapport des deux circonférences est égal au rapport de leurs rayons. On voit donc que, si, prenant la
pointe sèche comme centre, on décrit avec la molette une
circonférence en prenant un rayon égal à quatre fois, par
exemple, celui de la molette cette dernière fera quatre tours
complets sur cette circonférence et sa pointe sèche y marquera quatre points qui la diviseront en quatre parties égales. Il suffira de joindre ces quatre points au centre, pour
obtenir la division de la circonférence donnée, dont le centre
coïncide avec celui de la précédente.

La graduation de la tige horizontale est telle qu'en plaçant le curseur aux divisions 1, 2, 3, 4, etc... de la règle, la
circonférence est divisée en 3, 4, 5, 6, etc... parties égales.

Cet petit appareil peut être très utile aux dessinateurs,
aux géomètres et aux horlogers, et il méritait d'être signalé,
dans l'ouvrage que nous rédigeons.

Lampe à alcool. — Elle a l'avantage de donner une
flamme très chaude, sans produire de fumée. La mèche est
faite avec un nombre de brins de coton filé qui varie avec
le diamètre du porte-mèche. Elle doit se loger aisément
dans le tube central de cette partie de la lampe; trop grosse,
elle s'imbiberait difficilement d'alcool et la lampe fonction-
nerait mal. Afin d'éviter l'évaporation de l'alcool, quand la

lampe n'est pas allumée, on la ferme avec un couvercle qui s'adapte exactement sur le bord rodé du goulot.

Pour chauffer aisément les vases, les coupelles ou les ballons, on les dispose sur des anneaux de fer ou de cuivre, qui se fixent à la lampe, ou mieux, le long d'une tige verticale implantée dans une simple planchette de bois sur laquelle on pose la lampe.

COMPOSITION D'UN VERNIS POUR LE BOIS DORÉ.

Colophane	40
Succin........................	100
Élémi	80
Essence de térébenthine........	1.000

Nettoyage des mains après le travail de l'atelier. — La gelée de pétrole (vaseline ou pétroléine), qui a la propriété de lubrifier et assouplir la peau, convient pour nettoyer et enlever toutes les traces dont les mains sont imprégnées, après un travail d'atelier ou de laboratoire. Pour cela, on n'a qu'à frotter les mains avec une petite quantité de gelée, qui, pénétrant dans les pores de la peau, s'incorpore avec les matières grasses qui s'y trouvent enserrées ; on lave ensuite avec de l'eau chaude et du savon de Marseille, et on a les mains parfaitement détergées et assouplies. (Gaston Tissandier, *Recueil de Recettes utiles.*)

Procédé de fabrication du vieil argent. — Un objet de cuivre argenté ou d'argent est trempé dans de l'eau additionnée de 1/10 environ de sulfhydrate d'ammoniaque ; retiré du bain, il est frotté avec un gratte-brosse en fils de verre. Il prend l'aspect du *vieil argent.* Frotté avec un brunissoir d'agate, il reste coloré en une couleur brun foncé d'un très bel aspect.

Affûtage (1). — On donne le nom d'*affûtage* ou d'*émou-*

(1) Voyez Héraud, *Secrets de la science et de l'industrie.* 1 vol. de la *Bibliothèque des Connaissances utiles.*

lage à l'opération qui consiste à faire couper les outils destinés à trancher, à racler ou à scier. Pour obtenir ce résultat,
pour les outils tranchants, on les frotte soit sur des grès
plats, soit sur des meules tournant avec rapidité. L'usure
pre luite sur les faces de l'outil en diminue l'épaisseur et
rend, par suite, plus vif l'angle du tranchant. On ne peut
obtenir de bons taillants qu'à l'aide de la meule, il importe
donc de choisir cet instrument avec soin ; elle sera plutôt
tendre que dure, d'un grain fin et uni, et parfaitement
exempte de fentes et de gerçures. Cette dernière condition
est essentielle, car il arrive très souvent qu'une meule défectueuse, sous l'influence du mouvement de rotation dont
elle est animée, cède tout à coup à la force centrifuge,
éclate et lance avec violence des éclats de grès pouvant
blesser la personne qui la met en mouvement. Cet accident
peut d'ailleurs se produire avec des meules sans défaut d'homogénéité. Ce sont ces accidents de rupture qui ont fait substituer aux meules naturelles des meules artificielles plus
homogènes et plus cohérentes. Quelle que soit d'ailleurs
la meule choisie, elle doit être constamment entretenue
humide pendant le *repassage,* sinon la température des
instruments que l'on repasse ne tarderait pas à s'élever et
leur trempe serait détruite. Règle générale, il faut éviter
de repasser la planche d'un outil, si ce n'est dans la *plane*
ou couteau à deux mains.

Quand un outil a subi quelque temps l'action mordante
de la meule, l'angle du tranchant devient trop aigu et trop
mince et il se recourbe en constituant ce qu'on appelle le
morfil. Cette particularité rend nécessaire un nouvel affilage
qui se fait, en général, en reployant le morfil s'il est trop
long ; puis en repassant la lame sur une pierre dite à *affûter.*
Il existe plusieurs variétés de pierres de cette espèce, quoi-
qu'elles soient toutes composées d'une matière calcaire ou

argileuse unie à une certaine quantité de silice. On peut citer :

La pierre à faux, d'un grain très dur et dont on se sert à l'eau pour le rabattage du morfil des faux, coutres et autres grands outils.

La pierre de Lorraine, de couleur chocolat et d'un grain fin. On s'en sert à l'huile pour les outils de menuiserie.

La pierre d'Amérique, jaune-grisâtre, d'un mordant très vif. On s'en sert à l'eau et à l'huile pour obtenir une grande finesse de tranchant.

La pierre à lancettes ne le cède en rien à la précédente ; comme son nom l'indique, elle est surtout employée pour l'affûtage des outils de chirurgie et on ne s'en sert qu'à l'huile.

La pierre du Levant ou grès de Turquie, est la meilleure de toutes les pierres à aiguiser : elle est grise et demi-transparente et quelquefois tachetée de points roux quand elle est de qualité inférieure. Elle est ordinairement très tendre.

Pour raviver les pierres et faire disparaître les inégalités et les creux formés à la longue par le frottement des outils, on les dresse en les frottant fortement à plat sur un marbre ou une pierre de liais bien dressée et où l'on aura répandu un peu de grès fin et bien pilé.

Lorsque les outils ont un tranchant curviligne, on se sert d'*affiloirs* ; ce sont des fragments des pierres dont il vient d'être question, auxquels on donne, en les usant, avec du grès pilé, sur des moulures en fonte de forme convenable, la concavité ou la convexité nécessaires pour atteindre les courbures des moulures. On affûte encore les outils à l'aide de meules en bois de noyer ou de tremble enduites d'émeri de différentes grosseurs ; elles produisent un excellent affûtage. Quelquefois ces meules sont construites en plomb ; elles prennent alors le nom de *lapidaires*.

Pratique de la galvanoplastie (1). — Avant de mettre au bain, il faut faire subir aux pièces une série d'opérations très importantes qui ont pour but d'assurer l'adhérence des couches métalliques. Nous allons résumer ces opérations :

1° *Recuisson ou dégraissage.* — Il a pour but d'enlever les corps gras. Chauffer les pièces sur un feu doux de poussier de charbon, de braise de boulanger, ou mieux dans un four jusqu'au rouge sombre. Pour les objets délicats ou soudés, faire bouillir dans une solution alcaline de potasse caustique dissoute dans 10 fois son poids d'eau.

2° *Déroché.* — Le bain de déroche se compose de 100 parties d'eau ordinaire et de 5 à 20 parties d'acide sulfurique à 66° Baumé. On peut y plonger les objets *à chaud* en général ; les laisser dans le bain jusqu'à ce que la surface prenne une teinte rouge ocreux. Les objets dégraissés à la potasse devront être lavés et rincés à grande eau avant de passer à la déroche. A partir de ce moment, les objets ne doivent plus être touchés avec la main ; il faut faire usage de crochets en cuivre, ou mieux en verre, et, pour les menus objets, de passoires en grès ou porcelaine.

3° *Passé à l'eau-forte vieille.* — C'est de l'acide azotique très affaibli par de précédents décapages. On y laisse les objets jusqu'à ce que l'eau-forte ait pris une couleur bleue très foncée.

4° *Passé à l'eau-forte vive.* — Les objets bien secoués et égouttés sont plongés dans un bain de :

Acide azotique à 36° Baumé (eau-forte *jaune*).	100 volumes.	
Chlorure de sodium.........................	1	—
Suie grasse calcinée (bistre)...............	1	—

Les pièces ne doivent séjourner dans le bain que *quel-*

(1) Hospitalier. *Formulaire de l'Électricien.*

ques secondes. Éviter l'échauffement ou l'emploi d'un bain trop froid. Rincer à l'eau froide.

5° *Passé à l'eau-forte à brillanter ou à mater.* — Pour les objets qui doivent présenter un beau *brillant*, plonger pendant 1 ou 2 secondes en agitant, dans un bain *froid* de :

Acide azotique à 86°	100 volumes.
Acide sulfurique à 66°	10 —
Sel de cuivre, environ......	1 —

Rincer très vivement et à grande eau.

6° *Passé à l'azotate de bioxyde de mercure.* — Plonger pendant une ou deux secondes les objets décapés dans un bain de :

Eau ordinaire	10 kilogrammes.
Azotate de bioxyde de mercure....	10 grammes.
Acide sulfurique.................	20 —

Agiter avant de s'en servir. Le bain devra être plus riche en bioxyde si les objets sont lourds, moins riche s'ils sont légers. Un objet mal décapé sortira teinté de diverses nuances et sans éclat métallique. Il vaut mieux jeter un bain épuisé que de le remonter. Après le passé au bioxyde, il faut rincer à grande eau et porter au bain d'or ou d'argent.

Décapage des pièces. — Le *cuivre* et ses alliages se décapent en quelques secondes en les trempant dans un bain composé (en poids) de 10 parties d'eau et 1 partie d'acide azotique. Pour les pièces *brutes*, il faut un bain plus énergique composé de : eau, 2 parties ; acide azotique, 1 partie ; acide sulfurique, 1 partie.

La durée d'immersion varie de 5 à 20 minutes, suivant le mat à obtenir. Il faut laver longtemps à grande eau. Les objets présentent un aspect terreux et désagréable qui disparaît en les plongeant rapidement dans le bain à brillanter et en rinçant ensuite vivement.

Le fer, l'acier et la fonte polis se décapent dans un bain composé de 100 parties d'eau et 1 partie d'acide sulfurique ; on les laisse dans le bain jusqu'à ce qu'ils prennent un ton gris uniforme. On frotte ensuite avec de la poudre de pierre ponce mouillée qui met le métal à nu.

Le fer, l'acier et la fonte bruts doivent séjourner trois ou quatre heures dans le bain de décapage, puis être frottés avec de la poudre de grès bien tamisée et mouillée ; on recommence les deux opérations jusqu'à disparition complète de la couche d'oxyde.

Procédé pour donner aux aiguilles de montres une couleur rouge. — Mélanger en pâte sur la lampe 1 once de carmin, 1 once de chlorure d'argent et 1/2 once de laque. Enduire légèrement les aiguilles de cette pâte, puis les déposer, la face libre, sur une plaque de cuivre et tenir celle-ci au dessus d'une flamme d'esprit-de-vin jusqu'à ce que la couleur désirée apparaisse.

Blanchir de l'ivoire devenu jaune. — Jetez un peu de chaux vive dans l'eau, laissez déposer et transvasez l'eau. Faites ensuite bouillir votre ivoire dans cette eau jusqu'à ce qu'il devienne blanc. Pour le polir, frottez-le d'abord avec de la pierre ponce pilée, humectée, et polissez avec un chiffon doux ou de la peau trempée dans de l'huile d'olive mélangée de blanc d'Espagne.

Réparation des pendules de marbre. — S'agit-il de remplacer un coin ou un morceau quelconque brisé et disparu, la composition suivante est employée avec succès. Faites une pâte épaisse de 9 onces de résine pulvérisée et d'huile de lin, liquéfiez au feu, laissez refroidir un peu et versez dans une dissolution chaude d'une livre de colle-forte fondue dans très peu d'eau. Agitez le mélange, puis ajoutez du blanc d'Espagne tamisé, en manipulant le tout jusqu'à ce que vous obteniez une pâte bien ferme comme du levain.

Mettez en pains et laissez refroidir. Au moment de l'emploi faites chauffer cette composition suffisamment pour l'amollir, et appliquez comme du mastic en donnant la forme voulue. Une fois refroidie, adoucissez les surfaces en les grattant avec un morceau de verre. Il ne reste plus qu'à donner la nuance ou la couleur du marbre réparé. Cette préparation ne s'altère pas.

Moyen de teindre le marbre. — Une solution de nitrate d'argent teint le marbre en noir; une solution de vert-de-gris, appliquée chaude, le teint en vert; une dissolution de carmin, appliquée chaude, le teint en rouge; le piment, dissous dans l'ammoniac, le colore en jaune; le sulfate de cuivre en bleu; et la solution de fuchsine en pourpre. Le marbre doit être préalablement chauffé avant l'application des solutions, afin de préparer ses pores et de les rendre propres à absorber la matière colorante.

Procédé pour raviver la couleur des mouvements en nickel. — Prenez 50 parties d'esprit-de-vin rectifié, 1 partie d'acide sulfurique, et 1 d'acide nitrique. Trempez les pièces à raviver dans ce bain pendant 10 à 15 secondes, plongez-les dans de l'eau pure et ensuite dans de l'esprit-de-vin rectifié. Séchez avec un linge fin ou dans de la sciure.

Poudre à nettoyer et à brunir. — Mélangez 1 à 2 onces de craie blanche, 2 onces d'argile (terre de pipe), 2 onces de céruse, 1 à 2 onces de carbonate de magnésie, et colorez avec 1 ou 2 onces de rouge à l'or. Cette composition est surtout excellente pour les objets en argent.

Liqueur pour bronzer. — Dissolvez 10 parties de fuchsine et d'aniline pourpre dans 100 parties d'alcool à 95° au bain-marie; ajoutez 5 parties d'acide benzoïque et faites bouillir de 5 à 10 minutes jusqu'à nuance bronze. Appliquez à la brosse.

Pour reconnaître si un objet est en argent, ou simplement

argenté, chose parfois difficile s'il s'agit d'un alliage de nickel, de cadmium ou d'aluminium, faites une forte entaille à la lime et humectez-la avec de l'acide nitrique. Si, après l'avoir essuyé, il reste au fond un blanc sale, l'objet éprouvé est en argent, s'il n'y a aucune altération sensible, c'est un alliage.

Nettoyage des bronzes dorés. — Démontez l'objet que vous voulez nettoyer; mettez toutes les pièces dans une lessive de cendres de bois; on peut aussi employer de la potasse. Faites bouillir pendant un quart d'heure. Retirez et essuyez chaque pièce pour les passer dans la composition suivante :

Eau	300 grammes.
Acide nitrique..........	220 —
Sulfate d'alumine	14 —

Essuyez délicatement avec un chiffon très doux et exposez le tout à une chaleur légère.

Trempe des ressorts de poussette, d'encliquetage, de boîtes, etc. — Chauffez le ressort préalablement adouci et enduisez-le de savon. Placez sur le charbon à tremper, chauffez jusqu'au rouge et trempez dans du pétrole. Les ressorts ainsi traités conservent leur élasticité sans devenir cassants; de plus ils restent blancs après la trempe. Faites revenir bleu clair, jetez sur un morceau de suif et laissez refroidir.

Alliage ayant une très belle apparence une fois mis en couleur. — 18 carats : or 18, argent 3, cuivre rouge 3. — 15 carats : or 15, argent 3, cuivre rouge 6.

Teinte d'or sur argent. — Trempez la pièce d'argent pendant assez longtemps dans une faible solution d'acide sulfurique fortement imprégnée de rouille de fer.

Polissage des platines. — Avec un charbon de tilleul trempé dans l'eau, on frotte jusqu'à ce que tous les traits soient enlevés; on polit ensuite avec un feutre sur lequel on a mis de la terre pourrie avec de l'huile. Pour terminer, prendre un autre feutre sur lequel on met un peu de rouge anglais.

On peut remplacer le charbon par des bois émeri rudes et doux, c'est moins long, mais le poli n'est pas aussi beau.

Imitation de l'argent antique. — Plongez l'objet d'argent ou argenté dans un bain d'eau contenant 10 % de sulfure d'ammonium, puis grattebrossez au grattebrosse en fils de verre et brunissez avec le brunissoir d'agate. L'objet devient d'une belle couleur brun noir.

Nettoyage du bronze, cuivre, acier etc. — Prenez 1 once d'acide oxalique, 6 onces de terre pourrie, 1 once d'huile douce et de l'eau en quantité suffisante pour faire une pâte de ce mélange. Appliquez cette composition sur l'objet à nettoyer et frottez jusqu'au poli avec de la flanelle ou de la peau souple.

Pour faire disparaître la couleur bleue produite sur l'acier poli par la chaleur, faites un mélange en parties égales d'acide sulfurique et chlorhydrique et appliquez-le avec une baguette d'os sur la partie bleuie. Aussitôt la couleur disparue, plongez la pièce d'acier dans de l'eau claire, séchez ensuite dans la sciure de bois et repolissez par les méthodes en usage. Avoir soin de conserver le mélange acide dans une bouteille hermétiquement bouchée.

Vernis noir brillant pour fer et acier. — Pour donner un beau vernis noir brillant aux objets en fer ou en acier poli, on les couvre d'une couche aussi mince que possible d'huile obtenue par la cuisson d'une partie de soufre et de dix parties d'essence de térébenthine. Cette huile a une couleur brunâtre. Lorsqu'on a peint les objets, on les chauffe au-dessus d'une lampe à esprit-de-vin ou à gaz, jusqu'à ce qu'ils deviennent d'un noir foncé et brillant.

Dorure artificielle du fer et de l'acier. — Plonger le fer ou l'acier dans une dissolution aqueuse de deutosulfate de cuivre. En le retirant, il paraîtra doré. Passer ensuite au vernis.

Sans pierre de touche, on peut reconnaître si un objet est en or, en le frottant sur un caillou de silex de manière à ce qu'il en reste une trace métallique. On approche ensuite une allumette enflammée ; si le métal est de l'or, l'empreinte restera, sinon elle disparaîtra.

Laquage en couleur des bronzes. — Les bruns s'obtiennent par immersion dans une solution de nitrate ou de perchlorure de fer ; le degré de la solution détermine l'intensité du ton. Les violets se produisent avec une solution de chlorure d'antimoine : le brun chocolat, en frottant le bronze avec du peroxyde de fer humide et en le polissant ensuite avec une très mince quantité de graphite porphyrisé. Pour avoir le vert olive, noircir d'abord la surface du bronze en l'immergeant dans une solution de perchlorure de fer et d'arsenic ; polir ensuite à la brosse avec du graphite, chauffer légèrement et laquer avec un composé fait d'une partie de gomme-gutte, d'une partie de vernis de laque et de quatre parties de curcuma.

Dédorage des vieilles platines de montres. — Préparer tout d'abord de l'eau régale en mélangeant 3 parties d'acide chlorhydrique à 2 parties d'acide azotique chauffé à environ 86 degrés. Plonger les objets à dédorer dans cette composition et les y laisser jusqu'à ce que toute trace d'or ait disparu. On fait ensuite évaporer la dissolution jusqu'à consistance sirupeuse et on reprend le résidu par l'eau distillée. On filtre le liquide et on y ajoute du sulfate de fer. L'or se trouve alors précipité sous forme d'une poudre brune très divisée. Cette poudre lavée d'abord avec de l'acide chlorhydrique faible, puis avec de l'eau et fondue enfin avec un peu de borax et de nitre (salpêtre) donnera un lingot absolument pur.

Eau à souder :

Eau ordinaire.......	800 grammes,
Acide lactique.......	100 —
Glycérine..........	100 —

Trempe des pignons. — La trempe au pétrole donne d'excellents résultats. Les parties d'acier à tremper sont d'abord chauffées au charbon comme à l'ordinaire, puis enduites de savon et amenées au rouge cerise; on les plonge alors dans le pétrole sans aucune crainte que le liquide s'enflamme. Les objets d'acier trempés de cette manière ne gauchissent pas, si minces qu'ils soient, et demeurent presque entièrement blancs.

Nettoyage de l'or terni. — Placez l'objet dans un bassin et recouvrez-le de la composition suivante : 80 grammes d'hypochlorite de chaux, 80 grammes de bicarbonate de soude et 20 grammes de sel de table dissous dans un litre d'eau distillée. Après quelque temps, retirez l'objet, lavez, rincez à l'alcool et séchez dans la sciure. La belle apparence du neuf sera entièrement revenue. La préparation se conserve dans des flacons bien bouchés.

Coloration des métaux. — Dans un bain formé de 40 grammes d'acétate de plomb dissous dans 223 grammes d'eau et chauffé à 50° C., si l'on plonge un objet de fer, il prend la belle coloration bleue de l'acier; le zinc devient brun. Si l'on emploie une quantité égale d'acide sulfurique au lieu de l'acétate de plomb et si l'on chauffe un peu plus, le bronze commun se colore en gris ou en rouge. On obtient une remarquable imitation de marbre en soumettant des objets de bronze au précipité de plomb ci-dessus, après les avoir préalablement chauffés à 56° C. dans une solution de plomb épaissie avec de la gomme adragante.

17.

SOUDURE DES PLOMBIERS.

Étain...................... 33
Plomb 66

SOUDURE DES FERBLANTIERS.

Étain 50
Plomb..................... 50

SOUDURE POUR OR ROUGE.

Cuivre..................... 1
Or 5

SOUDURE POUR SOUDER LE LAITON.

Cuivre................... 1,5
Zinc.................... 6
Laiton.................. 10

SOUDURE D'ARGENT POUR ALLIAGE A $\frac{950}{1000}$

Cuivre................. 23,33
Zinc................... 10
Argent 66,66

CHAPITRE DIXIÈME.

VOCABULAIRE

DES TERMES TECHNIQUES EMPLOYÉS EN HORLOGERIE.

A

ADOUCIR. — Enlever les rugosités produites par les outils tels que la fraise ou la lime, de manière à ce que tous les traits disparaissent.

AILES. — Nom donné aux dents des pignons de petit diamètre.

ALÉSOIR. — Outil de forme tronconique, en acier trempé, qui sert à arrondir, égaliser et polir les trous cylindriques. Il existe aussi des alésoirs portant une face plane dont l'arête gratte et mord fortement le métal.

ALIDADE. — Nom donné à une pièce en acier trempé, de la machine à fendre, et, en général à toute pièce en forme de règle dont on se sert pour viser ou aligner des objets.

AMPÈRE. — Unité de débit d'une source d'électricité quelconque (du nom du physicien Ampère). L'*ampèremètre* est un appareil à l'aide duquel on peut mesurer le débit d'un appareil électrique. L'*ampère-heure* est le débit d'un appareil produisant un ampère par seconde pendant une heure ; il correspond à 3.600 *coulombs.*

ARBRE. — Tige d'acier cylindrique soutenant par son centre un mobile quelconque : engrenage, pignon, etc. On dit aussi Axe, Broche, Essieu et Pivot.

ARC. — Partie de la circonférence ; — de *levée,* temps pendant lequel la force du moteur agit sur le pendule ou le balancier pour lui communiquer l'impulsion ; — de *supplément,* mouvement faisant suite au précédent et pendant lequel le pendule ou le balancier achèvent leur vibration indépendamment de l'impulsion du rouage.

ARCHET. — Outil en forme d'archet de violon à l'aide duquel on met en mouvement un foret ou une fraise, montés sur une bobine appuyée d'une part sur une plaque de fer appelée *conscience* et que l'ouvrier place dans sa ceinture, et appuie d'autre part sur la pièce à travailler.

ARRÊTAGE ou *Arrétoir.* — Mécanisme employé avec le barillet denté pour limiter le nombre convenable de tours accomplis par le ressort moteur.

ARRONDIR. — C'est donner aux dents d'engrenage, soit à la lime soit à la machine, leur forme définitive, et abattre leurs angles trop aigus.

ASSIETTE. — On donne ce nom à une virole de laiton chassée à force ou soudée sur l'arbre d'un pignon et qui porte la roue qu'on y fixe par une rivure.

B

BANC. — On désigne ainsi un outil qui sert à river les roues sur leur pignon.

BANDE. — Quantité dont un ressort reste tendu quand le ressort de la montre n'est pas remonté.

BARILLET ou *tambour.* — Boîte cylindrique contenant la lame de ressort roulée sur elle-même en spirale. Cette boîte tourne sur un axe immobile, terminé par un carré pour le remontage. La circonférence de la boîte du barillet est dentée pour transmettre sa force de rotation aux mobiles voisins.

BARRETTE. — On donne ce nom à une petite bride ou à une

plaque dont les bouts sont engagés dans le barillet et appuient
sur l'extrémité du ressort pour éviter que l'œil n'échappe du
crochet d'attache. On désigne aussi de la même façon les pièces rapportées pour augmenter l'épaisseur d'une platine, et la
partie d'un rouage correspondant aux rayons d'une roue
ordinaire.

BASCULE. — Levier qui élève le marteau de la sonnerie en agissant sur la roue à chevilles.

BATTE. — Partie de la boîte d'une montre sur laquelle repose
le cadran.

BÉLIÈRE. — Anneau circulaire ou ovale où la chaîne s'accroche
à la montre.

BERCER. — C'est évaser légèrement les parois d'un trou cylindrique.

BLANC. — Mouvement d'horlogerie se trouvant seulement à
l'état d'ébauche. On donne le nom de *blantier* à l'ouvrier qui
ne fait que les mouvements ébauchés.

BOÎTE. — La *boîte*, qui contient le mouvement de la montre, se
compose de la cuvette, de la batte et de la lunette qui porte
le verre. Un ressort dit *de boîte* assure sa fermeture.

BOUCHON. — Pièce en laiton rivé dans les platines et où sont percés les trous de pivots. Cette pièce est souvent excentrique,
afin de pouvoir mettre l'engrenage au point.

BRAS. — Partie rigide d'un levier, d'une bascule, etc.

BROCHE. — Nom que l'on donne souvent à la pointe d'un tour.

BRUCELLES. — Pinces à ressorts, dont la grandeur et la force
varient, et qui servent à manier commodément toutes les petites pièces d'un mouvement d'horlogerie.

BRUNISSOIR. — Outil en acier trempé et poli, de forme très ar-
rondie et qui sert à polir les surfaces par un frottement plus
ou moins énergique et prolongé. Les brunissoirs à pivots sont
en acier trempé, à faces plates et de section carrée.

BURIN. — Outil en acier trempé très dur, et terminé en pointe
ou en biseau. On s'en sert pour graver et entailler les pièces
métalliques en usage dans l'horlogerie.

C

CADRAN. — Plaque de métal émaillée sur laquelle sont inscrits les chiffres des heures et les divisions du temps que marquent les aiguilles.

CADRATURE. — Nom donné aux pièces de la répétition situées sous le cadran et, en général, la partie du mécanisme d'une montre comprise entre le cadran et la platine.

CALIBRE. — C'est l'instrument qui sert à mesurer les dimensions des pièces et la plaque de carton ou de laiton sur laquelle on trace l'emplacement des rouages.

CANON. — Arbre creux intérieurement et dont les deux extrémités sont ouvertes.

CARRÉ. — Extrémité d'un arbre cylindrique taillée à quatre faces pour recevoir une clé.

CARTEL. — Sorte de pendule sans sonnerie et à balancier circulaire.

CENTRIFUGE. — Force tendant de l'intérieur à l'extérieur et qu se développe sur un corps se mouvant en cercle. Cette force croît comme le carré de la vitesse.

CHAMP (*Roue de*). — On désigne ainsi les roues dont les dents sont taillées *sur le plat* au lieu de l'être sur la circonférence.

CHANFREIN. — Nom donné à un genre de creusure pratiquée en abattant les angles d'une pièce. *Chanfreiner* un trou, c'est élargir son ouverture en tronc de cône.

CHAPERON ou *Roue de compte*. — Pièce de sonnerie qui reçoit la détente dans ses entailles et détermine le nombre de coups qui doivent être frappés par le marteau.

CHAUSSÉE. — Sorte de canon qui s'ajuste sur la tige de la roue des minutes et porte l'aiguille, qui peut, de cette façon, tourner séparément de la tige pour la remise à l'heure. La chaussée porte un pignon de 12 dents qui engrène avec la roue dite *de chaussée*.

CHEVAL-VAPEUR. — Puissance capable d'élever en une seconde un poids de 75 kilogr. à un mètre. Cette unité de mécanique tend à être remplacée par le *Poncelet,* 100 kgm. par seconde.

CHEVÉ (*Verre*). — Sorte de verre de montre presque plat et arrondi sur les bords.

CISAILLES. — Outil en forme de forts ciseaux à mâchoires courtes pour découper le laiton et les métaux.

CLAVETTE, *Clé* ou *Goupille*. — Petit morceau d'acier qui sert à fixer à sa position définitive une pièce engagée dans un autre.

CLIQUET. — Petite pièce qui s'engage dans les dents d'une roue à rochet et qui a pour but d'empêcher cette roue de tourner en arrière. Le cliquet est souvent pourvu d'un ressort qui l'appuie constamment à sa position exacte.

CŒUR. — Pièce en forme de cœur, placée sur la seconde roue d'une horloge et qui a pour but de déclencher en temps utile le pied de biche de la détente de la sonnerie.

COMMUTATEUR. — Sorte de cadran sur lequel on branche plusieurs fils électriques venant de points différents et qu'on groupe les uns avec les autres par le jeu d'une manette.

CONDUITE ou *Menée*. — Se dit, dans un train d'engrenages, de celui qui reçoit la force d'impulsion et entraîne l'autre.

COQ. — Petite plaque évidée qui recouvre le balancier des montres. Les deux appuis reposant sur la platine s'appellent oreilles. C'est aussi la plaque de laiton, fixée à la platine d'arrière, qui sert à suspendre la pendule.

COQUERET. — Petite pièce de laiton ajustée sur le coq et dans laquelle est percé le trou où roule le pivot du balancier.

COULISSE. — Pièce de laiton demi-circulaire qui contient le râteau du spiral des montres.

COUSSINET. — Pièce d'appui des arbres mobiles. On désigne aussi sous ce nom la pièce taraudée en acier trempé qui attaque le métal dans les filières doubles.

COUTEAU. — Pièce prismatique en acier, à l'arête de laquelle est attaché le balancier. Elle repose dans des gouttières d'acier ou de pierre dure et polie.

CREUSURE. — Cavité à fond plat qui sert à loger une roue, ordinairement dans l'épaisseur de la platine ou du barillet. On a créé des outils spéciaux pour faire les creusures.

CUIVROT. — Petite poulie qui se monte sur les pièces à tourner et dans la gorge de laquelle on engage la corde de l'archet.

CURSEUR. — Petit poids mobile le long de la tige du pendule et permettant d'achever le réglage.

CUVETTE. — Partie de la boîte d'une montre opposée au cadran et contenant le mouvement.

CYLINDRE. — Sorte d'échappement décrit en détail page 89.

D

DÉCAPER. — C'est enlever l'oxyde qui recouvre un métal en le trempant dans un acide faible.

DEGRÉ. — C'est la 360° partie d'une circonférence, et la 90° partie d'un quart de cercle.

DENTS. — Saillies d'une roue d'engrenage ou d'un pignon pour assurer l'entraînement de la roue en rapport, également dentée.

DÉRIVOIR. — C'est l'outil qui sert à *dériver* les roues, c'est-à-dire à les chasser de leur assiette.

DÉROCHAGE. — Opération qui consiste à tremper une pièce métallique dans l'acide chlorhydrique et à la rincer à grande eau ensuite, pour enlever l'oxyde, la croûte terreuse ou le borax fondu adhérant à cette pièce après la brasure.

DÉTENTE. — Levier qui sert à dégager la sonnerie. — *Détente à ressort*, détente fixe. — *A pivot*, détente mobile sur pivot. — C'est aussi le nom de l'arrêt sur lequel la roue d'échappement fait repos dans les échappements libres.

DOIGT. — Espèce de levée en forme de dent. — *Doigt des quarts*, pièce d'un mécanisme à répétition qui fait sonner les quarts.

DRAGEOIR. — Boîte formée de deux pièces cylindriques tenant ensemble par deux rainures s'engageant l'une dans l'autre et se maintenant par leur élasticité.

E

ÉBARBER. — C'est enlever les bavures laissées par la lime sur le rebord des pièces.

ÉBISELER. — C'est abattre les arêtes d'une pièce en formant un chanfrein.

ÉCARISSOIR. — Sorte de broche à 3, 4, 5 ou 6 pans, en acier trempé, servant à arrondir et à agrandir les trous.

ÉCHOPPE. — Sorte de burin plat, pour graver.

EFFLANQUER. — Amincir les dents ou ailes d'un pignon, à l'aide d'une lime en forme de couteau.

ÉGALISOIR. — Broche d'acier ronde et un peu conique servant à régulariser les trous des pivots.

ENARBRER. — Fixer une roue ou un engrenage sur son arbre.

ENCLIQUETAGE. — Mécanisme composé d'une roue à rochet et d'un cliquet, et dont le but est d'empêcher toute rétrogradation d'une roue en sens inverse, en la laissant tourner librement dans le sens opposé.

ESSE. — Nom donné à l'un des bras de la détente de la sonnerie des pendules.

ESTRAPADE. — Outil servant à mettre en place les ressorts dans leurs barillets.

ÉTAMPE. — Outil en acier trempé pour découper les métaux suivant différentes formes déterminées, comme un *emporte-pièce*.

ÉTOILE. — Roue à quinze dents pointues d'une cadrature de montre à répétition.

ÉTOTAU. — Sorte de cheville servant à limiter le mouvement d'un mobile. — *Roue d'étoteau*, c'est l'avant-dernière roue de la sonnerie qui porte une cheville d'arrêt.

ÉTRIER. — Pont dont les deux pieds sont parallèles.

F

FAUSSE-PLAQUE. — C'est une plaque posée sur la platine des piliers et qui reçoit le cadran.

FENDRE (*Machine à*). — C'est un appareil qui sert à tailler les dents d'engrenage.

FILIÈRE. — Outil affectant la forme d'une plaque d'acier trempé, percée de trous de différents diamètres et servant à étirer les métaux en fils.

FINISSEUR. — Ouvrier qui finit les mouvements qu'il reçoit *en blanc*.

FORET. — Outil qui sert à percer les métaux.

FOURCHETTE. — Pièce servant à relier la verge du pendule avec le mécanisme d'échappement.

FRAISE. — Sorte de foret à l'aide duquel on peut exécuter des creusures et des noyures.

FRISER *une roue*. — C'est enlever tout autour la petite pointe des dents pour faire tourner rond.

FUSEAUX. — Chevilles qui, dans les lanternes, jouent le même effet que les ailes dans les pignons.

G

GARDE-TEMPS. — Autre nom donné aux chronomètres (*timekeeper* en anglais).

GOUPILLE. — Sorte de petite cheville servant à arrêter une pièce à sa position.

GUIDE-FORET. — Outil servant à placer les forets perpendiculairement au plan de la pièce que l'on veut percer.

H I J K

HACHE. — Nom donné à une pièce de la machine à tailler les engrenages et en forme de H.

HUILE. — Corps gras dont on se sert pour adoucir les frottements dans les mécanismes d'horlogerie. — Les meilleures huiles sont celles de pieds de mouton épurées et les huiles minérales.

HUIT-DE-CHIFFRE. — Sorte de compas très en usage en horlogerie, et se composant de deux branches recourbées et affectant la forme d'un 8.

ISOCHRONISME. — Durée égale des oscillations d'un pendule.

KILOGRAMMÈTRE. — Puissance nécessaire pour soulever à 1 mètre de hauteur un poids de 1 kilogramme en 1 seconde. L'homme développe 6 à 8 kilogrammètres, le cheval 40, et un moteur quelconque, de 1 cheval-vapeur, 75 kilog. par seconde.

L

Lardon. — Petite pièce entrant à queue d'hironde dans le talon de la potence des montres.

Lentille. — Masse de métal pesant, de la forme d'une lentille, qui, fixée à l'extrémité d'une tige supportée sur un pivot, constitue le pendule des horloges.

Levée. — Palette fixée à la tige du balancier et sur laquelle agissent successivement les dents de la roue d'échappement.

Limaçon. — Pièce de la sonnerie affectant la forme hélicoïdale d'une coquille d'escargot et dont le but est de régler le nombre de coups qui doit être frappé.

Limbe. — Circonférence d'une roue dentée portant des croisillons à l'intérieur.

M

Maitre *à danser.* — Sorte de compas d'épaisseur à branches courbes.

Mandrin. — Outil servant à monter sur le tour les pièces à travailler.

Manivelle. — Pièce d'acier sur laquelle on fixe le cylindre dans l'échappement de ce nom.

Menée. — C'est l'impulsion donnée, par un mobile quelconque actionné par la force motrice, à l'engrenage en rapport avec lui.

Micromètre. — Sorte de vis à pas très court, servant à mesurer les très petites épaisseurs.

Minute. — C'est la soixantième partie d'une heure ou d'un degré (division du cercle).

Minuterie. — Ensemble des rouages transmettant le mouvement aux aiguilles.

Molettes. — Petits rouages munis de tringles transmettant le mouvement à distance dans les grosses horloges.

Moteur. — On donne ce nom, en horlogerie, au grand ressort enfermé dans le barillet et qui conduit tous les rouages de la montre ou de la pendule. Le meilleur moteur pour actionner les outils d'un atelier d'horlogerie est le moteur électrique à piles.

MOUVEMENT. — Ensemble des engrenages communiquant le mouvement aux aiguilles. On donne le nom de *mouvement en blanc* aux mouvements à l'état d'ébauche.

N O P Q

NOMBRES RENTRANTS. — Rapport des dents de deux engrenages en contact et tel que ces deux nombres sont exactement di visibles l'un par l'autre.

NOYURE. — Creusure cylindrique.

ŒIL. — Trous pratiqués à chaque bout d'une lame de ressort et servant à la fixer au barillet et à l'arbre.

OHM. — Unité de résistance dans les appareils électriques. C'est la résistance opposée au courant par 100 mètres de fil télégraphique de grosseur ordinaire.

OSCILLATION. — Mouvement alternatif de balancement d'un pendule.

OUTILS. — Instruments servant à travailler et permettant la construction des pièces mécaniques.

PAPILLON. — Volant de sonnerie portant deux ailettes pour régulariser le mouvement par la résistance de l'air.

PAS DE VIS. — Intervalle séparant le filet d'une vis du filet voisin.

PASSE. — Pièce fendue terminant la fourchette et qui reçoit la tige du pendule.

PENDANT. — Partie de la montre qui reçoit l'anneau de la bélière.

PENDULE *astronomique ou sidérale*. — Pendule de construction très soignée servant dans les observatoires pour noter le moment exact des observations et passages d'étoiles au méridien.

PENDULIER. — Horloger s'occupant spécialement de la fabrication des pendules.

PIED A COULISSE. — Sorte de compas d'épaisseur utilisé surtout par les mécaniciens.

PIED DE BICHE. — Bascule permettant le mouvement d'une pièce dans un sens mais l'arrêtant dans le sens opposé.

PIERRISTE. — Ouvrier travaillant spécialement les pierres fines pour les pivots d'horlogerie.

PIGNON. — Nom donné, dans un train d'engrenages, à la plus petite des deux roues et qui est conduite par la plus grande. Dans les horloges monumentales, les pignons sont taillés *en lanterne;* dans les montres, les dents s'appellent *ailes.*

PILIERS. — Montants réunissant les platines des montres et des pendules.

PINCE-LAME. — Pince mobile servant au réglage des lames de suspension du pendule compensateur.

PITON *de spiral.* — Pince servant à réunir et à fixer à la platine le bout extérieur du spiral des montres.

PIVOT. — Extrémité, taillée en cône, d'un arbre ou d'une tige.

PLANER. — C'est dresser exactement, au marteau ou autrement, une plaque métallique.

PLATE-FORME. — Plateau divisé de la machine à tailler les engrenages.

PLATINES. — Ce sont les plaques circulaires de laiton entre lesquelles est enfermé le mécanisme.

POINTEAU. — Outil à pointe conique en acier trempé, servant à marquer ou à faire des trous, par percussion sur la tête de ce pointeau.

POLIR. — Terminer de donner le brillant à une pièce métallique préalablement adoucie.

PONT. — Sorte de coq ou de potence supportant les pointes d'un pivot.

PORTÉE. — Partie renflée de la tige d'un mobile limitant la pénétration de cette tige dans le trou ou pivot.

PORTE-FORET. — Outil disposé pour recevoir des outils à percer de différentes grosseurs, et que l'on fait tourner soit avec un archet, soit avec un engrenage.

POTÉE *d'étain.* — Mélange d'oxyde d'étain et d'oxyde de plomb, réduit en poudre très fine et qui sert à polir. — *Potée d'émeri.* — Poudre d'émeri très fine.

POULET. — Genre de goupille terminée par un bouton.

POUSSOIR. — Partie du pendant des montres à répétition que l'on pousse pour faire sonner la montre.

PRÉPARATION. — Partie du rouage précédant la sonnerie.

PRESSE A RIVER. — Outil servant à river les roues d'engrenages et les pignons.

QUANTITÉ. — En électricité, l'unité de quantité est le *coulomb.*

QUARTS (*limaçon des*). — Pièce en forme de roue à entailles réglant la sonnerie des quarts.

QUOTTEMENT. — Nom donné au contact vicieux de deux pièces qui ne devraient pas se toucher et cependant s'accrochent l'une dans l'autre.

R

RAPPORTEUR. — Outil servant à prendre la hauteur des trous au dessus des platines. — C'est aussi le nom d'un outil de dessin servant à mesurer l'ouverture d'un angle.

RECINGLE. — Outil pour redresser les boîtes des montres bossuées.

RECUIRE. — Faire chauffer une pièce métallique et la laisser refroidir ensuite lentement pour la rendre moins friable et moins cassante.

REMONTAGE. — Opération consistant à relever les poids ou à bander le ressort d'une horloge ou d'une montre pour leur fournir la force motrice nécessaire à l'entretien du mouvement.

REMONTOIR *au pendant.* — Mécanisme permettant de remonter une montre sans clef.

REMONTOIR *d'égalité.* — Appareil à l'aide duquel le moteur qui entretient la marche de l'horloge est remonté périodiquement par un artifice mécanique quelconque.

RENVERSEMENT (*Cheville de*). — Cheville limitant dans les montres le mouvement du balancier et empêchant son renversement. — *Coche de renversement.* — Entaille pratiquée dans le cylindre de l'échappement de ce nom pour le passage des dents de la roue.

RÉPÉTITION. — Mécanisme servant à faire sonner les heures et leurs divisions dans certaines montres, ou à faire répéter la sonnerie dans les grandes horloges.

REPOS. — Suspension du mouvement de l'échappement pendant que le balancier ou le pendule continue sa vibration ou son oscillation.

RÉSERVOIR. — Cavité réservée pour contenir de l'huile.

RÉSISTANCE. — Difficulté opposée au passage de l'électricité par la nature des appareils interposés ou le diamètre des fils. L'unité de résistance est l'*ohm*.

RESSORT. — Lame d'acier trempée en paquet et enroulée en spirale, constituant le moteur des principaux mécanismes d'horlogerie.

RETARD. — Mécanisme servant à ralentir le mouvement du spiral d'une montre.

RÉVEILLE-MATIN ou *réveil*. — Horloge pourvue d'une sonnerie à poids ou à ressort se déclenchant à un instant déterminé à l'avance.

RHABILLAGE. — Travail de raccommodage et de repassage des mouvements d'horlogerie.

RIVER. — C'est rabattre l'extrémité d'une tige pour la faire tenir solidement.

ROCHET. — Roue à dents très inclinées d'un encliquetage.

RODER. — User une pièce à l'aide de poudre de diamant ou d'émeri humectée d'huile.

ROUAGE. — Ensemble de roues avec leurs pignons. On distingue le rouage du mouvement et le rouage de la sonnerie.

S

SCIE. — Outil en acier formé d'une succession de petites dents, et qui sert à découper les métaux.

SECONDE. — Soixantième partie d'une minute.

SERTISSURE. — Travail d'enchâssement d'une pierre fine dans une partie métallique.

Soie. — C'est la partie des outils, limes, scies, etc., qui pénètre dans le manche.

Sonnerie. — Rouage servant à faire fonctionner le marteau frappant les heures.

Soudure. — C'est la réunion de deux pièces métalliques à l'aide d'un alliage que l'on étend avec le *fer à souder*.

Sphère *mouvante.* — Mécanisme d'horlogerie qui reproduit le mouvement du ciel astronomique.

Spiral. — Petit ressort qui facilite et régularise le mouvement du balancier des montres.

Support. — Pièce de tour qui reçoit l'outil qui travaille.

Suspension. — Appareil qui soutient le pendule oscillant des horloges.

T

Tambour. — Voy. *Barillet.*

Tangente. — Échappement dans lequel le dégagement des palettes s'effectue sans arcboutement.

Taraud. — Outil en acier trempé à l'aide duquel on fait les pas de vis dans les écrous.

Tas. — Petite enclume carrée en acier poli sur laquelle on dresse le laiton.

Temps vrai. — C'est celui qui se mesure par les passages journaliers du soleil au méridien. On lui a substitué, pour l'usage civil, le *temps moyen* marqué par une horloge donnant une marche constante et régulière.

Tenailles. — Sortes de pinces à mors coupants pour saisir ou couper les métaux.

Tenon. — Pièce en saillie pénétrant dans un creux correspondant appelé *mortaise,* et dont l'ensemble constitue un *assemblage.*

Tension. — Force électromotrice des piles, synonyme de pression. Son unité est le *volt.* On groupe des piles *en tension* quand on associe les pôles de nom contraire ; quand on relie les pôles de même nom, on groupe *en surface* ou *en quantité.*

Terre pourrie. — Sorte de limon très fin dont on se sert pour polir le cuivre.

TIERCE. — Soixantième partie d'une seconde de temps ou d'une seconde de degré.

TIERS-POINT. — Lime de section triangulaire et terminée en pointe.

TIGERON. — Partie de la tige comprise entre le pignon et le pivot le plus rapproché.

TILLET. — Petite bigorne qui se place dans l'étau et sert à redresser les boîtes de montres.

TIMBRE. — Cloche hémisphérique en métal sonore sur lequel s'abat le marteau de la sonnerie.

TIRAGE. — Sorte de pendule qui ne sonne que quand on tire un cordon.

TIRER DE LONG. — Limer suivant la longueur de la pièce.

TOUR. — Outil indispensable à l'horloger pour travailler toutes les surfaces arrondies.

TOURNE-A-GAUCHE. — Barre de fer percée en son milieu d'un trou carré et qui sert à faire tourner les tarauds et écarrissoirs que l'on fait pénétrer dans ce trou. Les deux extrémités de cette barre servent de manches.

TOURTEAUX. — Plaques dans lesquelles sont ajustées les extrémités des fuseaux des lanternes.

TRAIN D'ENGRENAGES. — Ensemble de deux roues dentées s'engrenant l'une dans l'autre.

TREMPE. — Opération qui consiste à durcir l'acier en le faisant rougir et en le trempant brusquement dans l'eau ou dans un liquide quelconque. On le réchauffe ensuite, on le fait revenir pour le rendre moins sec et moins cassant.

TRIPOLI. — Pierre siliceuse tendre qu'on réduit en poudre et qui sert à polir les métaux.

TROUS. — Cavités dans lesquelles on introduit les pivots des rouages. On les garnit souvent, pour éviter leur usure et leur élargissement, de petites pierres dures, rubis, etc. — *Trou d'axe.* — Trou foncé ou pourvu d'un contre-pivot.

TUILE. — Moitié de cylindre en pierre, qui constitue la partie agissante de l'échappement dans les montres fines.

U V W X Y Z

VERGE. — Tige du balancier dans l'échappement à roue de rencontre. On donne encore ce nom, aujourd'hui, aux tiges de pendules.

VIBRATION. — Mouvement circulaire alternatif du balancier des montres.

VILEBREQUIN. — Outil servant à faire tourner les mèches à percer.

VIS. — Cylindre métallique portant en saillie des filets héliçoïdaux qui s'engagent dans des creux correspondants pratiqués dans le trou où doit passer cette vis. Les vis servent à réunir les pièces métalliques entre elles en permettant le démontage.

VOILÉ. — Se dit des pièces métalliques tordues et gauchies.

VOLANT. — Synonyme de *papillon*, sorte d'ailette double servant à ralentir, en tournant et par la résistance que l'air oppose à sa rotation, le mouvement d'un mobile quelconque. La *roue de volant* est celle qui engrène avec le pignon du volant.

VOLT. — Unité de force électromotrice en usage en électricité. Elle correspond à l'unité de pression dans les machines à vapeur.

WATT. — Unité de puissance d'un appareil électrique. Le watt est le produit de l'intensité ou débit de l'appareil (en ampères), par la pression ou force électromotrice (évaluée en volts). Le watt est à peu près le dixième du kilogrammètre (736 watts par-cheval-vapeur de 75 kilogrammètres). Le watt s'entend par seconde ; la puissance d'un watt pendant une heure se dit *watt-heure*. Un *hectowatt* représente 100 watts ou 10 kgm par seconde, un *kilowatt* 1.000 watts ou un *poncelet* (100 kgm par seconde).

ZINC. — Métal utilisé en horlogerie et en électricité, en raison de ses diverses propriétés. Il tient le milieu parmi la liste des métaux usuels.

BIBLIOGRAPHIE HORLOGÈRE.

A propos de chronométrie. Histoire d'une montre racontée par elle-même, sa vie et ses péripéties; suivi d'un dialogue sur l'horlogerie entre M. Trottevite et M. Vabien, par Louis Borsendorff, 1869.

Almanach annuaire artistique et historique des horlogers, orfèvres, bijoutiers, opticiens, par Claudius Saunier, 1867.

Des Applications de la mécanique à l'horlogerie, par Henri Résal, 1868.

L'Art d'apprécier, de conduire et de régler les montres et les pendules, par E. Robert Houdin, 1863.

L'Art de connaître les pendules et les montres, à l'usage des jeunes horlogers et des gens du monde, par Henri Robert, 1849.

Les Brevets d'invention concernant l'horlogerie (catalogue général), recueillis et mis en ordre avec quelques explications sommaires, par Auguste Alleaume, 1875.

Collection archéologique du prince Pierre Soltykoff. Horlogerie. Description et iconographie des instruments horaires du seizième siècle précédée d'un abrégé historique de l'horlogerie au moyen âge et pendant la Renaissance, par Pierre Dubois, 1858.

Un coup de loupe à l'Exposition universelle de 1855. Revue complète sur les produits de l'horlogerie française et étrangère figurant à l'Exposition universelle de Paris, en 1855, par L. Borsendorff, 1855.

Description abrégée de l'horloge astronomique de la cathédrale de Strasbourg, par Charles Schwilgué, 1842.

Description des échappements les plus usités en horlogerie, rédigée par une Commission de la Société des Arts (anonyme), 1854.

L'Échappement libre à ancre, traité pratique et théorique, par Maurice Grossmann avec atlas, 1867.

Étude sur les causes perturbatrices de la marche des chronomètres, par A.-L. Ansart-Deuzy, 1858.

Études historiques, morales et statistiques, sur l'horlogerie en Franche-Comté, par le docteur E. Lebon, 1860.

Études sur diverses questions d'horlogerie, par Henri Robert, 1852.

Guide manuel de l'horloger, par Claudius Saunier, 1872.

Histoire et Traité de l'horlogerie ancienne et moderne, précédés de recherches sur la mesure du temps dans l'antiquité et suivis de la biographie des horlogers les plus célèbres de l'Europe par Pierre Dubois, 1849-1852.

L'Horlogerie, discours en vers par Pierre Dubois, 1845.

L'Horlogerie; des montres en général; de ceux qui les font; de ceux qui les vendent; de ceux qui les réparent et de ceux qui les portent, par Modeste Anquetin, 1875.

Lettres sur les fabriques d'horlogerie de la Suisse et de la France, par Pierre Dubois, 1853.

La Loupe de l'horloger, almanach chronométrique, critique et scientifique, par Louis Borsendorff, 1862.

Manière de régler les montres et les pendules soi-même, par Aumaistre 1858.

Manuel d'horlogerie, contenant l'art de faire et de connaître l'échappement à cylindre; de repasser les montres qui portent cet échappement, par Paul Foucher, 1867.

Manuel pratique d'horlogerie, mise à la portée de tout le monde, par Deschanalet, 1861.

Manuel pratique d'horlogerie, mise à la portée de tout le monde, par F. Robert, 1840.

Manuel pratique sur le spiral réglant des chronomètres et des montres, par Philips, 1865.

Mécanique appliquée : horloges, montres, chronomètres, par Ch. Gaumont, 1861.

Mémoire sur le pendule conique, et sur de nouveaux instruments chronométriques auxquels il est appliqué, par Redier, 1860.

De la Mesure du temps, et description de la méridienne verticale portative du temps vrai et du temps moyen, pour régler les pendules et les montres, par E. Imbart, 1857.

Notice sur les clepsydres et les premières horloges, par Le Roy, 1873.

Nouveau Cours d'horlogerie, à l'usage des fabricants et des rhabilleurs, par de Liman, 1854.

Nouveau Manuel complet de l'Horloger (Manuels Roret), par Le Normand, Janvier et Magnier, avec Atlas, 1863.

Nouveau Traité général d'horlogerie, par L. Moynet, 1875.

Petites Tablettes chronométriques, à l'usage de tout le monde, par L. Borsendorff, 1869.

Recherches chronométriques. Mémoires sur la marche des pendules et des chronomètres, par L. Pagel, 1861.

Recherches sur la loi des oscillations du pendule à suspension à cames des chronomètres fixes, par H. Résal, 1856.

Recherches sur les variations de la marche des pendules et des chronomètres, par Lieussou, 1853.

Recueil des procédés pratiques usités en horlogerie, par Claudius Saunier, 1874.

Traité d'horlogerie moderne, par Claudius Saunier, 1869.

Traité du rhabillage et de la fabrication de l'horlogerie moderne, par L.-F. de Liman, 1864.

La Compensation des chronomètres pour les températures, par G. Cellerier, 1885.

De l'Emploi des machines en horlogerie, par Jurgensen, 1877.

Études sur les conditions actuelles de l'horlogerie à Genève, par Thury, 1877.

Études sur l'Horlogerie à l'Exposition de Paris, par Adrien Philippe, 1879.

Études sur le mécanisme et la marche des chronomètres, par Ed. Caspari, 1877.

L'Horlogerie à l'Exposition universelle de 1878, rapport de Berlioz, 1879.

La Marche et la Conduite des chronomètres, par F. Legal, 1882.

Nouveau Manuel complet de l'horloger rhabilleur, par Persegol, 1882 (Manuels Roret).

Les Merveilles de l'Horlogerie, par C. Portal et H. de Graffigny, 1887.

Rapport sur l'Horlogerie à l'Exposition de 1878, par Favre, 1879.

Réflexions sur les chronomètres, par Rouyaux, 1877.

Systématique des vis horlogères, par Marc Thury, 1878.

Théorie et construction des outils pour les mesures des épaisseurs, à l'usage spécial de l'horlogerie, par Marc Thury, 1877.

L'Horlogerie neuchâteloise, par Bachelin, 1888.

Petit Recueil historique de l'Horlogerie, par Beillard, 1882.

Notions sur l'Horlogerie, pour l'instruction des personnes qui font usage des montres, par Étienne, 1810.

Dorure, argenture, nettoyage de l'horlogerie, par Lefébure, 1887.

L'Horlogerie dans les montagnes du Jura, par le Dr Muslon, 1885.

Saint-Joseph, école charitable d'horlogerie, 1883.

L'Électricité et ses applications à l'Horlogerie, par Favarger, 1877.

TABLE DES GRAVURES.

TABLE DES GRAVURES.

TABLE DES MATIÈRES.

CHAPITRE TROISIÈME.

CHAPITRE QUATRIÈME.

CHAPITRE CINQUIÈME.

CHAPITRE DIXIÈME.

www.ingramcontent.com/pod-product-compliance
Lightning Source LLC
Chambersburg PA
CBHW070342200326

41518CB00008BA/1116